“十三五”普通高等教育规划教材

仪器分析实验

Instrumental Analysis Experiment

张 进　孟江平　主编

化学工业出版社

·北京·

《仪器分析实验》是《仪器分析》课程重要的实践教学环节，是化学、化工、制药、环境、材料、食品科学、冶金等本科专业一门重要的专业基础课。本书在内容编排上，选择能够代表仪器分析发展方向、易于实验室进行的实验项目。同时，本书也是在我国应用型大学建设、培养应用型仪器分析人才的背景下组织编写的，内容充分体现以应用型人才培养为核心、以培养学生动手能力为宗旨的实验教学思想。

本书共7章内容，38个实验项目，包括仪器分析实验概述、分子光谱分析法、色谱分析法、原子光谱分析法、电化学分析法、热分析法和其他分析法。详细介绍仪器分析实验各分析仪器的基本原理、仪器组成与基本操作和相应的实验技术，所选择的实验项目具有一定的代表性和应用性，有助于学生系统、完整地掌握仪器分析技术，提高实践应用能力，进一步培养应用型仪器分析人才。

本书可作为普通高校化学、化学工程与工艺、制药工程、环境科学、食品科学、材料等专业教材，也可供相关专业研究生、实验技术人员和科研人员参考。

图书在版编目（CIP）数据

仪器分析实验/张进，孟江平主编. —北京：化学工业出版社，2017.9

“十三五”普通高等教育规划教材

ISBN 978-7-122-30381-3

Ⅰ. ①仪… Ⅱ. ①张…②孟… Ⅲ. ①仪器分析-实验-高等学校-教材 Ⅳ. ①O657-33

中国版本图书馆CIP数据核字（2017）第186956号

责任编辑：闫 敏 杨 菁　　文字编辑：陈 雨

责任校对：边 涛　　装帧设计：韩 飞

出版发行：化学工业出版社（北京市东城区青年湖南街13号 邮政编码100011）

印　　装：高教社（天津）印务有限公司

787mm×1092mm 1/16 印张11 字数262千字 2017年9月北京第1版第1次印刷

购书咨询：010-64518888（传真：010-64519686） 售后服务：010-64518899

网　　址：http://www.cip.com.cn

凡购买本书，如有缺损质量问题，本社销售中心负责调换。

定　　价：36.00元

《仪器分析实验》编委会

主　编： 张　进　孟江平

副主编： 唐　英　徐　强　朱　江　胡承波

编　委（以姓氏笔画为序）：

王召东　邓小红　安继斌　朱　江

何家洪　张　进　孟江平　胡承波

徐　强　唐　英　黄孟军　蔡艳华

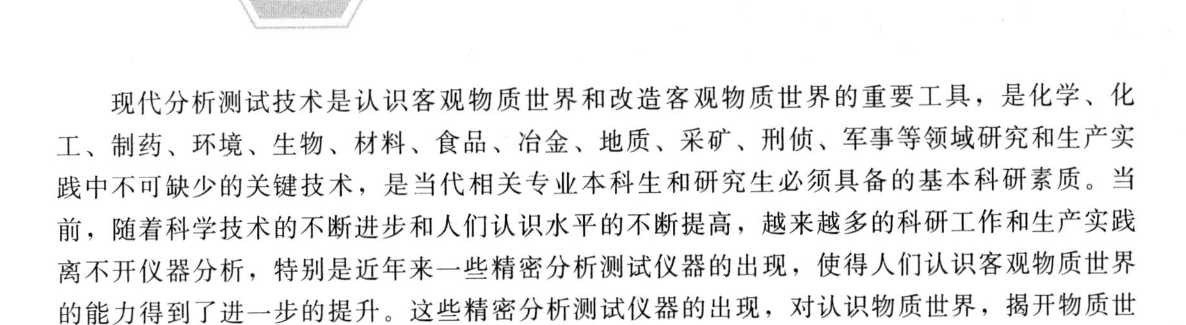

前言

现代分析测试技术是认识客观物质世界和改造客观物质世界的重要工具，是化学、化工、制药、环境、生物、材料、食品、冶金、地质、采矿、刑侦、军事等领域研究和生产实践中不可缺少的关键技术，是当代相关专业本科生和研究生必须具备的基本科研素质。当前，随着科学技术的不断进步和人们认识水平的不断提高，越来越多的科研工作和生产实践离不开仪器分析，特别是近年来一些精密分析测试仪器的出现，使得人们认识客观物质世界的能力得到了进一步的提升。这些精密分析测试仪器的出现，对认识物质世界，揭开物质世界的神秘面纱，服务人们的日常生活具有重要作用。

仪器分析作为现代分析测试手段，目前已广泛应用于许多领域的科研和生产，为人们提供大量的物质组成、内部结构和表面形貌等方面的详细信息，这些信息对人们认识和改造世界、创造价值、造福人类具有举足轻重的作用。仪器分析课程成为高校相关专业的必修课程。仪器分析实验是仪器分析课程重要的实践教学环节，是化学、化工、制药、环境、生物、材料、食品、冶金、地质、采矿、刑侦等本科专业一门重要的专业基础课。通过仪器分析实验课的实训，培养学生使用现代分析测试仪器正确地获取待测试物质的相关实验数据，并能够对实验数据进行科学的处理与分析，得出有价值的信息，再利用这些有价值的信息进行科学研究和生产实践，进而服务于社会发展。

本书是在应用型大学建设背景下，根据应用型专业人才培养要求，组织长期从事仪器分析实验教学一线工作的教师编写的。编写组成员将其多年来的教学经验与教学成果汇聚成书，供培养应用型仪器分析专业人才使用。

本书在内容编排上，体现应用型人才培养要求，适合不同专业需求。在编写过程中，选择具有代表性的实验项目，每一种分析测试技术均按照“基本原理—仪器构造及使用—常见仪器—实验技术”组织编写，实验内容和实训过程充分体现以应用型人才培养为核心、以培养学生动手能力为宗旨的实验教学思想。

本书共7章内容，38个实验项目，包括仪器分析实验概述、分子光谱分析法、色谱分析法、原子光谱分析法、电化学分析法、热分析法和其他分析法。第1章为仪器分析实验概述，主要介绍仪器分析实验的地位与作用、仪器分析实验的目的与要求、仪器分析主要技术指标、样品预处理方法和数据处理方法等。第2章为分子光谱分析法，主要介绍紫外-可见分光光度法、红外光谱法、荧光分析法和拉曼光谱分析法的相关原理、仪器构成与使用及相关实验项目。第3章为色谱分析法，主要介绍气相色谱分析法、高效液相色谱分析法和离子色谱法的相关原理、仪器构成与使用及相关实验项目。第4章为原子光谱分析法，主要介绍原子发射光谱法和原子吸收光谱法的相关原理、仪器构成与使用及相关实验项目。第5章为电化学分析法，主要介绍电位分析法、电解与库仑分析法、伏安分析法和电导分析法的相关原理、仪器构成与使用及相关实验项目。第6章为热分析法，主要介绍差热分析法和差示扫描量热法、热失重法的基本原理、仪器构成与使用及相关实验项目。第7章为其他分析法，主要介绍毛细管电泳分析法、有机元素分析法、X射线衍射分析法和核磁共振波谱分析法的相关原理、仪器构成与使用及相关实验项目。

本书凝聚了重庆文理学院材料与化工学院全体教师多年教学的心血和经验，主编为张进教授和孟江平博士，副主编为唐英教授、徐强教授、朱江教授和胡承波副教授。参编人员为邓小红副教授、蔡艳华副教授、何家洪博士、安继斌博士、王召东博士和黄孟军博士。全书由张进教授和孟江平博士组织、协调和统稿。

本书编写得到了环境材料与修复技术重庆市重点实验室、激酶类创新药物重庆市重点实验室、创新靶向药物重庆市工程实验室和重庆文理学院校本教材立项（XBJC201507）的资助，在此表示感谢。本书编写过程中，还得到了相关院校同行专家的鼓励与支持，在此深表谢意。

由于编者的水平有限且时间仓促，书中不当之处在所难免，敬请广大读者批评指正。

编　者

目录

第1章

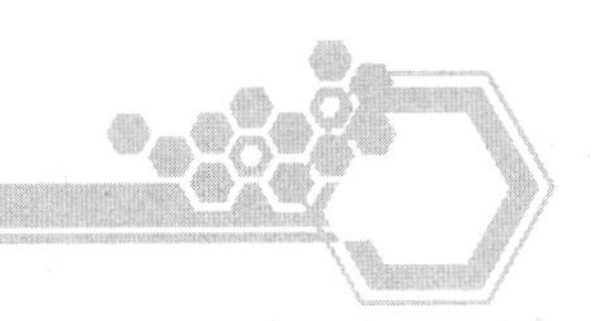

仪器分析实验概述

1.1 仪器分析的地位与作用

仪器分析（instrument analysis）是分析化学的重要组成部分，它是以物质的物理和物理化学性质为基础建立起来的一种分析方法。仪器分析和化学分析是分析化学的两大分析方法。仪器分析利用较特殊的仪器，根据物质的物理或物理化学性能对其进行定性分析、定量分析和形态分析。

仪器分析与化学分析相比，具有重现性好、灵敏度高、分析速度快、自动化程度高和试样用量少等特点。随着社会不断进步和科技的大力发展，仪器分析不再限制于传统分析仪器，一些新的分析仪器的出现，使得仪器分析在国民经济发展中发挥着巨大作用。

分析仪器和仪器分析是人们获取物质成分、结构信息，认识和探索自然规律不可缺少的重要工具和手段。我们的日常生活离不开仪器分析：食品和药品需要分析仪器对其进行质量控制和安全检测，以确保人民生命安全；为了保护环境，环境监测等相关部门每天需要采集大量的环境数据。

目前，仪器分析主要包括电化学分析、色谱分析、热分析、光分析和波谱分析等。近年来发展的扫描电镜分析和透射电镜分析等技术，使得现代仪器分析不仅提供待测样品的定性和定量结果，还可以得到样品的表面形貌和内部结构等信息。仪器分析已成为研究各种化学理论和解决实际问题的重要手段，对基础化学、药物化学、材料化学、环境化学、生命科学和生物化学等学科的发展起到了重要的促进作用，并已从分析化学的专业课程转变为化学、化工、制药、环境、生物、材料、食品、冶金、地质、采矿、刑侦等本科专业一门重要的专业基础课。熟悉和掌握各种现代仪器分析的原理和技术对于化学、化工、制药、环境和材料等相关专业学生已经是必须具备的基本素质。仪器分析的学习不单纯是对各种分析仪器和方法的了解与掌握，而是综合运用各种现代分析测试方法，对物质进行全面的分析，并得出科学、准确的数据与信息。

在当代人类社会发展进程中，仪器分析扮演着非常重要的角色，人类的生存和发展，各个方面都与仪器分析紧密相关。若一个企业要想生产出高质量的产品，必须拥有分析实验室，对产品进行质量控制，这样才能保证产品的质量和安全，才能使企业不断发展和壮大。食品安全关乎人们生命健康，因此，必须要通过仪器分析进行质量检验，确保食品安全。药品安全也需要仪器分析进行质量控制，使得老百姓用到放心药、安全药。随着工业的不断发展，环境问题日益严重，仪器分析在环境检测等领域起着重要作用。所以无论从一个小小的产品，还是到日常生活，吃、穿、住、行，再到军事技术、航空航天、宇宙探索等高科技领域，都离不开仪器分析。没有分析仪器，人类文明的车轮将无法前行；没有分析仪器，科技将无法取得进步；没有分析仪器，人类社会将永远止步不前……

近些年来，随着科学技术的快速发展，分析仪器也在不断发展，特别是一些新的分析仪器的出现，使得传统仪器分析手段得到进一步发展，相应的仪器分析方法也越来越完善。我们相信，仪器分析在人类社会发展中，会起到越来越重要的作用。

1.2 仪器分析实验在仪器分析中的作用

仪器分析实验是仪器分析课程重要的实践教学环节，是化学、化工、制药、环境、材料、食品科学、冶金等本科专业一门重要的专业基础课。仪器分析实验是整个仪器分析教学的重要组成部分，通过实验教学可以加深学生对仪器分析方法和分析原理的理解与掌握，巩固课堂教学的效果。仪器分析是一门实验技术性很强的课程，需要扎实的实验相关知识与严格的实验技能训练，因此，仪器分析实验是仪器分析课程不可或缺的实践教学环节。

通过仪器分析实验教学，培养学生使用分析仪器正确地获取实验数据，并对实验数据进行科学的处理，得出有价值的信息。同时，仪器分析实验能够使学生掌握分析仪器的主要结构和各主要部件的基本功能，理解和掌握相关仪器的实验技术和实验方法，增强学生独立使用该类仪器进行科学研究的能力，进而培养学生严格的实事求是的科学作风和工作态度，提高学生独立从事科学实验研究以及提出、分析和解决问题的能力。严谨的治学态度、良好的科学作风和独立工作能力将会对学生的未来发展产生极其深远的影响。

不管学习仪器分析课程的学生将来是否从事仪器分析相关职业，他们都将从仪器分析实验中收获很多知识。对于将来从事分析仪器制造工作或者仪器分析应用研究的人，通过仪器分析课堂和实验教学，可以为未来的事业发展奠定必要的基础。对于将来并不从事分析仪器制造工作或者仪器分析研究的多数学生来说，通过仪器分析课堂和实验教学，可以掌握仪器分析这一种强有力的科学实验手段，来获取研究所需要的基础数据资料，而基础数据资料是进行深入研究与引出科学结论的出发点和源头。

对于任何一个科技人员，深厚的专业理论基础、训练有素的独立从事科学实验研究工作的能力（包括实验方案的设计、实验操作和技能、实验数据的处理和谱图解析以及实验结果的表述）与良好的科学作风是未来成就事业的必备条件。

对于从事化学化工及其相关专业研究的科技工作人员来说，情况更是如此，因为化学化工是实验性很强的学科领域，如果不屑于、不会或不善于从事实验研究，其未来的发展肯定会受到很大的限制。仪器分析实验特点是操作比较复杂、影响因素较多、信息量大，需要通过对大量实验数据的分析和图谱解析才能获取所需要的有用信息，这些特点对培养学生理论联系实际的工作态度、掌握和提高实验技能、增强分析推理能力是大有好处的，为将来运用现代分析测试仪器进行社会服务奠定理论和实践基础。

1.3 仪器分析实验的目的与要求

仪器分析实验是仪器分析课程重要的实践教学环节，是仪器分析课程的重要内容，学生应通过仪器分析实验的学习，掌握分析仪器的使用方法，并能运用现代分析测试手段，进行科学研究和社会服务。要掌握仪器分析，必须认真做好仪器分析实验。通过仪器分析实验，

学生可进一步加深对仪器分析的基本原理的理解与掌握，学会正确使用分析仪器，合理选择实验条件。同时，通过学习实验数据的正确处理方法，可以正确地表达实验结果，培养严谨的科学态度、勇于探索的科学精神和独立工作的能力。

为了达到以上目的，对进行仪器分析实验提出如下基本要求。

1.3.1 预习

仪器分析实验所涉及的分析仪器大多价格昂贵，台套数较少，所以要求学生实验前必须做好实验预习，写好实验预习报告，并在实验前由指导教师检查预习情况。

预习的内容包括：

① 仔细阅读仪器分析实验教材和仪器分析教材中的相关内容，也可以参考相关资料，明确本次实验的目的及全部内容。对实验仪器要有初步了解，实验前要通过预习知道需要使用哪些仪器，并对仪器的相关知识进行初步学习，特别是仪器的操作要领和注意事项要有所掌握。

② 明确实验的目的和要求，掌握实验的基本原理。

③ 掌握本次实验主要内容，重点阅读实验中有关实验仪器的操作、技术说明及注意事项。

④ 按教材内容设计实验方案。

⑤ 设计并绘制记录测量数据的表格，便于实验操作时记录数据。

⑥ 认真书写预习报告，预习报告不是照抄实验教材。

1.3.2 分析仪器的使用要求

① 实验前熟悉仪器的操作规范，并掌握仪器的正确使用方法。

② 使用仪器前，先进行登记，登记后方可进行相关实验。

③ 应在指导教师的指导下，进行仪器分析实验相关操作，未经同意，不得随意开启或关闭实验仪器。

④ 不得随意更改仪器参数、调节仪器按钮。

⑤ 爱护实验设备，实验中发现仪器工作不正常，应及时报告指导教师，由指导教师处理。

⑥ 应始终保持实验仪器和实验室的整洁和安静。

⑦ 实验结束后，应将实验仪器复原，清洗好使用过的器皿，整理好实验室，经指导教师检查确认后方可离开实验室。

1.3.3 实验报告

实验结束后，学生必须完成实验报告，并按规定的时间提交给指导教师进行批阅。认真写好实验报告是提高实验教学质量、培养学生实事求是的态度、严谨治学的一个重要环节。一份完整、简明、严谨、整洁的实验报告是某一实验的记录和总结的真实、综合反映。

仪器分析实验报告一般应包括以下内容。

① 实验名称、完成日期、实验者姓名及合作者姓名。

② 实验目的。

③ 实验原理。

④ 主要仪器（生产厂家、型号）及试剂（质量、物质的量、浓度、配制方法）。

⑤ 实验步骤。

⑥ 实验数据的原始记录及数据处理。

⑦ 结果处理（包括图、表、计算公式及实验结果）。

⑧ 与实验相关的讨论及思考题。

1.4 仪器分析主要技术指标

1.4.1 精密度

分析数据的精密度是指用同样的方法所测结果间相互一致性的程度。它是表征随机误差大小的一个指标。精密度是指单次测定值 x_i 与 n 次测定的算术平均值 $\overline{x}$ 的接近程度，通常用平均偏差 $\overline{d}$ 和标准偏差 s、σ 表示测定的精密度。

$$\overline{d}=\frac{\sum_{i=1}^{n}|d_i|}{n}=\frac{\sum_{i=1}^{n}|x_i-\overline{x}|}{n} \tag{1.1}$$

$$s=\sqrt{\frac{\sum_{i=1}^{n}(x_i-\overline{x})^2}{n-1}}\ (n\text{ 为有限次}) \tag{1.2}$$

$$\sigma=\sqrt{\frac{\sum_{i=1}^{n}(x_i-\mu)^2}{n-1}}\ (n\to\infty,\ \mu\text{ 为置信区间}) \tag{1.3}$$

1.4.2 灵敏度

灵敏度是指某方法对单位浓度或单位量待测物质变化所产生的响应量变化程度。它可以用仪器的响应量或其他指示量与对应的待测物质的浓度或含量之比来描述，如分光光度法常以校准曲线的斜率度量灵敏度。

1.4.3 检出限

检出限是某特定分析方法在给定的置信度内可从试样中检出待测物质的最小浓度或最小量。检出限除了与分析中所用试剂和水的空白有关外，还与仪器的稳定性及噪声水平有关。灵敏度和检出限是两个从不同角度表示检测器对测定物质敏感程度的指标，灵敏度越高、检出限越低，说明检测器性能越好。

在测定误差遵从正态分布的条件下，检出限是指能用该分析方法以适当置信度（通常取置信度 99.7%）检出被测组分的最小量或最小浓度。可由最小检测信号值与空白噪声导出，最小检出量和最小检出浓度分别以 q_L 和 c_L 表示：

$$q_L=\frac{\overline{A}_L-\overline{A}_b}{b}=\frac{3s_b}{b} \tag{1.4}$$

$$c_L=\frac{\overline{A}_L-\overline{A}_b}{b}=\frac{3s_b}{b} \tag{1.5}$$

式中，$\overline{A}_L$是分析样品在检出限水平时测得的分析信号的平均值；$\overline{A}_b$是对空白样品进行足够多次测量所测得的空白信号平均值；s_b 是测定的标准差；b 是低浓度区校正曲线的斜率，它表示被测组分浓度改变一个单位时分析信号的变化量，即灵敏度。

在仪器分析中，分析灵敏度直接依赖于检测器的灵敏度与仪器的放大倍数。随着灵敏度提高，噪声也随之增大，而信噪比 S/N 和分析方法的检出能力不一定会改善和提高。如果只给出灵敏度，而不给出获得此灵敏度的仪器条件，则各分析方法之间的检测能力没有可比性。由于灵敏度没有考虑到测量噪声的影响，因此，现在已不用灵敏度而推荐用检出限来表征分析方法的最大检出能力。

1.4.4 线性范围

某一方法的校准曲线的直线部分所对应的待测物质的浓度或含量的变化范围称为线性范围。

1.4.5 标准曲线

标准曲线是描述待测物质的浓度或含量与相应的测量仪器响应量或其他指示量之间的定量关系曲线。

1.5 样品预处理方法

现代科学技术的迅速发展推动了现代分析仪器的发展。分析仪器灵敏度的提高及分析对象的复杂化对样品预处理提出了更高的要求。样品预处理是指样品的制备和对样品采用适当的方法进行分解或溶解，然后对待测组分进行提取、净化浓缩的过程，使待测组分转变为可测定的形式以进行定量、定性分析。样品预处理的原则是不损坏样品、不引入干扰组分或杂质。样品预处理的目的是消除基本干扰，提高分析测试方法的准确度、精密度、选择性和灵敏度。因此，样品的预处理是分析测试过程的关键步骤，本章主要介绍现代分析测试中常用的样品预处理方法。

1.5.1 干灰化法

(1) 高温干灰化法

一般将灰化温度高于100℃的方法称为高温干灰化法。高温干灰化法对于破坏生化、环境和食品等样品中的有机基体非常有效。样品一般经100～105℃干燥，除去水分及挥发物质。灰化温度及时间是需要选择的，一般灰化温度为450～600℃。通常将盛有样品的坩埚放入马弗炉内进行灰化灼烧，直至所有有机物燃烧完全，只留下不挥发的无机残留物。这种残留物主要是金属氧化物以及非挥发性硫酸盐、磷酸盐和硅酸盐等。这种技术最主要的缺点是可以转变为挥发性形式的成分部分或全部损失。

灰化温度不宜过低，温度低则灰化不完全，残留的小碳粒易吸附金属元素，很难用稀酸溶解，造成结果偏低；灰化温度过高，则损失严重。高温干灰化法一般适用于金属氧化物，

因为大多数非金属甚至某些金属常常被氧化成挥发性物质，如 As、Sb、Ge、Ti 和 Hg 等，容易造成损失。

食品样品分析中多采用高温干灰化法，一般控制温度在 450～550℃进行干灰化，温度高于 550℃则会引起样品的损失。食品样品中 Pb 和 Cr 的分析，灰化温度一般在 450～550℃内。但对于含氯样品，由于可能形成氯化铅，须采取措施防止 Pb 的损失。对于鸡蛋、罐头肉、牛奶和牛肉等多种食品中铅的分析，这种高温干灰化法破坏有机物的方法是有效的。

高温干灰化法的优点是能灰化大量样品，方法简单，无试剂污染，空白低。缺点为低沸点的元素常有损失，其损失程度不仅取决于灰化温度和时间，还取决于元素在样品中的存在形式。

（2）低温干灰化法

为了克服高温干灰化法因挥发、滞留和吸附而损失痕量金属等问题，常采用低温干灰化法。用电激发的氧分解生物样品的低温灰化器，灰化温度低于 100℃，每小时可破坏 1g 有机物质。这种低温干灰化法已用于原子吸收光谱法测定动物组织中的 Be、Cd、Te 等易挥发元素。低温等离子体灰化器可避免污染和挥发损失以及湿法灰化中的某些不安全性问题。将盛有试样的石英皿放入等离子体灰化器的氧化室中，用等离子体破坏样品的有机部分，而无机成分不挥发。

1.5.2 湿式消解法

湿式消解法属于氧化分解法。用液体或液体与固体混合物作氧化剂，在一定温度下分解样品中的有机质，此过程称为湿式消解法。湿式消解法常用的氧化剂有 HNO_3、H_2SO_4、$HClO_4$、H_2O_2 和 $KMnO_4$ 等。湿式消解法与干灰化法不同，干灰化法是靠升高温度或增强氧的氧化能力来分解样品有机质，而湿式消解法则是依靠氧化剂的氧化能力来分解样品，温度并不是主要因素。

湿式消解法又分为以下几种方法。

（1）稀酸消解法

对于不溶于水的无机样品，可用稀的无机酸溶液进行处理。几乎所有具有负标准电极电位的金属均可溶于非氧化性酸，但也有一些金属例外，如 Cd、Co、Pb 和 Ni 与盐酸的反应，其反应速率过慢甚至钝化。许多金属氧化物、碳酸盐、硫化物等也可溶于稀酸介质中。为加速溶解，必要时可加热。

（2）浓酸消解法

为了溶解具有正标准电极电位的金属，可以采用热的浓酸，如浓 HNO_3、浓 H_2SO_4 和浓 H_3PO_4 等。样品与酸可以在烧杯中加热沸腾，或加热回流，或共沸至干。为了增强处理效果，还可采用水热反应等技术，即将样品与酸一起加入内衬为聚四氟乙烯的水热反应釜中，然后密封，加热至酸的沸点以上。这种技术既可保持高温，又可维持一定压力，挥发性组分又不会损失。热浓酸溶解技术还适用于合金、某些金属氧化物、硫化物、磷酸盐以及硅酸盐等。若酸的氧化能力足够强，且加热时间足够长，有机和生物样品就完全被氧化，各种元素以简单的无机离子形式存在于酸溶液中。

（3）混合酸消解法

混合酸消解法是破坏生物、食品和饮料中有机体的有效方法之一。通常使用的是氧化性酸的混合液。混合酸往往兼有多种特性，如氧化性、还原性和络合性，其溶解能力更强。

常用的混合酸是 HNO_3-$HClO_4$，一般是将样品与 $HClO_4$ 共热至发烟，然后加入 HNO_3 使样品完全氧化。可用于乳类食品（其中的Pb）、油（其中的Cd、Cr）、鱼（其中的Cu）和各种谷物食品（其中的Cd、Pb、Mn、Zn）等样品的灰化，对于发样的消解也有良好的结果。

HNO_3-H_2SO_4 的混合酸消解样品时，先用 HNO_3 氧化样品至只留下少许难以氧化的物质，待冷却后，再加入 H_2SO_4，共热至发烟，样品完全氧化。HNO_3-H_2SO_4 适用于鱼（其中的Cd）、面粉（其中的Cd、Pb）、米酒（其中的Al）、牛奶（其中的Pb）及蔬菜和饮料（其中的Cd）等样品的灰化处理。HNO_3-H_2SO_4-$HClO_4$ 可用来灰化处理多种样品，如鱼、鸡蛋、奶制品、面粉、毛发、胡萝卜、苹果等。

HF-HNO_3（或 H_2SO_4）、HCl-HNO_3 混合酸在消解样品时，HF 和 HCl 能提供阴离子，而另一种酸具有氧化能力，可以促进样品的消解。

（4）酸浸提法

浸提法是用液体溶剂浸泡固体样品以提取其中溶质的方法。酸浸提法是用酸从样品中提取金属元素的方法，是处理样品的基本方法之一。用盐酸可以提取多种样品中的微量元素。如在0.5g均匀食物或粪便中加入 $1mol\cdot L^{-1}$ 的盐酸6mL，放置24h，即可定量提取样品中的Zn。

（5）微波消解法

微波消解法是一种利用微波为能量对样品进行消解的新技术，包括溶解、干燥、灰化、浸取等，该法适于处理大批量样品及萃取极性与热不稳定的化合物。微波消解法于1975年首次用于消解生物样品，但直到1985年才开始引起人们的重视。与传统的传导加热方式（如电热板加热，加热方式是从热源“由外到内”间接加热分解样品）相反，微波消解法是对试剂（包括吸附微波的试样）直接进行由微波能到热能的转换加热。其主要机理有两个方面：

① 偶极子旋转。常用作溶剂的水分子是偶极子，分子内因电荷分布不匀而存在正、负偶极。

② 离子传导的阻滞。消解样品所用的酸在水中会解离为 H^+ 和相应的 Cl^-、NO_3^- 及 F^- 等负离子。

微波消解法以其快速、溶剂用量少、节省能源、易于实现自动化等优点而广为应用。已用于消解废水、淤泥、河床沉积物等环境样品及生物组织、流体、医药以至矿粉等试样。有人将其称为“理化分析实验室的一次技术革命”。美国公共卫生组织已将该法作为测定金属离子时消解植物样品的标准方法。

1.5.3　熔融分解法

不溶于酸的物质只能采用熔融分解的方法。非氧化性的碱性助熔剂有碳酸钠（或钾）、硼砂和氢氧化钠（或钾）。采用前两种助熔剂时，可在铂坩埚中熔融；但氢氧化钠（或钾）会腐蚀铂坩埚，只能采用镍坩埚、银坩埚或金坩埚，最好采用锆坩埚作容器。将温度控制在500℃以下，从坩埚中引入的杂质相对少些。

无水碳酸钠是最常用的助熔剂，熔融后，可将不溶性硅酸盐转化成硅酸钠和碳酸盐。熔块加酸处理时，二氧化碳逸去，水合硅酸沉淀析出，金属离子转入溶液。如试样中不含硅，

则最好将熔块溶于水中。这样常可使 Al(Ⅲ)、Mo(Ⅵ)、W（Ⅵ）等和 Fe(Ⅲ)、Ti(Ⅳ)、Zr(Ⅳ)、Ta(Ⅴ）等很好地分离开。在测定硅酸盐岩矿中的碱金属时，氧化钙半熔法是常用的方法。

最有效的碱性氧化性助熔剂是过氧化钠，由于它的腐蚀性极强，除低温半熔外，不能使用铂坩埚。镍坩埚、银坩埚、金坩埚虽都可用，但最好用锆坩埚。应尽量在低温熔融（约650℃)，使坩埚少受腐蚀。也可采用熔融碳酸钠作衬里的办法，以保护坩埚。近年来，还常采用铂坩埚半熔的方法。事先严格校正高温炉的温度计，将试样和过氧化钠均匀拌和，放入铂坩埚中，然后在（500±10)℃半熔 30min，铂坩埚损耗小于 1mg。

焦硫酸钾是酸性助熔剂，其优点在于不腐蚀瓷坩埚或石英坩埚，对金坩埚或铂坩埚的侵蚀也不严重，可用来分解难溶的氧化铍、氧化铝、氧化钛、氧化钽、氧化锆等。熔融温度不宜过高，只要将熔体保持在液态即可，否则，二氧化硫损失过多，留下中性硫酸钾，即失去分解试样的能力。还有一种较少使用的酸性助熔剂是三氧化二硼，它的优点在于：熔融分解试样以后，熔块用经干燥的氯化氢气体饱和过的甲醇处理，并加热，硼即以硼酸甲酯形式挥发除去，残渣为二氧化硅和原先存在于试样中的各种金属的氯化物，可按常规方法分析。这种熔融分解方法不至于给试样溶液带进不需要的外来组分。

1.6 分析数据的表达

分析数据的表示方式，依数据的特点和用途而定，不管采用什么方式表示数据，其基本要求是准确、明晰和便于应用。在分析测试中，常用的数据表示方式有：列表法、图形表示法、数学方程式表示法。这 3 种方法各有各的应用场合，在撰写实验和研究报告时，可以因时因地制宜，几种方法并用。

1.6.1 列表法

列表法是以表格形式表示数据。其优点是列入的数据是原始数据，可以清晰地看出数据变化的过程，亦便于今后对计算结果进行检查和复核。可以同时列出多个参数的数值，便于同时考察多个变量之间的关系。

列表法表示数据时，需要注意规范化：

① 选择合适的表格形式，在科技文献中，通常采用“三线制”表格，而不采用网格式表格。当数据过多，数据与数据之间的间隔过小，不便于读出时，也可在三线表内适当位置加一些竖线。

② 简明准确地标注表名，表名标注于表的上方。当表名不足以充分说明表中数据含义时，可以在表的下方加表注。

③ 表的第一行为表头，表头要清楚标明表内各列数据的名称和单位。名称尽量用符号表示。同一列数据单位相同时，将单位标注于该列数据的表头，各数据后不再加写单位，单位的写法采用斜线制，如该列数据表示温度 T，则该列的表头写成“T/℃”，而不能写成“T,℃”。在过去的文献中，常将表头的第一列用斜线分为两个或三个区域，在不同的区域分别标注代表各种数据的名称，现在已不使用这种标注方法。

④ 在列数据时，特别是数据很多时，每隔一定量的数据（如每 5 个或 10 个数据）留一空行。上下数据的相应位数要对齐。各数据要按照一定的顺序排列。

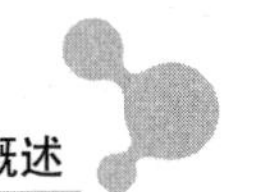

⑤ 表中的某个或某些数据需要特殊说明时，可在数据上做一标记，如“*”，再在表的下方加注说明。

1.6.2 图形表示法

图形表示法的优点是简明、直观，可以将多条曲线同时描绘在同一图上，便于比较和观察。

（1）曲线拟合

在仪器分析中，绝大多数情况下都是相对测量，须用校正曲线进行定量。建立校正曲线，就是基于使偏差平方和达到极小的最小二乘原理，对若干个对应的数据（x_1，y_1），（x_2，y_2），…，（x_n，y_n），用函数进行拟合。从作图的角度说，就是根据平面上一组离散点，选择适当的连续曲线近似地拟合这一组离散点，以尽可能完善地表示仪器响应值和被测定量之间的关系。这种基于最小二乘原理研究因变量与自变量之间的相关关系的方法，称为回归分析。用回归分析建立仪器分析校正曲线，因变量是仪器响应值，是具有概率分布的随机变量，自变量是被测定量（浓度），为无概率分布的固定变量。所建立的校正曲线，描述了因变量与自变量之间的相关关系，并可根据各自变量的取值对因变量进行预报和控制。

用最小二乘原理拟合回归方程，其斜率和截距分别如下：

$$b=\frac{n\sum x_iy_i-\sum x_i\sum y_i}{n\sum x_i^2-(\sum x_i)^2} \tag{1.6}$$

$$a=\overline{y}-b\overline{x} \tag{1.7}$$

式中，b 为斜率；a 为截距。

相关系数 r 是表征变量之间相关程度的一个参数，若 r 大于相关系数表中的临界值 $r_{0.05,f}$，表示所建立的回归方程和回归线是有意义的；反之，若 r 小于 $r_{0.05,f}$，表示所建立的回归方程和回归线没有意义。r 的绝对值在 0～1 的范围内变动，r 值越大，表示变量之间相关的程度越密切。当 y 随 x 增大而增大，称 y 与 x 为正相关，r 为正值；当 y 随 x 增大而减少，称 y 与 x 为负相关，r 为负值。

$$r=\frac{\sum(x_i-\overline{x})(y_i-\overline{y})}{\sqrt{\sum(x_i-\overline{x})^2\sum(y_i-\overline{y})^2}}=\frac{n\sum x_iy_i-\sum x_i\sum y_i}{\sqrt{[n\sum y_i^2-(\sum y_i)^2][n\sum x_i^2-(\sum x_i)^2]}} \tag{1.8}$$

（2）测定值置信范围的界定

回归线（回归方程）的精度用标准差 s_r 表示，通常用 $\pm 2s_r$ 作为它的置信区间。回归线的标准差是各实验点相对于回归线求出，按下式计算：

$$s_r=\sqrt{\frac{\sum_{i=1}^{n}y_i^2-\frac{1}{n}\left(\sum y_i\right)^2}{n-2}} \tag{1.9}$$

（3）图形的正确绘制和标注

在分析测试中，用得最多的是直角坐标纸，有时也用对数和半对数坐标纸。在绘图时，要做到规范化：

① 用 x 轴代表可严格控制的或实验误差较小的自变量（如浓度或含量），y 轴代表因变量（仪器响应值）。坐标轴应标明名称和单位。名称尽量用符号表示。单位的写法采用斜线制，如横坐标代表温度 T，则写成“T/℃”。

② 坐标轴的分度要与使用的测量工具、仪器的精度相一致，标记分度的有效数字位数应与原始数据的位数相同。分度应以便于从图形上读取任一点的数据为原则，如在直角坐标纸上，分度值可取整数如1.0，2.0，3.0，…，或0.10，0.20，0.30，…，而不宜取1.05，2.05，…或0.12，0.24，…作为分度值。坐标分度值不一定自零起，可用低于最低测定值的某一合适的值作起点，高于最高测定值的某一合适的值作终点，以使整个图形占满全幅坐标纸为宜。图形的大小要适当。

③ 对于线性校正曲线，它一定通过（$\overline{x}$，$\overline{y}$）和（0，a）点，因此，绘制校正曲线时，先画出这两点，通过这两点画出直线，再将其他的实验点画在图上。用这种方法画出的直线必然是最佳的。在校正曲线的两侧，用两条虚线标出它的置信区间。对于其他形式的曲线，要使拟合的曲线通过尽可能多的实验点，并使实验点在曲线的两侧分布的数目大致相等。

④ 图中若有多条曲线，应分别用不同的符号（如×、□、●、■）表示，需要标注时，尽量用简明的阿拉伯数字、字母或符号等标注，再在图名下方注释阿拉伯数字、字母或符号等的含义，切忌用长行的中文字标注，以保持图形的简明性。

⑤ 如果变量之间的关系为非线性的，尽可能通过数据变换将其变为线性关系。

⑥ 在图的下方标明图名和必要的图注。

1.6.3 数学方程式表示法

仪器分析实验数据的自变量与因变量之间多呈直线关系，或经过适当变换后，呈直线关系，通过计算机相关软件处理后便得到相应的数学方程式。许多分析方法利用这一特性由数学方程式计算出待测组分的含量。数学方程式的表示要科学、合理。

1.6.4 数据处理软件

（1）Microsoft Office Excel

Excel电子表格软件是人们日常工作中必不可少的数据管理、处理软件。Excel中大量的公式函数可以应用选择，使用Microsoft Excel可以执行计算、分析信息并管理电子表格或网页中的数据信息列表与制作数据资料图表，可以实现许多方便的功能。

（2）Origin

Origin为Origin Lab公司出品的较流行的专业函数绘图软件，该软件简单易学、操作灵活、功能强大，既可以满足一般读者的制图需要，又可以满足高级读者数据分析、函数拟合的需要。

Origin具有两大主要功能：数据分析和绘图。Origin的数据分析主要包括统计、信号处理、图像处理、峰值分析和曲线拟合等各种完善的数学分析功能。准备好数据后，进行数据分析时，只需选择所要分析的数据，然后再选择相应的菜单命令即可。Origin的绘图是基于模板的，Origin本身提供了几十种二维和三维绘图模板而且允许用户自己定制模板。绘图时，只要选择所需要的模板就行。用户可以自定义数学函数、图形样式和绘图模板；可以和各种数据库软件、办公软件、图像处理软件等方便地连接。

第2章

分子光谱分析法

2.1 紫外-可见分光光度法

2.1.1 基本原理

紫外吸收光谱是由紫外光照射样品溶液后产生的一种吸收光谱，简称紫外光谱（ultraviolet spectrum，UV）。紫外光是波长为 100～400nm 的光波，其中波长范围在 100～200nm 的为远紫外区。它能被空气中的二氧化碳、氮气、氧气、水等吸收，因此远紫外吸收光谱须在真空条件下进行测定，操作困难，应用价值不大。波长为 200～400nm 的区域为近紫外区，通常所说的紫外光谱就是指该区域的吸收光谱。波长为 400～800nm 的可见光照射某些样品溶液后也能产生吸收光谱，简称可见光谱（visible spectroscopy，Vis）。常用的紫外-可见分光光度计的测量范围包括紫外和可见光区域，波长范围是 190～800nm。

2.1.1.1 紫外-可见光谱的表示方法

用一束频率连续变化的紫外-可见光照射一定浓度的试样溶液，样品分子对不同频率的紫外可见光波产生吸收，使通过试样后的光波在一些波长范围内变弱，在另一些波长范围内不变，将化合物吸收紫外-可见光的情况用一条曲线记录下来，就得到试样的紫外谱图（见图 2.1）。

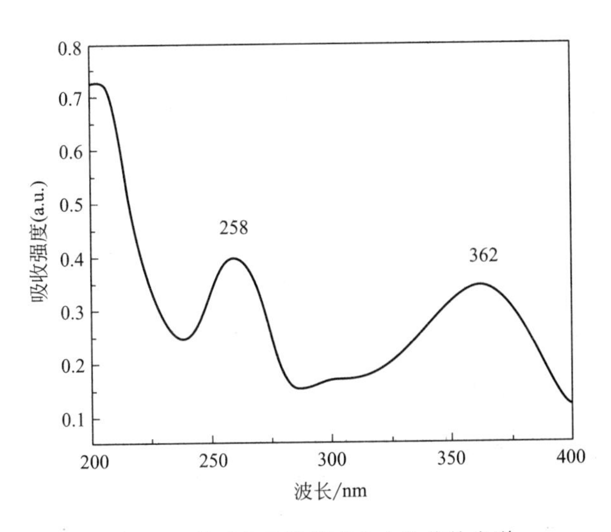

图 2.1　芦丁在乙醇溶液水中的紫外光谱

紫外-可见光谱图常以波长（λ）为横坐标，单位为纳米（nm）。以吸收强度（A）或摩尔吸收系数 ε（或 $\lg\varepsilon$）为纵坐标。

2.1.1.2 朗伯-比尔（Lambert-Beer）定律

紫外-可见光谱属于电子光谱。当电子能级发生改变时，其振动能级和转动能级也会发生变化，因此紫外光谱图的吸收谱带较宽，且一般只有几个吸收带。吸收带中最高点为最大吸收峰，其相应的波长为最大吸收波长，用 λ_{max} 表示。最大吸收峰的强度叫最大吸光系数，用 ε（或 $\lg\varepsilon$）表示。吸收光谱的吸收强度用朗伯-比尔（Lambert-Beer）定律来进行描述，用下列公式来表示：

$$A=\lg\frac{I_0}{I}=\lg\frac{1}{T}=\varepsilon cL \tag{2.1}$$

式中，A 称为吸光度；I_0 是入射光的强度；I 是透过光的强度；T 是透光率或透过率，%；c 是样品溶液的浓度，$mol \cdot L^{-1}$；L 是吸收池厚度，cm；ε 为摩尔吸收系数（表示指定波长的光透过厚度为 1cm，浓度为 $1mol \cdot L^{-1}$ 溶液的吸光度）。

2.1.1.3 电子跃迁的类型

紫外-可见吸收光谱是分子中的价电子吸收一定能量的光子后跃迁产生的。有机化合物的价电子有三种：形成单键的 σ 成键电子（σ 电子）、形成双键的 π 成键电子（π 电子）和未成键的孤对电子（n 电子）。仅从能量上考虑，它们处于较低能态，吸收合适的能量后，都可跃迁到任意较高能态的反键轨道上，形成六种跃迁类型。然而允许的跃迁不但要符合动量守恒，还要考虑跃迁几率。在有机分子中，常见的跃迁类型有四种：σ 成键电子向 σ^* 反键轨道跃迁（$\sigma\rightarrow\sigma^*$）；$\pi$ 成键电子向 π^* 反键轨道跃迁（$\pi\rightarrow\pi^*$）；n 电子向 π^* 反键轨道跃迁（$n\rightarrow\pi^*$）；n 电子向 σ^* 反键轨道跃迁（$n\rightarrow\sigma^*$）。它们跃迁的能量变化如图 2.2 所示。可以看出，不同跃迁类型吸收的能量大小不同，所需能量由大到小顺序为 $\sigma\rightarrow\sigma^*>n\rightarrow\sigma^*>\pi\rightarrow\pi^*>n\rightarrow\pi^*$。$\sigma$ 电子跃迁所需能量大，需要吸收远紫外区的光波才能激发，这是因为 σ 成键电子分布在两个成键原子核中间，受到原子核的束缚力强，因此需要波长较短，能量较大的光波才能激发。相比而言，π 电子和 n 电子受到原子核的束缚力较小，容易激发，可选择吸收 200～800nm 的光波发生跃迁。所以，紫外-可见光谱主要是用来研究分子中 n 电子和 π 电子的跃迁。

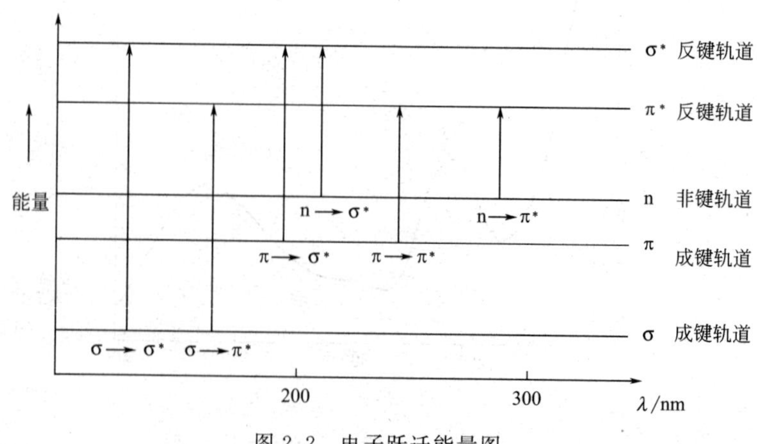

图 2.2 电子跃迁能量图

某些无机物的分子同时具有电子授体和电子受体，当辐射照射到这些化合物时，电子从授体外层轨道跃迁到受体轨道，产生吸收光谱，称为电荷转移光谱。

电子电荷转移过程可用下式表示：

$$D—A \xrightarrow{h\nu} D^{+}—A^{-}$$

D和A分别表示电子授体和电子受体，在辐射作用下，一个电子从授体转移到受体，许多无机络合物都能发生这种电荷转移。例如：

$$Fe^{3+}—SCN^{-} \xrightarrow{h\nu} Fe^{2+}—SCN$$

在电子络合物的电荷转移过程中，金属离子通常是电子接受体，配体通常是电子给予体。过渡金属都有未填满的d电子层，镧系和锕系元素含有f电子层，这些电子轨道的能量通常是相等的，即简并的。当这些金属离子处于配位体形成的负电场时，低能态的d电子或f电子可以分别跃迁到高能态的d轨道或f轨道，这两类跃迁分别称为d电子跃迁和f电子跃迁。由于这两类跃迁必须在配位体的配位场作用下才能发生，因此又称为配位体场跃迁，相应的光谱称为配位体场吸收光谱。配位体场吸收光谱通常位于可见光区，强度弱，通常用来研究络合物的结构。

2.1.2 紫外-可见分光光度计的结构及组成

紫外-可见分光光度计按其光学系统分为单光束和双光束分光光度计、单波长和双波长分光光度计，其中最常用的是双光束分光光度计，由光源、单色器、样品室、检测器、放大控制系统和显示系统等组成。

2.1.2.1 单光束分光光度计

单光束分光光度计只有单色器色散后的一束单色光，它是通过改变参比池和样品池的位置进行参比溶液和样品溶液的交替测量来测定样品溶液的吸光度。目前国内普遍使用的721型和751型分光光度计属于此类仪器。这类仪器具有信噪比高，光学、机械及电子线路结构简单，价格便宜，等优点，适于在给定波长处测量样品吸光度，常用于定量分析。图2.3所示为721型分光光度计结构示意图，图2.4所示为751型分光光度计结构示意图。

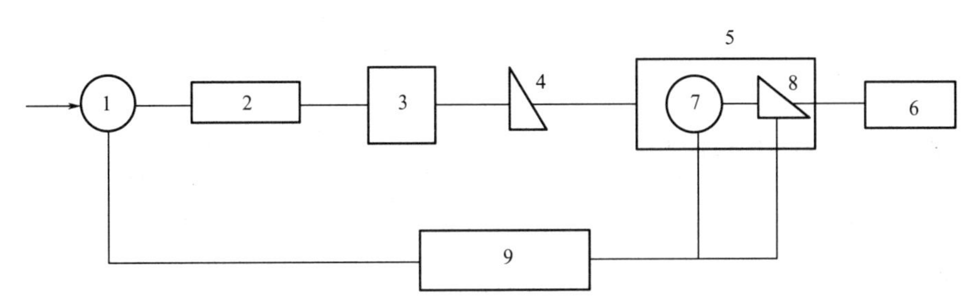

图2.3 721型分光光度计结构示意图

1—光源；2—单色器；3—吸收池；4—光量调节器；5—光电管暗盒；6—微安表；7—光电管；8—放大器；9—稳压器

2.1.2.2 双光束分光光度计

双光束分光光度计是将单色器色散后的单色光分成两束，一束通过参比池，一束通过样

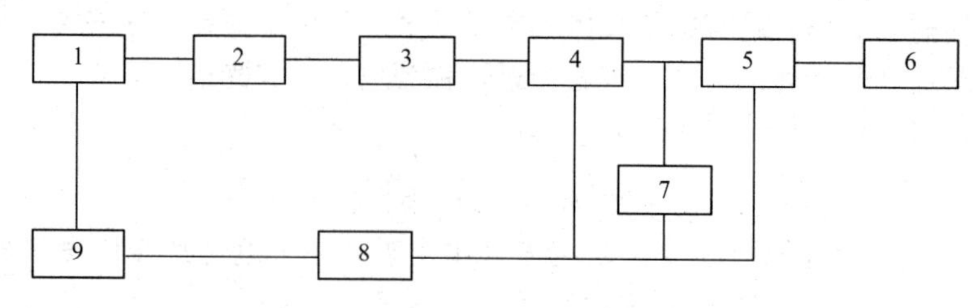

图 2.4　751 型分光光度计结构示意图

1—光源；2—单色器；3—吸收池；4—检测器；5—电流放大器；6—指零仪表；
7—读数电位器；8—放大器稳压电源；9—光源稳压电源

品池。双光束分光光度计的特点是便于进行自动记录。由于样品和参比信号进行反复比较，消除了光源不稳定、放大器增益变化及光学和电子元件对两条光路的影响。该类仪器适合结构分析，单色光分为两束的方法有时间分隔和空间分隔两种。

时间分隔式双光束分光光度计是在单色器和样品池之间装一切光器，使单色器发出的单色光转变为交替的两束光，分别通过参比池和样品池，然后将两透射光束聚集到同一检测器，它交替接收两光路的光信号，检测器输出信号的大小决定于两光束强度差。

目前双光束分光光度计采用较为普遍的是空间分隔式，见图 2.5。它是利用光束分裂器和反射镜来获得两个分离光束，然后分别进入参比池和样品池，通常采用两个匹配得很好的检测器测量两光束强度之比。

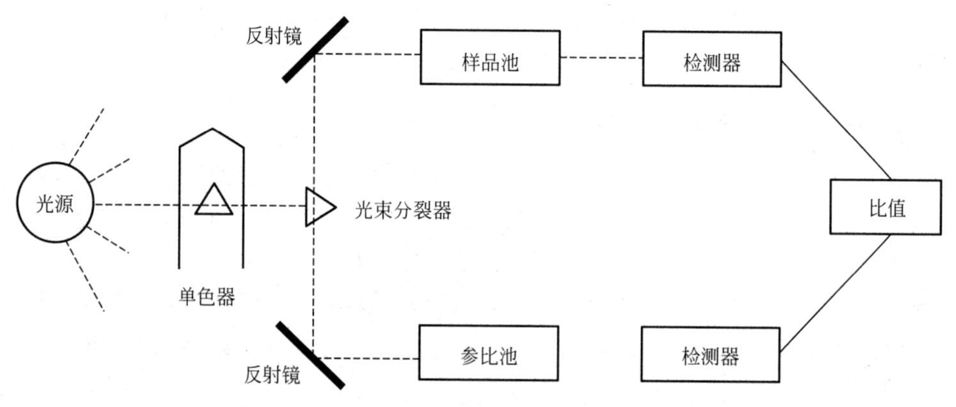

图 2.5　空间分隔式双光束分光光度计结构示意图

2.1.3　紫外-可见光谱的应用

2.1.3.1　鉴定物质

根据吸收光谱图上的一些特征吸收，特别是最大吸收波长（λ_{max}）和摩尔吸收系数（ε）是鉴定物质的常用物理参数。这在药物分析上就有着很广泛的应用。在国内外的药典中，已将众多的药物紫外吸收光谱的最大吸收波长和吸收系数载入其中，为药物分析提供了很好的手段。

2.1.3.2　与标准物及标准图谱对照

将分析样品和标准样品以相同浓度配制在同一溶剂中，在同一条件下分别测定紫外-可见吸收光谱。若两者是同一物质，则两者的光谱图应完全一致。如果没有标样，也可以和现成的标准谱图对照进行比较。

2.1.3.3　比较最大吸收波长和吸收系数的一致性

由于紫外吸收光谱只含有2～3个较宽的吸收带，而紫外光谱主要是分子内的发色团在紫外区产生的吸收，与分子的其他部分关系不大。具有相同发色团的不同分子结构，在较大分子中不影响发色团的紫外吸收光谱，不同的分子结构有可能有相同的紫外吸收光谱，但它们的吸收系数是有差别的。如果分析样品和标准样品的吸收波长相同，吸收系数也相同，则可认为分析样品与标准样品为同一物质。

2.1.4　实验技术

实验2.1.1　邻二氮菲分光光度法测定铁

【实验目的】

(1) 掌握研究显色反应的一般方法。

(2) 学习利用紫外-可见分光光度法测定未知试样中的铁含量。

(3) 掌握紫外-可见分光光度计的正确使用方法。

【实验原理】

用分光光度法测定无机离子时，通常使用显色剂生成有色络合物，然后进行分光光度法测定。测定时，须注意以下因素：

(1) 显色剂和有色络合物的吸收光谱能否满足分光光度法测定的要求？一般二者的吸收光谱上的最大吸收波长λ_{max}应相距60nm以上。

(2) 为使显色反应进行完全，必须确定合适的显色剂用量。不同的显色反应，有色络合物达到稳定的时间和维持稳定的时间各不相同，因此，须研究显色剂用量、显色时间和有色络合物达到稳定的时间等影响。

(3) 研究溶液的pH值对显色反应的影响。显色剂一般为有机弱酸，溶液酸度大小影响显色剂的离解和金属离子的状态，进而影响有色络合物的生成和稳定。显色反应一般在室温下就能进行完全，但有时需要加热，此时就需要研究温度的影响。

(4) 溶液中存在多种金属离子时，需要研究干扰离子的影响和消除方法。

用于铁的显色剂很多，其中邻二氮菲是测定微量铁的一种较好的显色剂。邻二氮菲也叫邻菲罗啉，是测定铁的一种很好的显色剂，在pH＝2～9时，邻二氮菲与Fe^{2+}生成稳定的橙色络合物，络合物的摩尔吸收系数为1.1×10^{4} L·mol^{-1}·cm^{-1}，其反应方程式见图2.6。在还原剂存在下，颜色可保持几个月不变。Fe^{3+}与邻二氮菲生成淡蓝色络合物，在用分光光度法测定Fe^{2+}之前，应先用盐酸羟胺将Fe^{3+}还原成Fe^{2+}。

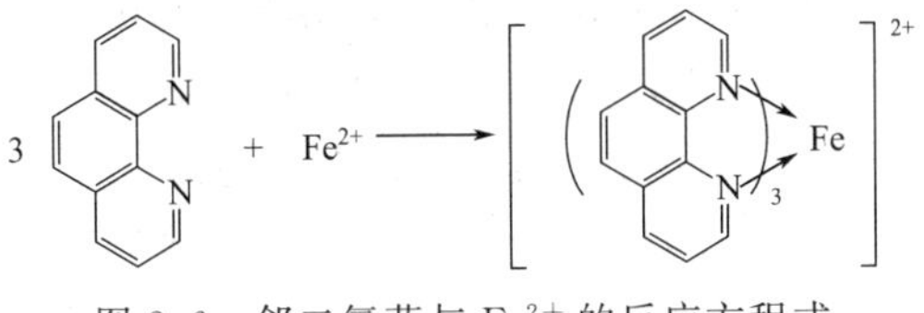

$$3\,\text{phen} + Fe^{2+} \longrightarrow [Fe(\text{phen})_3]^{2+}$$

图2.6　邻二氮菲与Fe^{2+}的反应方程式

【仪器与试剂】

仪器：UV-2550 紫外-可见分光光度计，分析天平，pH 计，移液管，碱式滴定管，容量瓶，烧杯。

试剂：铁标准溶液（100.00μg·mL^{-1}）。准确称取 0.8634g $NH_4Fe(SO_4)_2\cdot 12H_2O$，加入 20mL HCl（1∶1）和少量蒸馏水，溶解后转移至 1L 容量瓶中，用蒸馏水稀释至刻度，摇匀。

10%盐酸羟胺溶液。

0.15%邻二氮菲溶液。先用少量无水乙醇溶解，再用蒸馏水稀释至所需浓度。

1.0mol·L^{-1}醋酸钠溶液。

0.1mol·L^{-1}氢氧化钠溶液。

无水乙醇。

未知浓度的铁溶液。

【实验步骤】

（1）绘制吸收曲线

取 2 个 25mL 容量瓶，其中一个加入 0.3mL 铁标准溶液，然后在 2 个容量瓶中各加入 0.5mL 的盐酸羟胺溶液，摇匀，放置约 2min。各加入 1.0mL 邻二氮菲溶液和 2.5mL 醋酸钠溶液，用蒸馏水稀释至刻度，摇匀。用蒸馏水作参比溶液，分别绘制上述两种溶液的吸收曲线。再用不含铁的试剂溶液作参比，绘制有色络合物的吸收曲线。比较上述 3 种吸收光谱，选取合适的测定波长。

（2）稳定性试验

在 25mL 容量瓶中，用上述方法配制含铁有机络合物溶液和试剂溶液，迅速摇匀，放置约 2min，用 1cm 吸收池，以不含铁的试剂溶液作参比溶液，在选定的 λ_{max} 下测定吸光度，记下吸光度和时间。间隔 2min，5min，10min，30min，60min，120min 测定一次，记下相应的吸光度数值。

（3）显色剂用量试验

在 8 个 25mL 容量瓶中，加入 0.3mL 铁标准溶液和 0.5mL 盐酸羟胺溶液，然后分别加入邻二氮菲溶液 0，0.1mL，0.3mL，0.5mL，0.7mL，1.0mL，1.5mL 和 2.0mL。最后在各瓶中加入 2.5mL 醋酸钠溶液，用蒸馏水稀释至刻度，摇匀。以不含显色剂的溶液作参比溶液，在选定的 λ_{max} 下测定吸光度，记下吸光度值。

（4）pH 值的影响

在 7 个 25mL 容量瓶中，加入 0.3mL 铁标准溶液、0.5mL 盐酸羟胺溶液和 1.0mL 邻二氮菲溶液，然后再用滴定管一次加入 0，2.5mL，5.0mL，7.5mL，10.0mL，12.5mL 和 15.0mL 氢氧化钠溶液，用蒸馏水稀释至刻度，摇匀。用 pH 计测定以上溶液的 pH 值，记录其数值。用蒸馏水作参比溶液，在选定的波长下测定吸光度，记录吸光度值。

（5）绘制标准曲线。

在 6 个 25mL 容量瓶中，加入 0.5mL 盐酸羟胺溶液、1.0mL 邻二氮菲溶液和 2.5mL 醋酸钠溶液，然后依次加入 0，0.2mL，0.4mL，0.6mL，0.8mL 和 1.0mL 铁标准溶液，用蒸馏水稀释至刻度，摇匀。以不含铁的试剂溶液作参比溶液，选定的波长下测定吸光度，记录吸光度值。

（6）未知样溶液的测定

在3个25mL容量瓶中，分别加入2.5mL未知浓度的含铁溶液，按实验步骤（5）的方法配制溶液，测定吸光度，记下数值。

【数据记录与处理】

（1）记录各吸光度值。

（2）从实验步骤（1）的吸收曲线中，选取测定有色络合物的λ_{max}。

（3）绘制有色络合物的显色剂用量曲线、稳定曲线和pH值影响的曲线。

（4）绘制铁的标准曲线，计算回归方程。

（5）按下式计算未知样中铁的含量。

$$\text{未知样中铁的含量}(\mu g \cdot mL^{-1})=\frac{\text{从标准曲线上查出的铁的质量}(\mu g)}{2.5mL} \quad (2.2)$$

【注意事项】

（1）加试剂时，铁标准液加入后要先加入还原剂盐酸羟胺，然后加显色剂。如果先加显色剂则显色剂与Fe^{2+}和Fe^{3+}分别形成稳定络合物，影响测定结果。

（2）为使盐酸羟胺将Fe^{3+}完全还原为Fe^{2+}，放置时间应不小于2min。

【思考题】

（1）用邻二氮菲测定铁时，在加入显色剂之前为什么要加盐酸羟胺？作用是什么？

（2）本实验中，醋酸钠的作用是什么？若用氢氧化钠代替，有什么特点？

（3）分光光度法测定物质时，为什么要选择参比溶液？本实验以何种溶液作参比溶液？

（4）吸收曲线和标准曲线有何实用意义？

实验2.1.2　土壤速效磷含量的测定（碳酸氢钠法）

【实验目的】

（1）了解测定土壤速效磷的基本原理，掌握其测定方法。

（2）进一步巩固紫外-可见分光光度计的正确使用方法。

【实验原理】

土壤速效磷也称土壤有效磷，包括水溶性磷和弱酸溶性磷，其含量是判断土壤供磷能力的一项重要指标。测定土壤速效磷的含量，可为合理分配和施用磷肥提供理论依据。

用pH=8.5的0.5mol·L^{-1}的$NaHCO_3$作浸提剂处理土壤，由于碳酸根的存在抑制了土壤中的碳酸钙的溶解，降低了溶液中Ca^{2+}浓度，相应地提高了磷酸钙的溶解度。由于浸提剂的pH值较高，抑制了Fe^{3+}和Al^{3+}的活性，有利于磷酸铁和磷酸铝的提取。此外，溶液中存在着OH^-、HCO_3^-、CO_3^{2-}等阴离子，也有利于吸附态磷的置换。用$NaHCO_3$作浸提剂提取的有效磷与作物吸收磷有良好的相关性，其适应范围也广泛。

浸出液中的磷，在一定的酸度下，用硫酸钼锑抗还原显色成磷钼蓝，蓝色的深浅在一定浓度范围内与磷的含量成正比，因此，可以用比色法测定其含量。

【仪器与试剂】

仪器：紫外-可见分光光度计，分析天平，pH计，烘箱，土壤筛，振荡机，锥形瓶，容量瓶，布氏漏斗，抽滤瓶，无磷滤纸，移液管，试剂瓶。

试剂：土壤，碳酸氢钠，氢氧化钠，浓硫酸，浓盐酸，钼酸铵，酒石酸锑钾，抗坏血酸，活性炭，蒸馏水。

【实验步骤】

（1）$0.5mol \cdot L^{-1}$的$NaHCO_3$（pH＝8.5）浸提液的配制

称取化学纯$NaHCO_3$42.0g溶于800mL蒸馏水中，以$4mol \cdot L^{-1}$ NaOH溶液调节pH值至8.5（用pH计测定），然后稀释至1000mL，保存在试剂瓶中。如果贮存期超过1个月，使用时应重新调整pH值。

（2）无磷活性炭的制备

将活性炭先用1∶1（V/V）的盐酸溶液浸泡过夜，在布氏漏斗上抽滤，用蒸馏水冲洗多次至无Cl^-为止，再用$0.5mol \cdot L^{-1}$ $NaHCO_3$溶液浸泡过夜，在布氏漏斗上抽滤，用蒸馏水洗尽$NaHCO_3$，检查至无磷为止，烘干备用。

（3）$7.5mol \cdot L^{-1}$硫酸钼锑抗贮存液的制备

在1000mL烧杯中加入400mL蒸馏水，将烧杯浸在冷水中，然后缓慢注入208.3mL浓硫酸（分析纯），并不断搅拌，冷却至室温。另称取分析纯钼酸铵20g溶于60℃的150mL蒸馏水中，冷却。再将硫酸溶液慢慢倒入钼酸铵溶液中，不断搅拌，最后加入100mL 0.5%酒石酸锑钾溶液，用蒸馏水稀释至1000mL，摇匀，贮存于棕色试剂瓶中，避光保存。

（4）钼锑抗混合显色剂的制备

称取1.50g抗坏血酸，溶于100mL钼锑抗贮存液中，混匀。此试剂有效期为24h，宜用前配制，随配随用。

（5）磷标准液的配制

准确称取在105℃烘箱中烘干2h的分析纯KH_2PO_4 0.2195g，溶于400mL蒸馏水中。加浓硫酸5mL，转入1000mL容量瓶中，加蒸馏水定容至刻度，摇匀，此溶液为$50mg \cdot L^{-1}$磷标准液，此溶液不宜久贮。

（6）磷标准曲线绘制

分别吸取$50mg \cdot L^{-1}$磷标准液0，1mL，2mL，3mL，4mL，5mL于50mL容量瓶中，各加入$0.5mol \cdot L^{-1}$的$NaHCO_3$浸提液1mL和钼锑抗显色剂5mL，除尽气泡后定容，充分摇匀，即为0，$0.1mol \cdot L^{-1}$，$0.2mol \cdot L^{-1}$，$0.3mol \cdot L^{-1}$，$0.4mol \cdot L^{-1}$，$0.5mol \cdot L^{-1}$的磷的系列标准液。30min后与待测液同时进行比色，读取吸光度值。以吸光度值为纵坐标，磷含量为横坐标便绘制成磷标准曲线。

（7）待测液的制备

称取通过1mm筛孔的风干土样5.00g置于250mL锥形瓶中，加入一小勺无磷活性炭和$0.5mol \cdot L^{-1}$的$NaHCO_3$浸提液100mL，塞紧瓶塞，在振荡机上振荡30min，取出后立即用干燥漏斗和无磷滤纸过滤，滤液用另一只锥形瓶盛接。同时做空白试验。

（8）吸光度的测定

吸取滤液10mL（对含$P_2O_5$1%以下的样品吸取10mL，含磷高的可改为5mL或2mL，但必须用$0.5mol \cdot L^{-1}$的$NaHCO_3$补足至10mL），于50mL容量瓶中，加钼锑抗混合显色剂5mL，小心摇动。30min后，在紫外-可见分光光度计上用波长660nm的可见光测其吸光度。

【数据记录与处理】

（1）记录各样品称样量。

（2）记录各溶液的浓度。

（3）绘制磷标准曲线，计算回归方程。

（4）按下式计算土壤速效磷。

$$\text{土壤速效磷}=\frac{\text{待测液}\times\text{待测液体积}\times\text{分取倍数}}{\text{烘干土重}} \tag{2.3}$$

式中　待测液——从标准曲线上查得的待测液浓度；

待测液体积——50mL；

分取倍数——浸提液总体积（mL）与吸取浸出液体积（mL）之比；

烘干土重——风干土重乘以水分系数。

【注意事项】

（1）钼锑抗混合显色剂的加入量要准确。

（2）加入混合显色剂后，即产生大量的 CO_2 气体，由于容量瓶口小，CO_2 气体不易逸出，在混匀的过程中易造成试液外溢，造成测定误差，因此必须小心慢慢加入，同时充分摇动排出 CO_2，以避免 CO_2 的存在影响结果。

（3）活性炭一定要洗至无 Cl^-，否则不能使用。

（4）此法温度影响很大，一般测定应在 20～25℃的温度下进行。如室温低于 20℃，可将容量瓶放在 30～40℃的热水中保温 20min，取出冷却后进行比色。

（5）0.5mol·L^{-1}的 $NaHCO_3$ 测土壤有效磷分级可参考下列指示：

土壤速效磷的含量/mg·kg^{-1}	＜10	10～20	＞20
土壤供磷水平	低	中等	高

【思考题】

（1）为什么报告有效磷测定结果时，必须同时说明所用的测定方法？

（2）测定过程中，如要获得比较准确的结果，应注意哪些问题？

实验 2.1.3　紫外-可见分光光度法测定醋酸地塞米松的含量

【实验目的】

（1）了解紫外-可见分光光度计的基本结构及操作步骤。

（2）学习紫外-可见分光光度法测定物质含量的原理和方法。

（3）掌握药物标示量的计算方法。

【实验原理】

醋酸地塞米松，又名醋酸氟美松，为甾体激素类药物。临床上主要用于治疗风湿热、类风湿性关节炎、红斑狼疮和白血病以及湿疹、皮炎等疾病。其分子结构见图 2.7。为环戊烷并多氢菲的甾体母核结构，由于该药物结构中有 3-酮基和两个双键共轭，因此该药物在特定波长处具有特定的紫外吸收，可以根据最大的紫外吸收波长对其特定的结构进行鉴定，同时在最大吸收波长处可以进行定量分析。

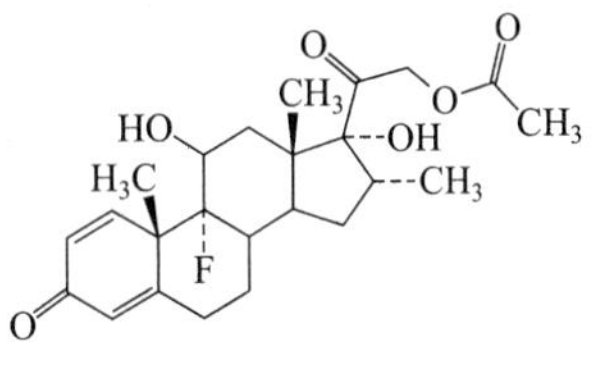

图 2.7　醋酸地塞米松的结构式

【仪器与试剂】

仪器：UV-2550 紫外-可见分光光度计，超声清洗器，比色皿，研钵，容量瓶，漏斗，量筒，移液管。

试剂：无水乙醇，醋酸地塞米松片。

【实验步骤】

(1) 样品溶液的配制

① 取本品 10 片，精密称定，研细，再精密称取 0.4g（醋酸地塞米松约 7.5mg），置 50mL 量瓶中，加入无水乙醇 35mL，超声溶解 20min，放冷至室温。

② 加入适量无水乙醇稀释至刻度，摇匀，过滤，精密量取滤液 10mL，置于另一 50mL 容量瓶中，加入无水乙醇稀释至刻度，摇匀，待用。

(2) 样品的测定

① 依次打开电脑电源，分光光度计电源，在桌面上双击 UV-Probe 图表，输入密码。

② 等待仪器自检查，所有自检项目完成后，点击“确定”，再点击“基线”，进行基线校正。

③ 将样品池和参比池均放上空白，点击“自动调零”。

④ 将样品池换上样品，选择“编辑”中的“方法”，建立数据采集的方法。

⑤ 然后在 200～400nm 范围内扫描，确定最大吸收波长，保存数据。

⑥ 在最大吸收波长附近确定吸收波长范围，扫描测定其吸光度，保存数据。

⑦ 打印图表，关闭仪器电源。

【数据记录与处理】

(1) 指出醋酸地塞米松最大紫外吸收波长。

(2) 计算醋酸地塞米松的标示量（%），应为 90.00%～110.00%。

(3) 按吸收系数法计算本品的含量，计算公式如下：

$$\text{标志量}(\%)=\frac{A\times5\times W\times10^3}{E_{1\text{cm}}^{1\%}\times2\times M\times\text{标志量}}\times100\% \tag{2.4}$$

式中　A——样品吸光度；

W——平均片重，g/片；

M——称样重量，g；

标志量——0.75mg/片；

$E_{1\text{cm}}^{1\%}$——醋酸地塞米松（$C_{24}H_{31}FO_6$）的吸收系数，按 354 计算。

【注意事项】

(1) 实验过程中由于片剂的辅料不溶于无水乙醇，供试品溶液需要经过过滤、稀释后再测定。

(2) 实验完毕，应将比色皿从样品池中取出，并清洗干净。

(3) 比色皿透光面应用擦镜纸沿着一个方向擦。

【思考题】

(1) 紫外-可见分光光度法分析物质的原理是什么？

(2) 哪些物质能够用紫外分光光度法进行分析鉴别？

(3) 如何对物质的含量进行分析？

实验 2.1.4　紫外分光光度法测定柚皮中黄酮的含量

【实验目的】

(1) 掌握超声波法提取柚皮中黄酮类化合物的原理和方法。

（2）掌握紫外分光光度法测定柚皮中黄酮类化合物含量的方法。

【实验原理】

黄酮类化合物是一类重要的天然有机化合物，广泛存在于中草药、水果、蔬菜等绿色植物中。黄酮类化合物主要指以2-苯基色原酮为母核的一类化合物，现泛指由 C_6-C_3-C_6 结构构筑而成的一系列化合物，见图2.8。黄酮类化合物在医药、食品等领域具有广泛的研究与应用。在医药领域，黄酮类化合物具有抗菌、抗病毒、抗过敏、抗炎、抗突变、抗肿瘤、抗高血压、保护肝脏和心脑血管系统等生理活性。在食品领域，黄酮类化合物被用作食品添加剂，如抗氧化剂、甜味剂、食用色素等。

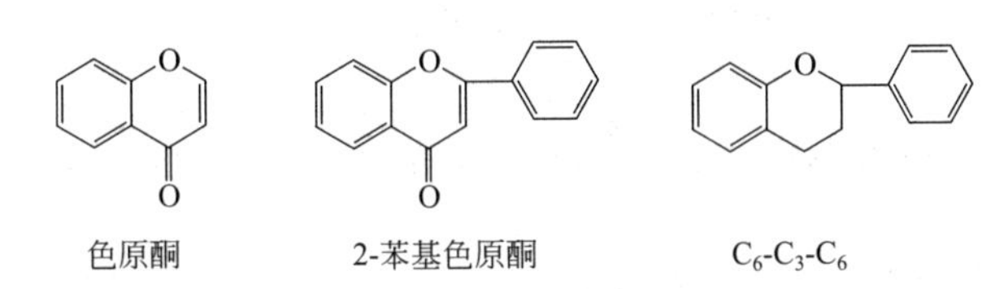

图2.8　黄酮类化合物的基本结构骨架

柚皮约占柚子质量的20%，柚皮中除含有丰富的芳香油、果胶、色素外，还含有经济价值很高的柚皮苷等黄酮类化合物。但目前绝大多数的柚皮被当作废弃物丢弃，不但污染环境，而且还浪费了资源。如果将柚皮中的黄酮类物质提取出来，不但可以用于制药、食品添加剂等行业，而且对深化柚皮原料的开发利用、提高其附加价值、减少环境污染都具有重要的现实意义。

【仪器与试剂】

仪器：电子天平，旋转蒸发仪，真空干燥箱，圆底烧瓶，烧杯，布氏漏斗，超声波清洗器，抽滤瓶，真空泵，恒温磁力加热搅拌器，中药粉碎机，紫外-可见分光光度计。

试剂：柚皮，芦丁标准品，无水乙醇，95%乙醇，石油醚30°～60°，$AlCl_3$，蒸馏水。

【实验步骤】

（1）柚皮中黄酮类化合物的提取

称取10.0g柚皮粗粉置于500mL锥形瓶中，按料液比为1∶20（$g \cdot mL^{-1}$）的量加入75%乙醇，在超声波清洗器中超声提取1.0h，超声完成后，用抽滤装置对提取液进行过滤，滤渣用同样的方法超声萃取2次，合并3次滤液，滤液中加入70～80mL石油醚以除去提取液中的油脂成分，过滤，除去滤渣，收集提取液，即为柚皮黄酮提取液。

（2）黄酮类化合物的鉴定

取一定样品液置于2支小试管中，向其中一支试管中加入适量的质量浓度为1%的三氯化铝，另一支作为对照。可观察到加入三氯化铝的样品液的颜色由无色变成了黄色。

（3）芦丁标准溶液紫外吸收光谱

黄酮类化合物在200～400nm区域内有较强的吸收带，在258nm处有一个最大吸收峰，在362nm处也有一个吸收峰。以70%乙醇为参比溶液，在200～400nm范围内，将芦丁标准溶液，利用紫外-可见分光光度计进行紫外扫描，确定测定波长。

（4）芦丁标准曲线的绘制

准确称取29mg芦丁标准品，用70%乙醇溶解并定容至50mL。准确吸取标准溶液0，0.25mL，0.50mL，0.75mL，1.00mL，1.50mL，2.00mL分别置于25mL容量瓶中，用70%乙醇定容至刻度线，得芦丁标准液。以70%乙醇为参比液，利用紫外-可见分光光度计，测出不同浓度的标准溶液在 258nm 处的吸光度。以吸光度为横坐标，浓度为纵坐标绘制标准曲线。

（5）柚皮中黄酮类化合物含量测定

将黄酮提取液配制成相应浓度，在紫外-可见分光光度计上，根据确定的最大吸收波长测其吸光度，根据标准曲线计算提取液中黄酮类化合物的含量。

【数据记录与处理】

（1）记录各药品的取用量。

（2）记录芦丁标准品最大吸收波长。

（3）根据标准曲线，计算柚皮中黄酮类化合物的含量。

【注意事项】

（1）料液比对柚皮中黄酮类化合物的提取率影响较大，本实验中料液比选用 1∶20（$g \cdot mL^{-1}$）。

（2）为提高柚皮中黄酮类化合物的提取率，可事先将柚皮粗品浸泡在乙醇-水料液比为 1∶20（$g \cdot mL^{-1}$）的混合溶剂中。

（3）实验结束后，做好台面清洁卫生，经指导教师检查实验结果，并在实验记录本上签字后方能离开实验室。

（4）离开实验室时要洗手。

【思考题】

（1）为什么可以利用紫外-可见分光光度法测定柚皮中黄酮类化合物的含量？

（2）在黄酮类化合物鉴别实验中，为什么加入三氯化铝后，样品液的颜色由无色变成黄色？

2.2 红外光谱法

2.2.1 基本原理

红外光谱法是鉴别化合物和确定物质分子结构的常用分析手段之一。分子的运动方式除了价电子跃迁外，还有分子的转动以及化学键的振动。这些运动方式的激发也要吸收一定波长的光，但这些跃迁需要的能量较低，吸收光波的波长较长，落在红外区，这种吸收光谱称为红外光谱（infrared spectrum，简称 IR），它属于振动光谱。红外光是波长为 0.8～500μm 的光波，其中，波长范围在 0.8～2.5μm 的为近红外区，主要用于研究化学键的振动倍频；波长在 2.5～25μm 区段为中红外区，主要用于研究有机化合物的振动基频；波长在 25～500μm 区段为远红外区。本节主要介绍中红外区的吸收光谱。

2.2.1.1 分子振动

有机分子的键长与键角不是固定不变的，整个分子以一定的频率不停地振动和转动着。分子的振动有两种类型：伸缩振动（ν）和弯曲振动（δ）。伸缩振动改变化学键的键长，根据化学键的伸缩方向不同，又分为对称伸缩振动（ν_s）和不对称伸缩振动（ν_{as}）；弯曲振动引起键角变化，又称变角振动。它包括面内弯曲振动和面外弯曲振动。例如亚甲基碳上的两个氢原子的典型振动如图 2.9 所示。

理论上，分子中的每个原子都可在三维空间振动，每一种振动都可在红外光谱区产生一

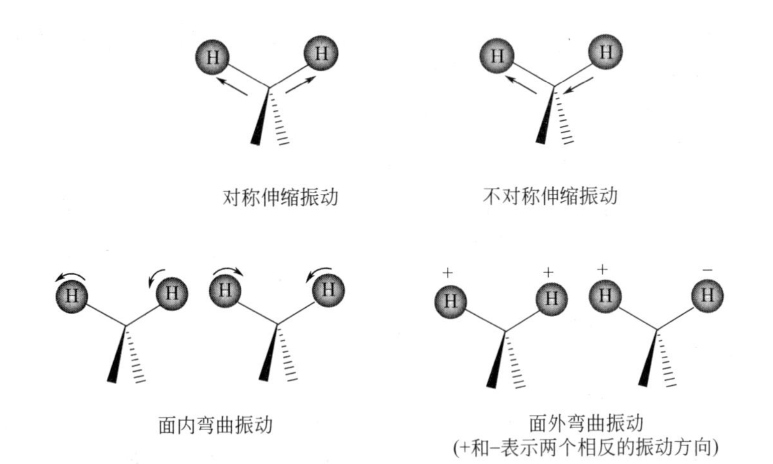

图 2.9 亚甲基中氢原子的基本振动形式

个吸收峰，这样的红外图谱将十分复杂。实际上，红外吸收峰的数目要少很多，这是因为：①只有发生瞬时偶极变化的振动才能产生红外吸收，且瞬时偶极越大，吸收峰越强，因此结构对称的分子，在振动过程中偶极矩始终为零，不产生红外吸收；②频率相同的振动会发生简并；③吸收强度大，峰形较宽的峰往往要覆盖频率相近的弱吸收峰等。

2.2.1.2 红外光谱的表示方法

图 2.10 是苯胺的红外光谱图，它以波数（σ）（波长的倒数）为横坐标，表示吸收峰的位置；以透光率（T）或吸光度（A）为纵坐标，表示吸收强度。吸收强度越大，吸光度就越大（透过率就越小）。吸收强度还可以用 vs（很强）、s（强）、m（中）等符号来定性表示。

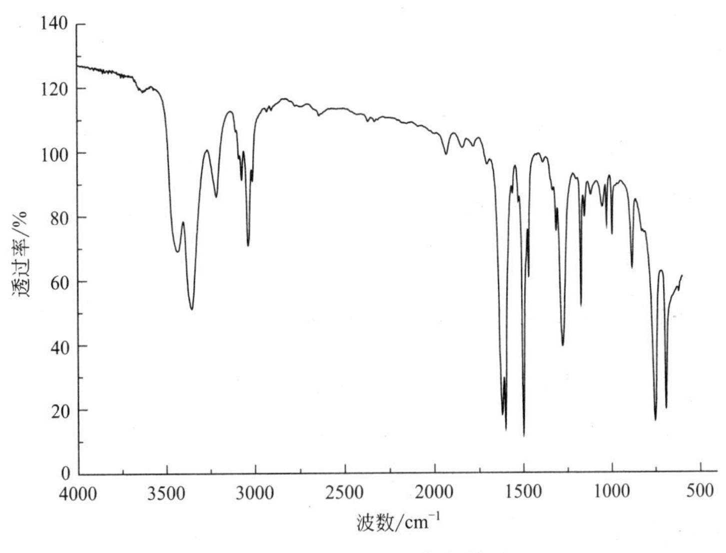

图 2.10 苯胺的红外光谱图

2.2.1.3 红外吸收光谱与分子结构的关系

官能团的吸收峰在什么位置，或者说一个化学键到底吸收多大频率的红外光，主要取决

于两个键合原子的质量以及键的强度（键的力常数）。根据胡克（Hooke）定律，吸收红外光的频率（化学键的振动频率）为

$$\nu=\frac{1}{2\pi}\sqrt{\frac{k}{\mu}} \tag{2.5}$$

式中，ν 为光的频率，s^{-1}；k 为键力常数，$N \cdot cm^{-1}$或 $g \cdot s^{-2}$；μ 为折合质量，g。也可用波数 σ（cm^{-1}）表示化学键的振动频率。其中，折合质量可用下列公式来计算

$$\mu=\frac{m_1 m_2}{m_1+m_2} \tag{2.6}$$

式中，m_1 与 m_2 分别代表两个原子的质量，g。

从式(2.5)可知，键两端原子质量越小，振动频率越快，其红外吸收带出现在高波区。键力常数与键能、键长有关。键能越大，键长越短，k 值就越大，则振动频率就高。电子效应对化学键的键力常数有影响，从而表现出化学键的吸收峰位置发生变化。比如酰氯中羰基的吸收峰在 $1800cm^{-1}$左右，而酰胺的吸收峰在 $1650 \sim 1690cm^{-1}$，这主要是由于酰氯中氯原子的诱导效应，使羰基的键力常数增大，吸收峰向高波数方向移动。另外，氢键的形成会削弱化学键的键力常数，导致吸收峰向低波数方向移动。

一般将红外光谱分为两个区域：

(1) 特征区（官能团区）

波数为 $4000 \sim 1350cm^{-1}$的区域为特征区，是多数官能团伸缩振动产生的吸收带，出峰位置受分子其他部分的影响较小，具有极强的特征性，因此又叫做官能团区。在 $3800 \sim 2500cm^{-1}$区域内，主要是 C—H、O—H、N—H 等官能团的伸缩振动吸收；在 $2500 \sim 1900cm^{-1}$波数区域的吸收主要是键力常数较大的三键、累积双键，如—C═C═O 等的伸缩振动吸收；$1900 \sim 1500cm^{-1}$区域主要是含 π 键官能团的伸缩振动和芳环的骨架振动吸收峰，其中最重要的是羰基的吸收峰，它一般在 $1850 \sim 1650cm^{-1}$。官能团区的吸收带对于基团的鉴定十分有用，在解析图谱时应首先查看这一区域内是否有预期官能团的特征峰。

(2) 指纹区

波数为 $1350 \sim 650cm^{-1}$的区域为指纹区。该区域的吸收峰是由单键的骨架振动、键力常数较小化学键的弯曲振动产生的。它反映了整个分子的特征型，即使是结构类似的化合物，其在指纹区的出峰位置、形状和强度都不相同。如同人没有完全相同的指纹一样，所以该区域被称为指纹区。因此，指纹区可用来推断结构细节。

2.2.2 傅里叶变换红外光谱仪的结构及组成

傅里叶变换红外光谱仪主要由红外光源、光栅、干涉仪（分束器、动镜、定镜）、样品室、检测器以及各种红外反射镜、激光器、控制电路板和电源组成。图 2.11 为傅里叶变换红外光谱仪工作原理示意简图。

2.2.3 红外光谱的应用

2.2.3.1 确定化合物中存在的官能团

分子中不同的官能团是由不同的化学键和原子组成的。它们对红外光的吸收频率必然不同，都具有各自的特征。但由于官能团区的红外吸收受整个分子结构的影响较小，导致不同

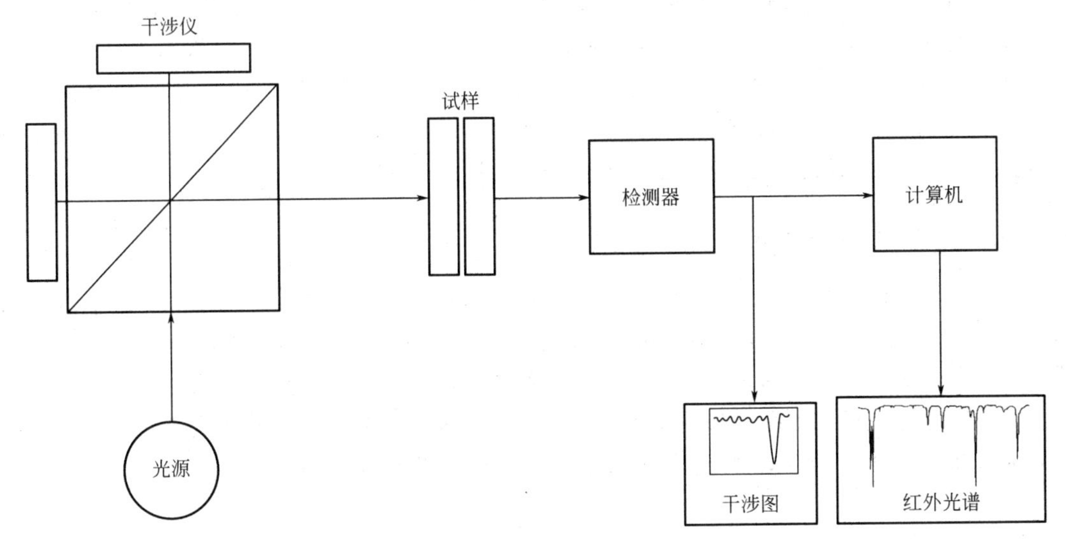

图 2.11　傅里叶变换红外光谱仪工作原理示意简图

分子中的相同官能团的红外吸收频率基本上相同，因此可利用红外光谱确定化合物的官能团种类。

解析红外光谱图时，没有严格的规则，但要注意以下几点：

① 根据分子式计算化合物的不饱和度，确定是否存在不饱和键。

② 对红外图谱进行分区解析。由于基团的特征吸收都落在官能团区，所以要先查看这一区域有没有预期官能团的特征吸收。指纹区的特异性较强，利用这一区域的出峰情况来解析结构的正确度较高。所以要按照“先特征区后指纹区，先强峰后弱峰”的原则进行。

③ 如果没有某官能团的吸收峰，则可肯定没有某官能团，即“先否定后肯定”。

例：某一化合物的分子式为 $C_9H_{10}O_2$，根据其红外光谱图推测它的可能结构，红外光谱为图 2.12。

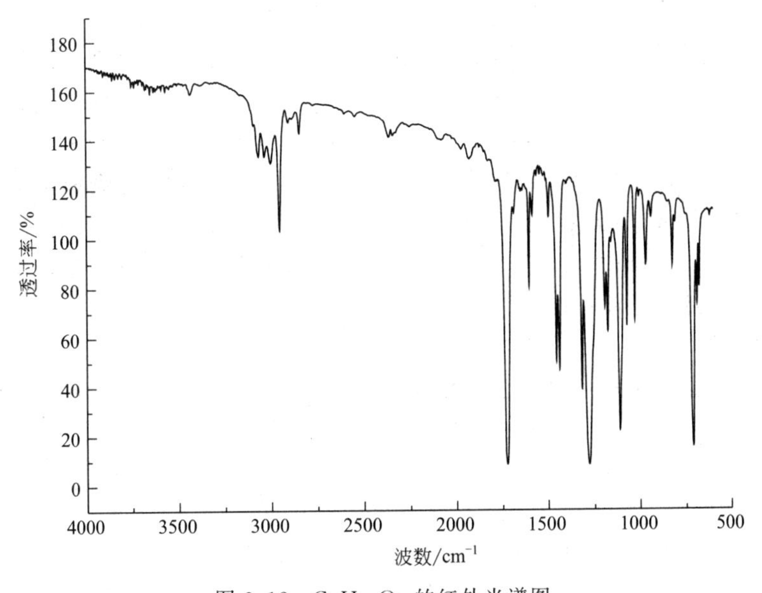

图 2.12　$C_9H_{10}O_2$ 的红外光谱图

图谱解析：先计算其不饱和度为5，可能含有苯环；3000～2850cm^{-1}为—CH_3、—CH_2—的伸缩振动；1430～1360cm^{-1}为C—H弯曲振动；3050cm^{-1}左右为苯环上C—H伸缩振动峰；1720cm^{-1}为羰基的伸缩振动（由于羰基与苯环共轭，使羰基的伸缩振动从1750cm^{-1}移至1720cm^{-1}）；1600cm^{-1}左右为苯环骨架的伸缩振动；1280cm^{-1}、1100cm^{-1}左右为C—O—C的伸缩振动吸收峰。因此该化合物为苯甲酸乙酯。

2.2.3.2 用标准图谱鉴定有机化合物的结构

红外光谱图的指纹区反映了分子的整个特性，即使是结构类似的化合物（如立体异构体），其在指纹区的出峰位置、形状和强度都有差别。因此在一般情况下，只要两个化合物的红外光谱（尤其是指纹区）完全相同，则可判断为同一化合物。如样品为已知物，只须将样品的红外光谱与标准谱图（如萨特勒标准红外图谱等）对照，即可确认化合物的结构。如样品为未知物，则可与类似物的标准图谱比较，对照并作出初步解析。

2.2.4 实验技术

实验2.2.1 苯甲酸红外吸收光谱的测定——KBr晶体压片法制样

【实验目的】

（1）掌握红外光谱分析固体样品时的压片法制备技术。

（2）掌握如何根据红外光谱图识别化合物的官能团。

（3）掌握红外光谱仪的操作方法。

（4）学会分析苯甲酸的红外光谱图。

【实验原理】

将固体样品与卤化碱（通常是KBr）混合研细，并压成透明片状，然后放到红外光谱仪上进行分析，这种方法就是压片法。压片法所用的碱金属的卤化物应尽可能纯净和干燥，试剂纯度应达到分析纯，可以用的卤化物有NaCl、KCl、KBr、KI等。由于NaCl的晶格能较大，不易压成透明薄片，而KI又不易精制，因此多采用KBr和KCl作样品载体。

由于氢键的作用，苯甲酸通常以二分子缔合体的形式存在。只有在测定气态样品或非极性溶剂的稀溶液时，才能看到游离态苯甲酸的特征吸收。用固体压片法得到的红外光谱中显示的是苯甲酸二分子缔合体的特征，在2400～3000cm^{-1}处是O—H伸缩振动峰。由于受氢键和芳环共轭两方面的影响，苯甲酸缔合体的C═O伸缩振动吸收峰位移到1700～1800cm^{-1}区（而游离C═O伸缩振动吸收是在1730～1710cm^{-1}区，苯环上C═C伸缩振动吸收出现在1500～1480cm^{-1}和1610～1590cm^{-1}）。这两个峰是鉴别有无芳环存在的标志之一，一般后者峰较弱，前者峰较强。

【仪器与试剂】

仪器：傅里叶变换红外光谱仪，KBr压片器及附件，玛瑙研钵，烘箱，红外灯，不锈钢镊子。

试剂：苯甲酸（分析纯），KBr（光谱纯）。

【实验步骤】

（1）KBr晶片、苯甲酸晶片的制备

① KBr晶片　取预先在110℃烘干48h以上，并保存在干燥器内的KBr 150mg左右，

置于玛瑙研钵中，在红外灯下，研磨成粒径小于2μm（目测即可）的细粉，然后用钥匙将少量KBr粉末转移到模具内，铺平模具底面即可，装上压杆，置于压片机中轴线上，旋紧放油阀，用力下按压把直到压力表显示40kN时停止下按，维持3～5min，旋松放油阀，注意要缓慢旋松，解除压力，当压力表显示为“0”时，取下模具，小心取出模具中的晶片，保存在干燥器内待用（背景测量用）。合格的晶片厚度为1～2mm，无裂痕、局部无发白，完全透明，否则应重新制作。

② 苯甲酸标样晶片　另取150mg左右KBr，置于干净的玛瑙研钵中，加入2～3mg苯甲酸标样（预先干燥处理），在干燥箱中混合均匀，同上操作，研磨成粒径小于2μm的细粉，压片，保存在干燥器中待用。

③ 苯甲酸样品晶片　取150mg左右KBr，置于干净的玛瑙研钵中，加入2～3mg苯甲酸样品（预先干燥处理），同上操作，压片并保存在干燥器中待测。

（2）傅里叶红外光谱仪的操作

① 开机，预热30min，双击EZOMNIC E. S. P图标，打开“OMNIC”红外光谱软件。

② 检查红外光谱仪的工作状态，在“OMNIC”窗口光学平台状态右上角显示绿色“√”，即为正常。若显示红色“×”，则表示仪器不能工作，应重新检查各连接是否有问题。

③ 在显示绿色“√”状态下，点击工作站“collect”（采集）图标，在下拉菜单中点击“experiment setup”（实验设置）重新给出另一个界面，在该界面中左侧检查“Y”（显示收集数据的形式），应为“T”格式（透射率为纵坐标），在该界面右侧“background handling”（背景处理）下面用鼠标选中“collect background before every sample”后再点击“OK”。同时，还应设置采集的波数范围、扫描次数、光谱分辨率等条件。

（3）背景图谱采集

傅里叶红外光谱仪是单光束仪器，必须扣除背景图谱。将上面制备的KBr晶片放入晶片架中，打开仪器暗箱盖，小心地将晶片架安装在光路中并盖上箱盖，在工作示窗用鼠标点击“collect background”工具条，仪器自动扫描KBr背景图谱，扫描结束后用鼠标点击“file”（文件）中的“save as”或按“F12”，给背景起个文件名点击“OK”保存背景图谱。

（4）苯甲酸标样图谱采集

将苯甲酸标样晶片放入晶片架中，安装好晶片架后，在工作示窗点击“collect”，在下拉菜单中点击“experiment setup”弹出窗口，用鼠标选中窗口右侧“use specified background file”，点击“browse”命令，找到上面已保存的背景图谱文件名，用鼠标点击即可，最后点击“OK”键。在完成上述操作后，用鼠标点击示窗“collect sample”开始对苯甲酸标样进行图谱扫描，扫描完毕后，选中背景图谱，点击“clear”去掉背景图谱。点击“file”后出现下拉菜单，在下拉菜单中点击“save configuration as”弹出“OMNIC”命令，在该命令中点击“data”文件夹，给苯甲酸标样图谱命名，点击确定保存。

（5）苯甲酸样品图谱采集

方法同步骤（4）。

（6）工作结束

关机，先关闭红外光谱仪操作软件，再关闭显示器电源，关闭红外光谱仪的电源，最后关闭电脑。

【数据记录与处理】

（1）指出苯甲酸样品图谱中各峰的归属。

（2）对所测图谱进行基线校正及适当平滑处理。

【注意事项】

（1）KBr粉末必须尽可能纯净并保持干燥。

（2）充分研磨苯甲酸和KBr粉末，使颗粒粒度达到2μm左右。

（3）合格的晶片厚度约为1～2mm，无裂痕、局部无发白，如同玻璃板完全透明，否则应重新制作。

【思考题】

（1）研磨试样时不在红外灯下操作，谱图上会出现什么情况？

（2）影响红外光谱质量的因素有哪些？

（3）测定苯甲酸的红外光谱时，还可以用哪些制样方式？

实验2.2.2 聚乙烯和聚苯乙烯膜红外光谱测定——薄膜法

【实验目的】

（1）掌握红外光谱测试中薄膜的制备方法。

（2）掌握聚乙烯和聚苯乙烯红外光谱的测定方法。

（3）学会分析聚乙烯、聚苯乙烯的红外光谱图。

【实验原理】

红外光谱测试中将固体样品制成薄膜来检测，主要用于高分子化合物的测定。聚乙烯和聚苯乙烯等高分子化合物可在软化状态下受压进行模塑加工，在冷却至软化点以下后能保持模具形状，在没有热压模具的情况下，薄膜可在金属、塑料或其他材料平板之间压制。

在烯烃结构中，双键上的C—H（包括苯环的C—H）的伸缩振动ν：3100～3000cm^{-1}；C═C的伸缩振动ν：1680～1620cm^{-1}；1000～650cm^{-1}烯碳上质子的面外摇摆振动，用于判断烯碳上取代类型及顺反异构。在聚乙烯结构中，主要为碳碳骨架和碳氢不饱和基团，在聚苯乙烯结构中，除了亚甲基和次甲基外，苯环上还有碳碳骨架和不饱和碳氢基团，它们的振动方式构成聚乙烯和聚苯乙烯分子中的基本振动方式。

【仪器与试剂】

仪器：傅里叶变换红外光谱仪，红外灯，薄膜夹，聚四氟乙烯平板，玻璃平板，不锈钢镊子，试管，酒精灯，不锈钢刮刀，铜丝，滤纸，玻璃棒，滴管。

试剂：聚乙烯树脂，聚苯乙烯，氯仿（分析纯）。

【实验步骤】

（1）聚乙烯膜的红外光谱测定

取聚乙烯树脂颗粒投入试管内，在酒精灯上加热软化，立即用不锈钢刮刀将软化的聚乙烯刮到聚四氟乙烯平板上，同时摊成薄膜。将聚四氟乙烯平板置于酒精灯上方适宜的高度，加热至聚乙烯薄膜重新软化后，离开热源，立即盖上另一聚四氟乙烯平板，压制成薄膜。待冷却后，用不锈钢镊子小心取下薄膜，将聚乙烯薄膜放在薄膜夹上，于傅立叶变换红外光谱仪上测其红外光谱。

（2）聚苯乙烯膜的红外光谱测定

配制浓度为12%的聚苯乙烯的氯仿溶液，用滴管吸取滴在干净的玻璃板上，立即用两端缠有细铜丝的玻璃棒将溶液摊平，自然干燥。然后将玻璃板浸入蒸馏水中，用镊子小心揭下薄膜，再用滤纸吸取薄膜上的水，将薄膜置于红外灯下烘干。最后，将聚苯乙烯薄膜夹于薄膜夹上，测其红外光谱。

【数据记录与处理】

(1) 测试聚乙烯的红外光谱图，对其主要吸收峰做标峰处理。

(2) 测试聚苯乙烯的红外光谱图，对其主要吸收峰做标峰处理。

(3) 指出聚乙烯和聚苯乙烯的主要特征峰。

【注意事项】

(1) 对于聚合物薄膜，膜的厚度通常在0.15mm左右。

(2) 对聚四氟乙烯平板加热时，温度不易过高，否则聚四氟乙烯平板会软化变形。

(3) 玻璃平板和聚四氟乙烯平板一定要光滑、干净。

【思考题】

(1) 聚乙烯薄膜的制备是否可采取其他方法？

(2) 聚乙烯和聚苯乙烯的红外光谱图中的各特征峰是由哪些基团的何种振动形式引起的？

(3) 薄膜制备后，为什么要烘干除去溶剂和水分？请解释理由。

2.3 荧光分析法

2.3.1 基本原理

荧光分析法是测定物质吸收了一定频率的光后，物质本身放射出波长较长的荧光。因此，当进行荧光测定时，总要选择不同波长的光波进行测定，即一个为激发光——物质所吸收的光，另一个为物质吸收后发出的光，称为发射光或荧光。对于低浓度荧光物质的溶液，在一定条件下，该物质的荧光强度 F 与该溶液的浓度 c 成正比，即

$$F=kc$$

并由此根据物质辐射的荧光强度而确定该物质的含量。

2.3.1.1 分子荧光的发生过程

(1) 分子的激发态——单线激发态和三线激发态

大多数分子含有偶数电子，在基态时，这些电子成对地存在于各个原子或分子轨道中，成对自旋，方向相反，电子净自旋即是零：$S=\frac{1}{2}+\left(-\frac{1}{2}\right)=0$，其多重性 $M=2S+1=1$（M 为磁量子数），因此，分子是抗（反）磁性的，其能级不受外界磁场影响而分裂，称“单线态”。

当基态分子的一个成对电子吸收光辐射后，被激发跃迁到能量较高的轨道上，通常它的自旋方向不改变，即 $S=0$，则激发态还是单线态，即“单线（重）激发态”。

假如电子在跃迁过程中，还伴随着自旋方向的改变，这时便具有两个自旋不配对的电子，电子净自旋不即是零，而是1：$S=1/2+1/2=1$，其多重性 $M=2S+1=3$，即分子在磁场中受到影响而产生能级分裂，这种受激态称为“三线（重）激发态”（见图2.13）。

“三线激发态”比“单线激发态”能量稍低。但由于电子自旋方向的改变在光谱学上一

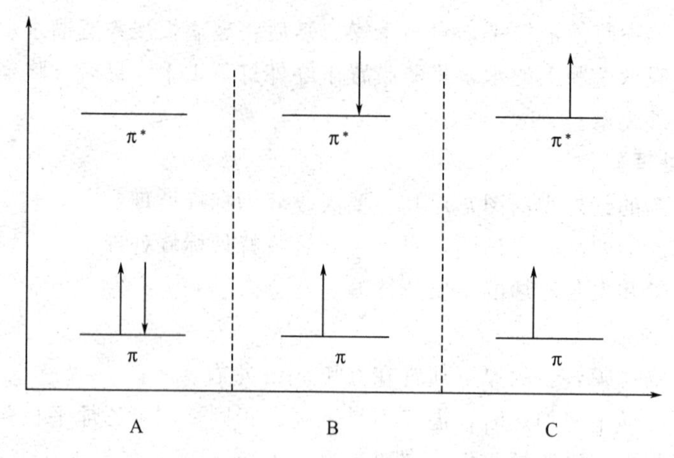

图 2.13 单线基态（A）、单线激发态（B）和三线激发态（C）

般是禁阻的，即跃迁几率非常小，只相当于单线态→单线态过程的 $10^{-7}\sim10^{-6}$。

（2）分子去活化过程及荧光的发生

一个分子的外层电子能级包括 S_0（基态）和各激发态 S_1，S_2，…，T_1…，每个电子能级又包括一系列能量非常接近的振动能级。处于激发态的分子不稳定，在较短的时间内可通过不同途径开释多余的能量（辐射或非辐射跃迁）回到激态，这个过程称为“去活化过程”，见图 2.14，这些途径为：

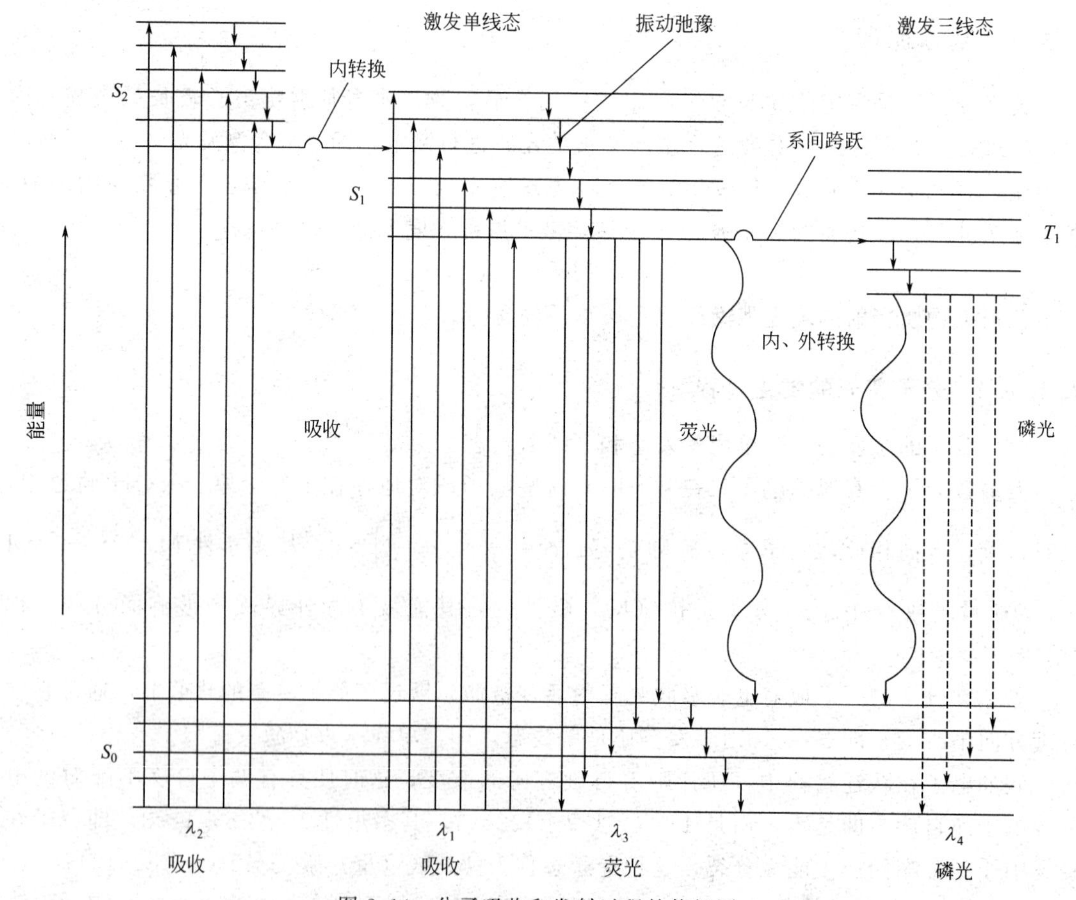

图 2.14 分子吸收和发射过程的能级图

① 振动弛豫：在溶液中，处于激发态的溶质分子与溶剂分子间发生碰撞，把一部分能量以热的形式迅速传递给溶剂分子（环境），在 $10^{-13} \sim 10^{-11}$ s 时间回到同一电子激发态的最低振动能级，这一过程称为振动弛豫。

② 内转换：当激发态 S_2 的较低振动能级与 S_1 的较高振动能级的能量相当或重叠时，分子有可能从 S_2 的振动能级以无辐射方式过渡到 S_1 的能量相等的振动能级上，这一无辐射过程称为“内转换”。

③ 外转换：激发态分子与溶剂分子或其他溶质分子相互作用（如碰撞）而以非辐射形式转移掉能量回到基态的过程称“外转换”。

④ 系间跨越：当电子单线激发态的最低振动能级与电子三线激发态的较高振动能级相重叠时，发生电子自旋状态改变的 S—T 跃迁，这一过程称为“系间跨越”。

⑤ 荧光发射：当激发态的分子通过振动弛豫-内转换-振动弛豫到达第一单线激发态的最低振动能级时，第一单线激发态最低振动能级的电子可通过发射辐射（光子）跃回到基态的不同振动能级，此过程称为“荧光发射”。假如荧光几率较高，则发射过程较快，需 10^{-8}s，它代表荧光的寿命。

由于不同电子激发态（S）的不同振动能级相重叠时，内转换发生速度很快，在 $10^{-13} \sim 10^{11}$s 内完成，所以通过重叠的振动能级发生内转换的几率要比由高激发态发射荧光的几率大得多，因此，尽管使分子激发的波长有短（λ_1）有长（λ_2），但发射荧光的波长只有 λ_3（$>\lambda_1$，$>\lambda_2$）。

总之，处于激发态的分子，可以通过上述不同途径回到基态，哪种途径的速度快，哪种途径就优先发生。假如发射荧光使受激分子去活化过程与其他过程相比较快，则荧光发生几率高，强度大。假如发射荧光使受激分子去活化过程与其他过程相比较慢，则荧光很弱或不发生。

（3）荧光量子产率

荧光量子产率为物质发射荧光的光子数与吸收激发光的光子数的比值。

$$\phi = \frac{\text{物质发射荧光的光子数}}{\text{吸收激发光的光子数}}$$

ϕ 数值为 0～1，数值大小取决于物质分子的化学结构及环境。

2.3.1.2　激发光谱与荧光（发射）光谱

（1）激发光谱

将激发荧光的光源用单色器分光，连续改变激发光波长，固定荧光发射波长，测定不同波长激发光下物质溶液发射的荧光强度（F），作 F-l 光谱图，称为激发光谱。从激发光谱图上可找到发生荧光强度最强的激发波长 λ_{ex}，选用 λ_{ex} 可得到强度最大的荧光。

（2）荧光光谱

选择 λ_{ex} 作激发光源波长，用另一单色器将物质发射的荧光分光，记录每一波长下的 F，作 F-l 光谱图，称为荧光光谱。荧光光谱中荧光强度最强的波长为 λ_{em}。

λ_{ex} 与 λ_{em} 一般为定量分析中所选用的最灵敏的波长。

2.3.1.3　荧光与分子结构的关系

（1）分子结构与荧光

具有 π-π 及 n-π 电子共轭结构的分子能吸收紫外和可见辐射而发生 π-π^* 或 n-π^* 跃迁，

然后在受激分子的去活化过程中发生 π^*-π 或 π^*-n 跃迁而发射荧光。

发生 π-π^* 跃迁分子，其摩尔吸光系数（ε）比 n-π^* 跃迁分子大 100～1000 倍，它的激发单线态与三线态间的能量差别比 n-π^* 大得多，电子不易形成自旋反转，体系间跨越几率很小，因此，发生 π-π^* 跃迁的分子，发生荧光的量子效率高，速率常数大，荧光也强。

所以，只有那些具有 π-π 共轭双键的分子才能发射较强的荧光；π 电子共轭程度越大，荧光强度就越大（λ_{ex} 与 λ_{em} 长移）。大多数含芳香环、杂环的化合物能发出荧光，且 π 电子共轭越长，F 越大。

（2）取代基对分子发射荧光的影响

① 苯环上取代给电子基团，使 π 共轭程度升高，荧光强度增加，如—CH_3、—NH_2、—OH、—OR 等。

② 苯环上取代吸电子基团使荧光强度减弱甚至熄灭，如—COOH、—CHO、—NO_2、—N═N—。

③ 高原子序数原子，增加体系间跨越的发生，使荧光减弱甚至熄灭，如 Br、I。

（3）共面性高的刚性多环不饱和结构的分子有利于荧光的发射

如荧光素呈平面构型，其结构具有刚性，它是强荧光物质；而酚酞分子由于不易保持平面结构，故而不是荧光物质。

2.3.2 荧光分光光度计的结构及组成

一般荧光分光光度计由光源、激发光源、发射光源、试样池、检测器、显示装置等组成（见图 2.15）。

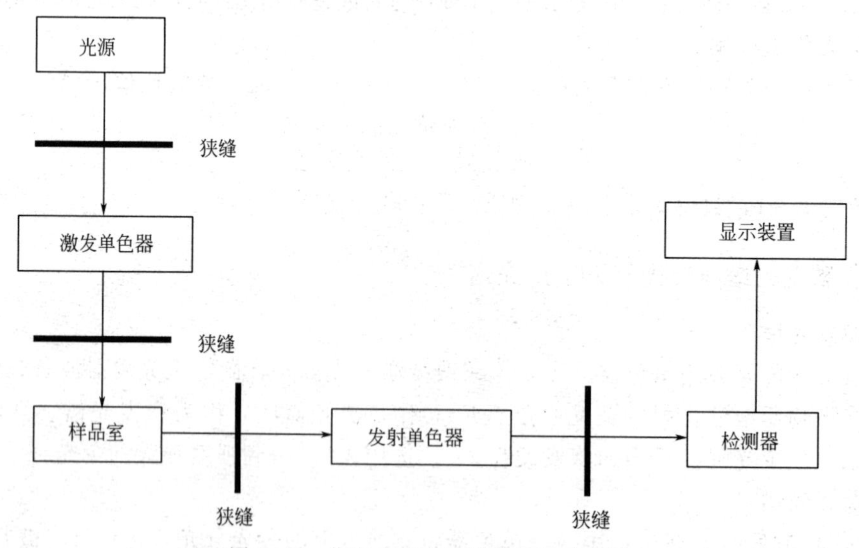

图 2.15 荧光分光光度计的结构示意图

① 光源：光源应具有强度大、使用波长范围宽两大特点，常用光源为高压汞蒸气灯或氙弧灯，后者能发射出强度较大的连续光谱，且在 300～400nm 内强度几乎相等，故较常用。

② 滤光片和激发单色器：在荧光光度计中，通常采用干涉滤光片和吸收滤光片作为激发光束和荧光辐射的波长选择器。置于光源和样品室之间的为激发单色器或第一单色器，筛选出特定的激发光谱。

③ 发射单色器：置于样品室和检测器之间的为发射单色器或第二单色器，常采用光栅为单色器，筛选出特定的发射光谱。

④ 样品室：通常由石英池（液体样品用）或固体样品架（粉末或片状样品）组成。测量液体时，光源与检测器成直角安排；测量固体时，光源与检测器成锐角安排。

⑤ 检测器：普通的荧光分光光度计均采用光电倍增管作为检测器。它是很好的电流源，在一定条件下其电流量与入射光强度成正比。此外，还有光导摄像管、电子微分器、电荷耦合器和阵列检测器。一般用光电管或光电倍增管作检测器，可将光信号放大并转为电信号。

⑥ 显示装置：以前，显示装置有数字电压表，记录仪和阴极示波器等，现在，可通过计算机软硬件技术根据不同要求来选择不同的直观的视频读出方式。

2.3.3　荧光分光光度计的应用

2.3.3.1　无机分析

荧光分析法由于具有灵敏度高、动态线性范围宽等优点，在一些领域中应用广泛。在无机元素分析中，主要是通过待测元素与有机试剂（或荧光试剂）生成配合物或发生荧光猝灭效应来测定元素的含量。目前可以通过荧光分析测定 70 多种金属离子和阴离子，如 Ag、Al、As、Au、Be、Bi、Ca、Cu、Ge、Ga、Hf、Hg、In、Ir、Li、Mg、Mn、Nb、Ni、Os、Pb、Pt、Ru、Sb、Sc、Si、Sn、Sr、Ta、Tl、Th、Ti、V、Y、W、Zn、Ce、Dy、Eu、Gd、La、Lu、Sm、Cd、Cr(Ⅵ)、Se、Te、Re 等。

2.3.3.2　有机物分析

主要应用于中西药和临床、食品营养和添加剂等试样分析。激光诱导荧光法诊断恶性肿瘤、显微荧光法研究药物与细胞的相互作用、DNA 编序及含量的荧光法测定均是目前受到关注的热点问题。

2.3.3.3　荧光分析技术研究

激光诱导和时间分辨荧光法在提高分析灵敏度和改善选择性方面具有独到之处；三维荧光光谱可以同时利用不同发光物质间荧光波长和荧光寿命的差别，增加分析方法的信息量。

2.3.4　实验技术

实验 2.3.1　维生素的荧光光度法测定

【实验目的】

(1) 掌握荧光分析法的基本原理。

(2) 初步应用荧光分析法测定各种维生素的分析方法。

(3) 了解 F-2500 型荧光分光光度计的使用方法。

【实验原理】

荧光分析法是测定物质吸收了一定频率的光后，物质本身放射出波长较长的荧光。因此，当进行荧光测定时，总要选择不同波长的光波进行测定，即一个为激发光——物质所吸收的光，另一个为物质吸收后发出的光，称为发射光或荧光。对于低浓度荧光物质的溶液，在一定条件下，该物质的荧光强度 F 与该溶液的浓度 c 成正比，即

$$F=kc$$

由此根据物质辐射的荧光强度而确定该物质的含量。

荧光法具有灵敏度高、取样少、方法快速等特点，现已成为医药、农业、环境保护、化工等领域中的重要分析方法之一。但由于许多物质本身不会发生荧光，故在使用范围上受到一定的限制。

维生素 B_2 在 430～440nm 蓝光或紫外线照射下会发生绿色荧光，且荧光峰在 535nm，在 pH=6～7 的溶液中荧光强度最强，在 pH=11 的碱性溶液中荧光消失。

维生素 C 又称抗坏血酸。抗坏血酸在氧化剂存在下，被氧化成脱氢抗坏血酸，脱氢抗坏血酸与邻苯二胺作用生成荧光化合物，此荧光化合物的激发波长是 350nm，荧光波长（即发射波长）为 433nm，其荧光强度与抗坏血酸浓度成正比。

【仪器与试剂】

仪器：RF-5301 型荧光分光光度计、电子天平、离心机、捣碎机、石英液池、25mL 比色管、烧杯、容量瓶。

试剂：维生素 B_2 标准溶液（$5\mu g \cdot mL^{-1}$）、维生素 C 标准溶液（$5\mu g \cdot mL^{-1}$）。

【实验步骤】

（1）维生素 B2 荧光激发光谱与发射光谱的绘制

准确称取维生素 B_2（$5\mu g \cdot mL^{-1}$）3.00mL 置于 25mL 比色管中，用水稀释至刻度，摇匀。用 F-2500 荧光光度计扫描，确定最大激发波长 λ_{ex} 和发射波长 λ_{em}。

（2）维生素 C 荧光激发光谱与发射光谱的绘制

按（1）的方法确定维生素 C 的最大激发波长 λ_{ex} 和发射波长 λ_{em}。

（3）配制一系列标准溶液，绘制标准曲线

取 10 只 25mL 比色管，分别加入 1.00，2.00，3.00，4.00 及 5.00（mL）维生素 B_2 和维生素 C 标准溶液，用蒸馏水稀释至刻度，摇匀。在最大激发波长 λ_{ex} 和发射波长 λ_{em} 条件下，测定各管中溶液的荧光强度 F，制得标准曲线。

（4）维生素片剂中维生素 B_2 和维生素 C 含量的测定

取医用维生素 B_2 和维生素 C 片剂 2 片，精确称量后，分别溶于少量的蒸馏水中，置于 60℃水浴中温热 30min，使其完全溶解，然后放冷。置于 250mL 容量瓶中，用二次蒸馏水稀释至刻度，摇匀。过滤，弃去初滤液，精确吸取续滤液 0.5mL 于 25mL 比色管中，用水稀释至刻度，摇匀。按上述条件测定荧光强度，重复测定 3 次，取平均值。

【数据记录与处理】

（1）根据标准系列溶液测得数据，以相对荧光强度为纵坐标，分别以 25mL 溶液中所含维生素 B_2 和维生素 C 的质量（μg）为横坐标绘制标准曲线，并得出线性方程。

（2）分别从标准曲线线性方程中计算出维生素 B_2 和维生素 C 片剂中维生素 B_2 和维生素 C 的质量，并计算出百分含量。

【注意事项】

（1）荧光分析是高灵敏度分析方法，溶液浓度一般在 $1\times10^{-6} mol \cdot L^{-1}$ 量级。

（2）实验中注意保持器皿洁净，溶剂纯度应为分析纯，实验用水须使用二次蒸馏水。

（3）注意杂质对荧光的影响。

【思考题】

(1) 比较荧光分析方法和分光光度法的差别。

(2) 有哪些主要因素影响荧光分析的测定?

实验 2.3.2　分子荧光法测定水杨酸和乙酰水杨酸

【实验目的】

(1) 掌握用荧光法测定药物中乙酰水杨酸和水杨酸的方法。

(2) 掌握 RF-5301 型荧光仪的操作方法。

【实验原理】

通常称为 ASA 的乙酰水杨酸(阿司匹林)水解即生成水杨酸(SA),而在阿司匹林中,都或多或少存在一些水杨酸。用氯仿作溶剂,用荧光法可分别测定它们。加少许醋酸可以增加二者的荧光强度。为了消除药片之间的差异,可取几片药片一起研磨,然后取部分有代表性的样品进行分析。

【仪器与试剂】

仪器:RF-5301 型荧光分光光度计、石英皿、容量瓶、烧杯。

试剂:乙酰水杨酸储备液。称取 0.400g 乙酰水杨酸溶于 1%醋酸-氯仿溶液中,用 1%醋酸-氯仿溶液定容于 1000mL 容量瓶中。

水杨酸储备液。称取 0.750g 水杨酸溶于 1%醋酸-氯仿溶液中,并用 1%醋酸-氯仿溶液定容于 1000mL 容量瓶中。

醋酸。

氯仿。

【实验步骤】

(1) 绘制 ASA 和 SA 的激发光谱和荧光光谱

将乙酰水杨酸和水杨酸储备液分别稀释 100 倍(每次稀释 10 倍,分两次完成)。用该溶液分别绘制 ASA 和 SA 的激发光谱和荧光光谱曲线,并分别找到它们的最大激发波长和最大发射波长。

(2) 制作标准曲线

① 乙酰水杨酸标准曲线　在 5 只 50mL 容量瓶中,用吸量管分别加入 4.00μg・mL^{-1} ASA 溶液 2、4、6、8、10 (mL),用 1%醋酸-氯仿溶液稀释至刻度,摇匀。分别测量它们的荧光强度。

② 水样酸标准曲线　在 5 只 50mL 容量瓶中,用吸量管分别加入 7.50μg・mL^{-1}SA 溶液 2、4、6、8、10 (mL),用 1%醋酸-氯仿溶液稀释至刻度,摇匀。分别测量它们的荧光强度。

(3) 阿司匹林药片中乙酰水杨酸和水杨酸的测定

将 5 片阿司匹林药片称量后磨成粉末,称取 400.0mg,用 1%醋酸-氯仿溶液溶解,全部转移至 100mL 容量瓶中,用 1%醋酸-氯仿溶液稀释至刻度。迅速通过定量滤纸过滤,用该滤液在与标准溶液同样条件下测量 SA 荧光强度。

将上述滤液稀释 1000 倍,与标准溶液同样条件测量 ASA 荧光强度。

【数据记录与处理】

(1) 从绘制的 ASA 和 SA 激发光谱和荧光光谱曲线上确定它们的最大激发波长和最大

发射波长。

（2）分别绘制 ASA 和 SA 标准曲线，并从标准曲线上确定试样溶液中 ASA 和 SA 的浓度，并计算每片阿司匹林药片中 ASA 和 SA 的含量，并将 ASA 测定值与说明书上的值比较。

【注意事项】

（1）溶液配制应严格按照操作步骤进行。

（2）每次测定前需要用少量待测溶液冲洗荧光池 2～3 次。

【思考题】

（1）标准曲线是直线吗？若不是，从何处开始弯曲？并解释原因。

（2）从 ASA 和 SA 的激发光谱和发射光谱曲线解释这种分析方法可行的原因。

2.4 拉曼光谱分析法

2.4.1 基本原理

印度物理学家拉曼于 1928 年首先在液体中观察到拉曼散射效应，并记录了散射光谱。拉曼光谱和红外光谱同属分子振动光谱，但它们的机理却不同：红外光谱是分子对红外光的特征吸收，而拉曼光谱则是分子对光的散射。由于拉曼散射光的频率位移对应于分子的能级跃迁，因此拉曼光谱技术成为人们研究分子结构的新手段之一。20 世纪 40 年代，由于当时的仪器技术水平所限，也由于红外光谱技术的迅速发展，拉曼光谱一度处于低潮阶段。20 世纪 60 年代初，激光器的出现为拉曼光谱提供了理想的光源，再加上计算机技术的发展，使激光拉曼光谱逐步成为分子光谱学中一个活跃的分支。拉曼光谱技术以其信息丰富、制样简单、水的干扰小等独特的优点，广泛应用于生物分子、高聚物、半导体、陶瓷、药物、禁违毒品、爆炸物以及化工产品的分析中。

2.4.1.1 拉曼散射效应

当激发光的光子作为散射中心的分子相互作用时，大部分光子只是改变方向发生散射，而光的频率仍与激发光的频率相同，这种散射称为瑞利散射；约占总散射光强度的 10^{-10}～10^{-6}的散射，不仅改变了光的传播方向，而且散射光的频率也改变了，不同于激发光的频率，称为拉曼散射（Raman scattering）。产生拉曼散射的原因是光子与分子之间发生了能量交换，如图 2.16 所示。

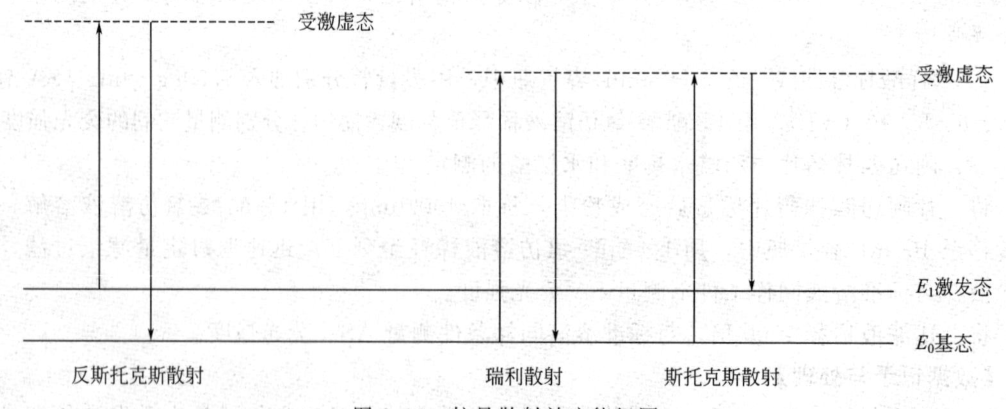

图 2.16　拉曼散射效应能级图

对于斯托克斯（Stokes）拉曼散射来说，分子由处于振动基态 E_0 被激发至激发态 E_1 分子得到的能量为 ΔE，恰好等于光子失去的能量：

$$\Delta E = E_1 - E_0 \tag{2.7}$$

与之相对应的光子频率改变 $\Delta\nu$ 为

$$\Delta\nu = \Delta E / h \tag{2.8}$$

式中，h 为普朗克常数。此时，斯托克斯散射的频率 ν_s 为

$$\nu_s = \nu_0 - \Delta E / h，\ \Delta\nu = \nu_0 - \nu_s \tag{2.9}$$

斯托克斯散射光的频率低于激发光频率 ν_0。

同理，反斯托克斯（anti-Stokes）散射光的频率 ν_{as} 为

$$\nu_{as} = \nu_0 + \Delta E / h，\ \Delta\nu = \nu_{as} - \nu_0 \tag{2.10}$$

反斯托克斯散射光的频率高于激发光频率。

斯托克斯与反斯托克斯散射光的频率与激发光频率之差 $\Delta\nu$ 统称为拉曼位移（Raman shift）。斯托克斯散射通常要比反斯托克斯散射强得多，拉曼光谱仪通常测定的是斯托克斯散射。

拉曼位移 $\Delta\nu$ 取决于分子振动能级的改变，不同的化学键或基团有不同的振动，ΔE 反映了指定能级的变化，因此，与之相对应的拉曼位移 $\Delta\nu$ 也是特征的。这是拉曼光谱可以作为分子结构定性分析的理论依据。

2.4.1.2 拉曼活性的判断

拉曼光谱是否出现，即分子是否有拉曼活性，取决于分子在运动时某一固定方向上的极化率是否改变。对于分子的振动、转动来说，拉曼活性都是根据极化率是否改变来判断的。下面以分子振动为例，说明极化率 α 是否发生改变。

分子在光波的交变电磁场作用下会诱导出电偶极矩：

$$\mu = \alpha E = \alpha E_0 \cos(2\pi\nu_0 t) \tag{2.11}$$

式中，μ 是分子诱导的偶极矩；E 是激发光的交变电场强度；α 是分子极化率（polarizability）。

分子极化率的改变与分子振动有关：

$$\alpha = \alpha_0 + (\mathrm{d}\alpha/\mathrm{d}q)_0 q \tag{2.12}$$

式中，α_0 是分子在平衡位置的极化率；$(\mathrm{d}\alpha/\mathrm{d}q)_0$ 是平衡位置时，α 对 q 的导数；q 是双原子分子的振动坐标：

$$q = r - r_e \tag{2.13}$$

式中，r 是双原子分子核间距；r_e 是平衡位置时的核间距。

整理后可得

$$\mu = \alpha E_0 \cos(2\pi\nu_0 t) + 1/2 q_0 E_0 (\mathrm{d}\alpha/\mathrm{d}q)_0 [\cos 2\pi(\nu_0 - \nu)t + \cos 2\pi(\nu_0 + \nu)t] \tag{2.14}$$

上式中的第一项对应于分子散射光频率等于激发光频率的瑞利散射；第二项对应于散射光频率发生位移改变的拉曼散射，其中 $\nu_0 - \nu$ 为斯托克斯线，$\nu_0 + \nu$ 为反斯托克斯线。由以上推导可知，$(\mathrm{d}\alpha/\mathrm{d}q)_0 \neq 0$ 是拉曼活性的依据，即分子振动时，凡是分子极化率随振动而改变，就会产生拉曼散射，即分子具有拉曼活性。具体来说，全对称振动模式的分子，在激发光子作用下，肯定会发生分子极化（变形），故常有拉曼活性，而且活性很强。而对于离子键化合物来说，由于没有发生分子变形，故没有拉曼活性。

2.4.1.3 拉曼光谱和红外光谱的关系

从产生光谱的机理来看，拉曼光谱是分子对激发光的散射，而红外光谱是分子对红外光

的吸收，两者都是研究分子振动的重要手段，同属分子光谱。一般来说，分子的非对称性振动和极性基团的振动都会引起分子偶极矩的变化，故这类振动是红外活性的；而分子对称性和非极性基团的振动会使分子变形，极化率随之起变化，具有拉曼活性。因此拉曼光谱最适于研究同原子的非极性键的振动，如C—C、S—S、N—N键等对称分子的骨架振动，均可从拉曼光谱得到丰富的信息。而不同原子的极性键，如C═O、C—H、N—H和O—H等，在红外光谱上有反映。相反，分子对称骨架振动在红外光谱上几乎看不到，拉曼光谱和红外光谱是互相补充的。

对任何分子来说，判断其是否具有拉曼或红外活性，可粗略地用下面的规则来判别。

① 相互排斥规则：凡具有对称中心的分子，若其分子振动对拉曼是活性的，则其对红外就是非活性的。反之，若对红外是活性的，则对拉曼就是非活性的。

② 相互允许规则：凡是没有对称中心的分子，都具有红外和拉曼活性（一些罕见的点群和氧的分子除外）。

③ 相互禁阻规则：对于少数分子的振动，该分子不具有红外和拉曼活性。如乙烯分子的扭曲振动，它既没有偶极矩的变化，也不发生极化率的改变，在红外和拉曼光谱中均得不到它的谱峰。

最后需要指出的是，拉曼光谱与红外光谱相类似，指认时除考虑基团的特征频率外，还要考虑谱带的形状和强度，以及因化学环境的变化而引起的改变。综合以上各个方面，才能对分子做出正确的指认。

2.4.2 拉曼光谱仪的结构及组成

激光拉曼光谱仪主要由激光光源、样品室、双单色仪、检测器、计算机控制系统和记录仪等部分组成，如图2.17所示。

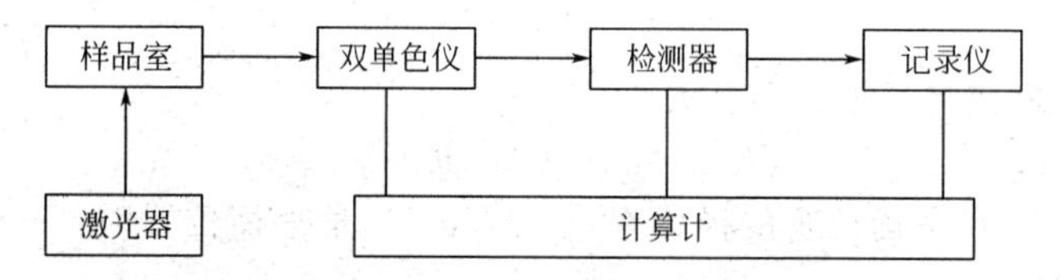

图2.17 激光拉曼光谱仪结构示意图

当激光经反光镜照射到样品时，通常是在与入射光成90°的方向收集散射光。为抑制杂散射光，常采用双光栅单色器，在有特殊需要（如测定低波数的拉曼光谱）时，还须用第三单色仪，以得到高质量的拉曼谱图。散射信号经分光后，进入检测器。由于拉曼散射信号十分微弱，须经光电倍增管将微弱的光信号变成微弱的电信号，再经微电放大系统放大，由记录仪记录下拉曼光谱图。

下面将激光光谱拉曼光谱仪各主要组成部分分别介绍如下。

2.4.2.1 激光器

拉曼光谱仪使用的激光光源中最常用的是氩离子激光器，以Spectra-Physics公司生产的2020型Ar^{+}激光器为例，全线输出功率为5W，单线输出功率为2W。最常用的两条激发线的波长为514.5nm（绿光）和488.0nm（蓝光）。若额定输出功率为2W，由Ar^{+}激光器

可得到的各激发线的波长和功率如表 2.1 所示。

表 2.1　Ar^+ 激光器各激发线的波长和功率

波长/nm	514.5	510.7	496.5	488.0	476.5	472.7	465.8	457.9
相对输出功率/mW	800	140	300	700	300	60	50	150

Ar^+ 激光器可以提供多条功率不同的分立波数的激发线，为一定波长范围的共振拉曼提供可能的光源。需要指出的是，一般来说，使用激发光的波长不同，所测得的拉曼位移（$\Delta\nu=|\nu_0-\nu_s|$）是不变的，只是强度不同而已。

2.4.2.2　样品室

样品室的功能有两个：一是使激光聚焦在样品上，产生拉曼散射，故样品室装有聚焦透镜；二是收集由样品产生的拉曼散射光，并使其聚焦在双单色仪的入射狭缝上，因此样品室又装有收集透镜。

为适应固体、薄膜、液体、气体等各种形态的样品，样品室除装有三维可调的样品平台外，还备有各种样品池和样品架，如单晶平台、毛细管、液体池、气体池和 180°背散射架等。为适应动力学实验及恒温实验需要，样品室可以改装为大样品室，并可配置高温炉或液氟冷却装置，以满足实验中的控温需要。对于一些光敏、热敏物质，为避免激光照射而分解，可将样品装在旋转池中，以保证拉曼测试正常进行。

2.4.2.3　双单色仪

顾名思义，双单色仪由两个单色仪串联而成。为减小杂散光的影响，整个双单色仪的内壁及狭缝均为黑色。为保证测量的精度，整个双单色仪装有恒温装置，保证工作温度为 24℃。

双单色仪是拉曼光谱仪的心脏，要求环境清洁。为防止灰尘对双单色仪的光学元件镜面的沾污，必要时要用洗耳球吹拂除去镜面上的灰尘，切忌用粗糙的滤纸或布抹擦，以免划破光学镀膜。也不要用有机溶剂擦洗，以免损坏光学镀膜。

2.4.2.4　光电检测器

以 SPEX1403 激光拉曼光谱仪配置的 RCA-C31034 光电倍增管为例，它是砷化镓（GaAs）阴极光电倍增管，量子效率较高（17%～37%），光谱响应较宽（300～860nm）。在－30℃冷却情况下，暗计数小于 20c/s（counts per second，计数每秒）。正因为它十分灵敏，它的计数上限为 10c/s，特别要注意避免强光的进入，在设置拉曼测试参数时，一定要把瑞利线挡住，以免因瑞利线进入，造成过载而烧毁光电倍增管。长时间冷却光电倍增管，会使它的暗计数维持在较低的水平，这对减小拉曼光谱的噪声，提高信噪比是有利的。

2.4.3　拉曼光谱的应用

2.4.3.1　拉曼光谱在化学研究中的应用

拉曼光谱在有机化学方面主要是用作结构鉴定和研究分子相互作用的手段，它与红外光谱互为补充，可以鉴别特殊的结构特征或特征基团。拉曼位移的大小、强度及拉曼峰形状是鉴定化学键、官能团的重要依据。利用偏振特性，拉曼光谱还可以作为分子异构体判断的依

据。在无机化合物中金属离子和配位体间的共价键常具有拉曼活性，由此拉曼光谱可提供有关配位化合物的组成、结构和稳定性等信息。另外，许多无机化合物具有多种晶型结构，它们具有不同的拉曼活性，因此用拉曼光谱能测定和鉴别无机化合物的晶型结构（红外光谱无法完成）。

在催化领域中，拉曼光谱能够提供催化剂本身以及表面上物种的结构信息，还可以对催化剂制备过程进行实时研究。同时，激光拉曼光谱是研究电极/溶液界面的结构和性能的重要方法，能够在分子水平上深入研究电化学界面结构、吸附和反应等基础问题并应用于电催化、腐蚀和电镀等领域。

2.4.3.2 拉曼光谱在高分子材料中的应用

拉曼光谱可提供聚合物材料结构方面的许多重要信息。如结构与组成、立体构型、结晶与去向、分子相互作用，以及表面和界面的结构等。从拉曼峰的宽度可以表征高分子材料的立体化学纯度。如头-头、头-尾结构混杂的样品，拉曼峰弱而宽，而高度有序样品具有强而尖锐的拉曼峰。研究内容包括如下。

① 化学结构确认：高分子中的C═C、C—C、S—S、C—S、N—N等骨架对拉曼光谱非常敏感，常用来研究高分子物质的化学组分和结构。

② 组分定量分析：拉曼散射强度与高分子物质的浓度呈线性关系，给高分子组分含量分析带来便利。

③ 晶相与无定形相的表征以及聚合物结晶过程和结晶度的监测。

④ 动力学过程研究：伴随高分子反应的动力学过程，如聚合、裂解、水解和结晶等。相应的拉曼光谱某些特征谱带会有相应的改变。

⑤ 高分子取向研究：高分子链的各向异性必然带来对光散射的各向异性，测量分子的拉曼带退偏比可以得到分子构型或构象等方面的重要信息。

⑥ 聚合物共混物的相容性以及分子相互作用研究。

⑦ 复合材料应力松弛和应变过程的监测。

⑧ 聚合反应过程和聚合物固化过程监控。

2.4.3.3 拉曼光谱技术在材料科学研究中的应用

拉曼光谱在材料科学中是研究物质结构的有力工具，在相组成界面、晶界等课题中可以做很多工作。包括如下。

① 薄膜结构材料拉曼研究：拉曼光谱已成CVD（化学气相沉积法）制备薄膜的检测和鉴定手段，拉曼可以研究单、多、微和非晶硅结构以及硼化非晶硅、氢化非晶硅、金刚石、类金刚石等层状薄膜的结构。

② 超晶格材料研究：可通过测量超晶格中的应变层的拉曼频移计算出应变层的应力，根据拉曼峰的对称性，知道晶格的完整性。

③ 半导体材料研究：拉曼光谱可测出经离子注入后的半导体损伤分布，可测出半导体的组分、外延层的质量等。

④ 耐高温材料的相结构拉曼研究。

⑤ 全碳分子的拉曼研究。

⑥ 纳米材料的量子尺寸效应研究。

2.4.3.4　拉曼光谱在生物学研究中的应用

拉曼光谱是研究生物大分子的有力手段，由于水的拉曼光谱很弱、谱图又很简单，故拉曼光谱可以在接近自然状态、活性状态下来研究生物大分子的结构及其变化。

生物大分子的拉曼光谱可以同时得到许多宝贵的信息。

① 蛋白质二级结构：α-螺旋、β-折叠、无规卷曲及β-回转。

② 蛋白质主链构象：酰胺Ⅰ、Ⅲ，C—C、C—N伸缩振动。

③ 蛋白质侧链构象：苯丙氨酸、酪氨酸、色氨酸的侧链和后二者的构象及存在形式随其微环境的变化。

④ 对构象变化敏感的羧基、巯基、S—S、C—S构象变化。

⑤ 生物膜的脂肪酸碳氢链旋转异构现象。

⑥ DNA分子结构以及和DNA与其他分子间的作用。

⑦ 研究脂类和生物膜的相互作用、结构、组分等。

⑧ 对生物膜中蛋白质与脂质相互作用提供重要信息。

2.4.3.5　拉曼光谱在中草药研究中的应用

各种中草药因所含化学成分的不同而反映出拉曼光谱的差异，拉曼光谱在中草药研究中的应用包括：

① 中草药化学成分分析：高效薄层色谱（TLC）能对中草药进行有效分离，但无法获得各组分化合物的结构信息，而表面增强拉曼光谱（SERS）具有峰形窄、灵敏度高、选择性好的优点，可对中草药化学成分进行高灵敏度的检测。TLC的分离技术和SERS的指纹性鉴定结合，是一种TLC原位分析中草药成分的新方法。

② 中草药的无损鉴别：由于拉曼光谱分析无须破坏样品，因此能对中草药样品进行无损鉴别，这对名贵中草药的研究特别重要。

③ 中草药的稳定性研究：利用拉曼光谱动态跟踪中草药的变质过程，这对中草药的稳定性预测、监控药材的质量具有直接的指导作用。

④ 中药的优化：对于中草药及中成药和复方这一复杂的混合物体系，不须分离提取任何成分，直接与细菌和细胞作用，利用拉曼光谱无损采集细菌和细胞的光谱图，观察细菌和细胞的损伤程度，研究其药理作用，并进行中药材、中成药和方剂的优化研究。

2.4.3.6　拉曼光谱技术在宝石研究中的应用

拉曼光谱技术已被成功地应用于宝石学研究和宝石鉴定领域。拉曼光谱技术可以准确地鉴定宝石内部的包裹体，提供宝石的成因及产地信息，并且可以有效、快速、无损和准确地鉴定宝石的类别，包括：天然宝石、人工合成宝石和优化处理宝石。

2.4.4　实验技术

实验2.4.1　有机酸的拉曼光谱测定

【实验目的】

（1）初步了解激光拉曼光谱仪的各主要部件的结构和性能。

（2）初步掌握测定样品的基本参数的设定与操作要领。

（3）测定1～2种有机酸的拉曼光谱，并做指认。

【实验原理】

拉曼散射是由于分子极化率的改变而产生的。拉曼位移取决于分子振动能级的变化，不同化学键或基团有特征的分子振动，ΔE 反映了指定能级的变化，因此与之对应的拉曼位移也是特征的。

以下对有机酸中有关基团的拉曼特征频率做一简要介绍。

（1）C—H 振动

对于 C—H 伸缩振动的谱带，正烷烃一般在 2980～2850cm^{-1}。烯烃中$=CH_2$、$=CHR$ 的谱带在 3100～3000cm^{-1}。芳香族化合物中 C—H 振动谱带则在 3050cm^{-1}附近。

C—H 变形振动包括剪式振动，面内、面外摇摆和扭曲振动 4 种形式，其频率范围分别为：正烷烃中甲基的 C—H 面外变形频率为 1466～1465cm^{-1}，根据碳原子数的不同稍有区别；甲基和亚甲基的面内变形频率在 1473～1446cm^{-1}；甲基的剪式振动频率在 1385～1368cm^{-1}；甲基的面内变形振动还有 975～835cm^{-1}处的谱带。

亚甲基扭曲振动与面内摇摆的混合谱带在 1310～1175cm^{-1}；亚甲基面内摇摆和扭曲的混合谱带在 1060～719cm^{-1}；$CH_3—CH_2$—扭曲在 280～220cm^{-1}，而—$CH_2—CH_2$—扭曲则在 153～0cm^{-1}。

（2）C—C 骨架振动

由于拉曼光谱对非极性基团的振动和分子的对称振动比较敏感，因此在研究有机化合物的骨架结构时，用拉曼较红外有利。红外因对极性基团和分子的非对称振动敏感，适合测定分子的官能团。

直链烷烃中 C—C 伸缩振动频率在 1150～950cm^{-1}。C—C—C 伸缩振动频率在 435～150cm^{-1}。伸缩振动频率与碳链长短无关，而变形振动频率则是碳链长度的函数。

（3）C═O 振动

酸类的 C═O 对称伸缩振动频率随物理状态不同而有差异，如甲酸单体为 1170cm^{-1}，二聚体为 1754cm^{-1}。90℃下的液体为 1679cm^{-1}，0℃以下的液体为 1654cm^{-1}。35%～100%水溶液为 1672cm^{-1}。

酸酐中的 C═O 对称伸缩振动在 1820cm^{-1}，不对称伸缩振动在 1765cm^{-1}，而其他链状饱和酸酐则在 1805～1799cm^{-1}和 1745～1738cm^{-1}。

在进行有机化合物拉曼光谱的指认时，基团特征频率是定性分析的重要依据。也要注意基因的频率在化学环境的影响下发生的位移，包括位移的方向和大小。此外，谱带的相对强度和谱峰的形状也应综合考虑。

【仪器与试剂】

仪器：拉曼光谱仪。

试剂：四氯化碳、甲酸、丙烯酸。

【实验步骤】

（1）以四氯化碳为样品，了解激光拉曼光谱仪的正确操作过程，并调节光路，得到四氯化碳的拉曼谱图。用 460cm^{-1}特征峰的强度评价仪器的状态。

（2）用毛细管封装有机酸样品。注意，封装毛细管时，要均匀转动毛细管，使封口光滑，并保持毛细管平直。试样尽量保持居中，管中有 1～2mm 液体即可。测定每一种有机酸样品的拉曼光谱，存储数据并打印出拉曼光谱图。

【数据记录与处理】

记录拉曼光谱图，查阅标准拉曼光谱图并做指认。

【注意事项】

在调试激光光路时，注意眼睛不要直视激光光束，要绝对防止激光直射视网膜，以防烧伤致残！

【思考题】

(1) 激光拉曼光谱定性分析的依据是什么？

(2) 在拉曼测试中，有哪些猝灭荧光的方法？比较其实际应用价值。

(3) 改善拉曼谱图质量（猝灭荧光、提高信噪比）的措施有哪些？

(4) 比较红外光谱与拉曼光谱的特点，说明拉曼光谱的适用范围。

实验 2.4.2　碳纳米管的拉曼光谱测定

【实验目的】

(1) 初步了解显微共焦拉曼光谱仪的各主要部件的结构和性能。

(2) 掌握测定碳纳米管样品的基本参数设定。

(3) 测定碳纳米管的拉曼光谱，并进行指认。

【实验原理】

拉曼散射是分子振动能级改变的结果。对无机化合物进行拉曼测试时，离子化合物没有拉曼散射峰，只有共价键才有拉曼散射。因此相对于有机化合物的拉曼光谱来说更为简单。但由于有些无机化合物的荧光不容易猝灭，采用近红外激光测定它们的拉曼光谱是比较合适的。

无机化合物的拉曼光谱有以下特点：首先，在分子振动时，水的极化率变化很小，其拉曼散射较弱，在 $1600\sim1700\mathrm{cm^{-1}}$ 范围内不会产生大的干扰，对无机水溶液的测试比红外方便得多；其次，各金属-配位键的振动频率都在 $100\sim700\mathrm{cm^{-1}}$ 范围内，对于拉曼光谱来说，只要采用合适的滤光片将瑞利散射的干扰除去，无须更换其他附件就可以涵盖这一段光谱区域，而对于红外光谱来说，这段区域位于远红外区，需要采用附加的远红外附件及特殊的检测器，才可以得到无机物的远红外光谱。

金属离子和配位体间的共价键常具有拉曼活性，由此拉曼光谱可提供有关配位化合物的组成、结构和稳定性等信息。例如，大量的卤素和类卤素配合物都有较强的拉曼活性，宜用拉曼光谱进行研究；又如金属-氧键也有拉曼活性，像 VO_4^{3-}、$Al(OH)_4^-$、$Si(OH)_6^{2-}$ 和 $Sn(OH)_6^{2-}$ 都可以用拉曼光谱进行分析，从而得到其性质。如由拉曼光谱可以得出在高氯酸溶液中，钒（Ⅳ）是以 $VO^{2+}(aq)$ 的状态存在，而不是以 $V(OH)^{2+}(aq)$ 的状态存在的。同样可以证明在硼酸溶液中解离出的阴离子是以四面体的 $B(OH)_4^-$ 形式存在，而不是以 $H_2BO_3^-$ 的形式存在。

【仪器与试剂】

仪器：显微共焦拉曼光谱仪。

试剂：多壁碳纳米管。

【实验步骤】

(1) 以多壁碳纳米管为样品，了解与掌握显微共焦拉曼光谱仪的正确操作步骤，学习调

节显微镜及获取显微图像的方法，选择合适的聚焦点。

（2）预设测定碳纳米管的各项参数

激光器：633nm He-Ne激光器。

激光频率：50%～100% power。

扫描范围：100～2000cm^{-1}。

物镜：放大倍数为20倍。

扫描条件：积分时间（电感耦合检测器CCD）20s。

累加次数：3次。

（3）检测并记录碳纳米管的拉曼光谱。

（4）光谱测试完毕后，在实验室人员指导下，关闭激光器。

【数据记录与处理】

记录并打印所得的碳纳米管的拉曼光谱图，并对其中的拉曼峰进行指认，计算D带（约1350cm^{-1}）与G带（约1580cm^{-1}）的比值。

【注意事项】

（1）使用仪器前仔细阅读操作说明。

（2）实验完毕后，按仪器操作说明进行关机，并做好仪器清洁。

【思考题】

（1）对比显微共聚焦拉曼光谱与傅里叶拉曼光谱的特点。

（2）多壁碳纳米管的拉曼光谱与红外光谱有何不同?

实验2.4.3　合成橡胶的红外光谱和拉曼光谱分析

【实验目的】

（1）了解傅里叶变换红外和拉曼光谱仪的各主要部件的结构和性能。

（2）掌握测定橡胶样品拉曼光谱的基本参数设定和了解测定红外光谱所需的衰减全反射附件。

（3）测定合成橡胶的红外和拉曼光谱，进行指认，并对比其异同。

【实验原理】

衰减全反射光谱（attenuated total reflection spectra，ATRS）是研究黑色样品和薄膜样品的有效手段。当光束 I_0 由一种光学介质进入到另一种光学介质时，光线在两种介质的界面将发生反射和折射现象。发生全反射现象须具备介质1的折射率大于介质2的折射率和入射角大于临界角这两个条件。又由于样品对红外辐射有选择性吸收，使得透入样品的光束在发生吸收的波长处减弱，称为衰减全反射。

合成橡胶中的C═C和C≡N伸缩振动在拉曼光谱中有明显的散射峰，而在红外光谱中没有吸收峰。在红外光谱中较强的C—H峰的变角振动在拉曼光谱中却没有信号。由此可见，拉曼光谱和红外光谱能相互补充从而得到完整的分子振动能级跃迁的信息。

【仪器与试剂】

仪器：傅里叶变换红外和拉曼光谱仪。

试剂：合成橡胶。

【实验步骤】

（1）测定合成橡胶的傅里叶变换拉曼光谱。

（2）学习 ATR 附件的使用，测定合成橡胶的傅里叶变换红外光谱。

（3）打印光谱图，并解析谱图。

【数据记录与处理】

记录橡胶的红外光谱和拉曼光谱图，查阅有关标准光谱图进行指认，并比较其异同。

【注意事项】

（1）使用 ATR 附件测量红外光谱时，要注意将橡胶样品压紧，并且不要挡住 ATR 晶体的入射面和反射面。

（2）测量橡胶的拉曼光谱时，依据检测谱图的方式逐步调节激光功率，保证在不损伤样品的条件下得到最佳的光谱信号。橡胶是黑色样品，注意观测当功率加大时的热背景并设法降低之。

（3）光谱测试完毕后，将激光功率调小至待机状态，然后关闭激光器。

【思考题】

（1）在进行衰减全反射红外光谱的测量时，为什么要将样品与无色光学玻璃（KRS-5 晶体）充分接触并压紧，且不能挡住入射和反射面？

（2）测量橡胶样品时，对于激光功率的选择有何要求？

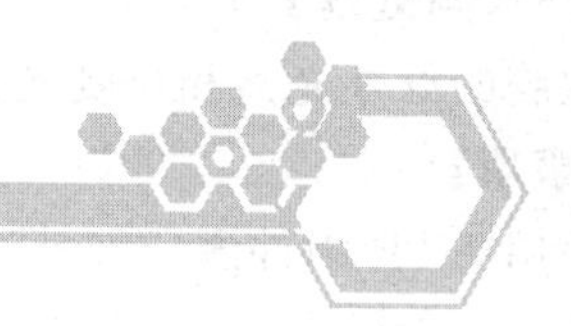

第3章 色谱分析法

3.1 气相色谱分析法

3.1.1 基本原理

气相色谱作为一种分离技术，主要用于物质的定性及定量分析。气相色谱仪以气体作为流动相（载气）。当样品由微量注射器注入进样器汽化后，混合物中各组分在两相间进行分配，其中一相是不动的，称为固定相；另一相是携带混合物流过此固定相的流体，称为流动相。当流动相所含混合物经过固定相时，就会与固定相发生相互作用。由于各组分在性质和结构上的差异，与固定相发生作用的大小、强弱也不同。因此在载气的冲洗下（即同一推动力的作用下）各组分在两相间进行反复多次的分配，使得各组分在固定相中的滞留时间有长有短，从而按先后不同的次序从固定相中流出，因此使各组分在固定相中得到分离，被分离的组分用接在色谱柱（内装填满固定相）后的检测器检测。根据组分出来的时间做定性分析，根据峰面积大小或峰高做定量分析。

被色谱柱分离后的组分依次进入检测器，按其浓度或质量随时间的变化，转化成相应电信号，经放大后记录和显示，化合物浓度或质量随时间的变化情况可用一条曲线记录下来，就得到样品的色谱图（见图 3.1）。纵坐标表示电信号的强度，与样品的浓度或质量有关，横坐标表示样品从色谱柱流出的时间。

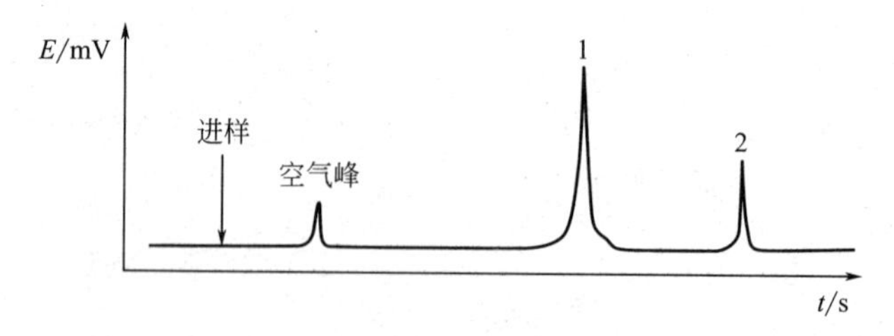

图 3.1　样品 1、2 的色谱图

色谱图常以时间 t 为横坐标（单位 s），以电信号强度 E 为纵坐标（单位 mV）。

保留时间（t_R）：组分从进样到柱后出现浓度极大值时所需的时间。

死时间（t_M）：不与固定相作用的气体（如空气）的保留时间。

调整保留时间（t'_R）：$t'_R=t_R-t_M$，可理解为某组分由于溶解或吸附于固定相，比不溶解或不被吸附的组分在色谱柱中多滞留的时间。

相对保留值（用 r_{21} 或 α 表示）：$r_{21}=\alpha=t'_{R(2)}/t'_{R(1)}\neq t_{R(2)}/t_{R(1)}$，相对保留值只与柱温

和固定相性质有关，与其他色谱操作条件（如柱径、柱长、填充情况、流动相流速等）无关，它表示了固定相对这两种组分的选择性。r_{21}（或 α）越大，相邻两组分间的 t'_R 相差越大，表示分离得越好；r_{21}（或 α）=1，表示两组分不能分离。

为判断相邻两组分的分离情况，可用分离度 R 作为色谱柱的分离效能指标。分离度 R 的定义：相邻两组分色谱峰保留值之差与两个组分色谱峰峰底宽度总和的一半的比值。

$$R=\frac{t_{R(2)}-t_{R(1)}}{\frac{1}{2}(Y_1+Y_2)} \tag{3.1}$$

只有当 $R\geqslant1.5$ 时，表示相邻两峰完全分离。

3.1.2　气相色谱仪的结构及组成

气相色谱仪主要分为载气系统、进样系统、分离系统、检测系统、温控系统。仪器结构示意图见图 3.2。

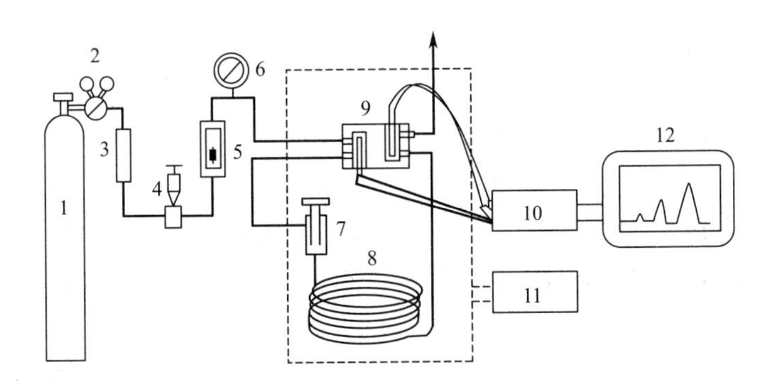

图 3.2　气相色谱仪结构示意图

1—载气钢瓶；2—减压阀；3—净化干燥管；4—针形阀；5—流量计；6—压力表；7—进样器；8—色谱柱；9—检测器；10—放大器；11—温度控制器；12—记录仪

载气钢瓶常用的载气主要是高纯度的氮气、氦气、氩气；高纯度的氢气主要为氢火焰离子化检测器提供燃烧的能源；燃烧助燃的氧气可由氧气钢瓶或者氧气发生器提供。样品从进样器进样后，与载气混合，经过色谱柱被分离，在检测器被检测到信号，经放大、记录仪记录后，得到色谱图。

3.1.3　气相色谱的应用

气相色谱适合分离分析易汽化（沸点在－190～500℃的物质）、对热稳定、高温不易分解的样品，特别适用于同系物、同分异构体的分离，被分离的物质约占有机物总量的 20%。

3.1.3.1　定性分析

色谱定性分析主要是根据保留值分析。在同样的两种以上的分析实验条件下，标准品或者对照品的保留值与样品中某个峰的保留值一样，且峰形一致，即可判断样品中某个峰为标准品或对照品。

3.1.3.2 定量分析

在一定操作条件下，分析组分i的质量（m_i）或其在载气中的浓度与检测器的响应信号（色谱图上表现为峰面积 A_i 或峰高 h_i）成正比。

可写作：

$$m_i = f_i' \cdot A_i \text{（色谱定量分析的依据）} \tag{3.2}$$

由上式可见，在定量分析中需要准确测量峰面积（A_i）、准确求出比例常数（定量校正因子 f_i），根据上式正确选用定量计算方法，将所测量组分的峰面积换算为质量分数。

目前定量分析主要有以下几种方法。

（1）归一化法

要求：混合物各组分都可流出色谱柱，且在色谱图上显示色谱峰。

假设试样中有 n 个组分，每个组分的质量分别为 m_1，m_2，…，m_n，各组分含量的总和 m 为100%，其中组分 i 的质量分数 w_i 可按下式计算：

$$w_i = \frac{m_i}{m} \times 100\% = \frac{m_i}{m_1 + m_2 + \cdots + m_n} \times 100\% = \frac{A_i f_i}{A_i f_1 + A_2 f_2 + \cdots + A_n f_n} \times 100\% \tag{3.3}$$

式中，f_i 为质量校正因子。

$$f_i = \frac{f_i'(m)}{f_s'(m)} = \frac{A_s m_i}{A_i m_s} \tag{3.4}$$

式中，$f_i'(m)$ 为样品的定量校正因子；$f_s'(m)$ 为标准物质的定量校正因子。归一化法的优点是简便、准确，当操作条件（如进样量、流量等）有变化时，对结果影响较小。

（2）内标法

要求：当只需测定试样中某几个组分，而且试样中所有组分不能全都出峰时，可采用此法。

所谓内标法是将一定量的纯物质作为内标物，加入到准确称取的试样中，根据被测物和内标物的质量及其在色谱图上相应的峰面积比，求出某组分的含量。要测定试样中组分 i（质量为 m_i）的质量分数 w_i，可于试样中加入质量为 m_s 的内标物，试样质量为 m，则：

$$w_i = \frac{m_i}{m} \times 100\% = \frac{A_i f_i}{A_s f_s} \times \frac{m_s}{m} \times 100\% \tag{3.5}$$

一般常以内标物为基准，则 $f_s = 1$，此时计算可简化为：

$$w_i = \frac{A_i}{A_s} \times \frac{m_s}{m} f_i \times 100\% \tag{3.6}$$

内标法主要优点：由于操作条件变化而引起的误差，都将同时反映在内标物及预测组分上而得到抵消，所以可以得到较准确的结果。

内标物的选择：试样中不存在的纯物质；加入量应接近于被测组分；内标物色谱峰位于被测组分色谱峰附近或几个被测组分峰中间；注意内标物与预测组分的物理及物理化学性质应相近。

（3）内标标准曲线

制作标准曲线时（图3.3），先将欲测组分的纯物质配成不同浓度的标准溶液，并取固定量的标准溶液和内标物混合后进样分析，测 A_i 和 A_s，以 A_i/A_s 对标准溶液浓度 w_i 作图。分析时，取和制作标准曲线时所用量相同的试样和内标物，测出其峰面积比，从标准曲线上量出被测物含量，若各组分相对密度比较接近，可用量取体积代替称量，则方法更为简便。此法不必测校正因子，消除某些操作条件的影响，也不须严格定量进样。

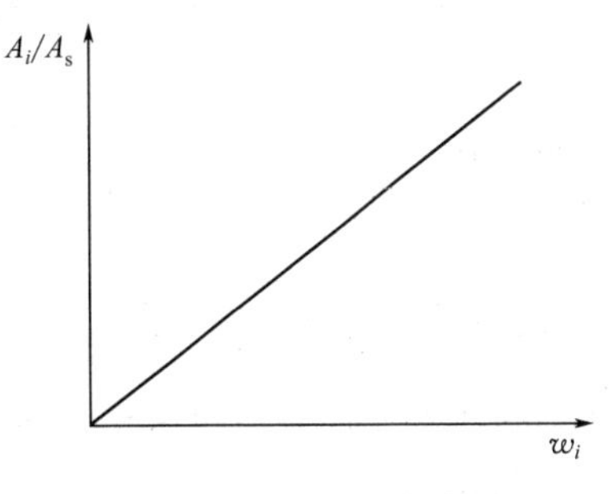

图 3.3　内标标准曲线图

简化的内标法，由式

$$w_i=\frac{m_i}{m}\times100\%=\frac{A_if_i}{A_sf_s}\times\frac{m_s}{m}\times100\% \quad (3.7)$$

可计算样品的含量。

(4) 外标法

当被测试样中各组分浓度变化范围不大时，可不必绘制标准曲线，而用单点校正法。即配制一个和被测组分含量十分接近的标准溶液，定量进样，由被测组分和外标组分峰面积之比来求被测组分。

$$\frac{w_i}{w_s}=\frac{A_i}{A_s} \quad (3.8)$$

$$w_i=\frac{A_i}{A_s}w_s \quad (3.9)$$

由于 w_i 与 A_s 均为已知，故可令 $K_i=w_s/A_s$，得

$$w_i=A_iK_i \quad (3.10)$$

式中，K_i 为组分 i 的单位面积质量分数校正值。此法假定标准曲线是通过坐标原点的直线，因此可由一点决定这条直线，K_i 即直线的斜率，因而称为单点校正法。

3.1.4　实验技术

实验 3.1.1　苯同系物的分离

【实验目的】

(1) 掌握色谱分析的基本操作和苯同系物的分析方法。

(2) 掌握保留值的测定及用保留值进行定性分析的方法。

(3) 掌握归一化法对物质进行定量分析的方法。

【实验原理】

苯同系物系指苯、甲苯、乙苯、二甲苯（包括对位、间位和邻位异构体）乃至异丙苯、三甲苯等，在工业二甲苯中常存在这些组分，须用色谱法进行分析。毛细管固定相有比较大的相比和渗透性，分析速度快，总柱效高，本实验选择内壁涂有 100%二甲基聚硅氧烷固定液的毛细色谱柱气相色谱仪用于苯同系物的分离。

在固定色谱条件下（色谱柱、柱温、载气流速）下，某一组分的流出时间不受其他组分的影响。有纯粹样品时，直接对照保留时间即可确定试样的化学组成。由于在同一柱上不同的组分可能有相同的保留时间，所以在做定性分析时往往要用到两种以上不同极性固定液配成的柱子。

由于峰面积的大小不易受操作条件如柱温、流动相的流速、试样速度等因素的影响，故峰面积更适合作为定量分析的参数。在一定操作条件下，进样量（m_i）与响应讯号（峰面

积 A_i）成正比。

$$m_i = f'_i A_i \tag{3.11}$$

或写作

$$f'_i = \frac{m_i}{A_i} \tag{3.12}$$

式中，f'_i 是绝对质量校正因子，其物理意义为单位峰面积所代表的某物质的质量。在定量分析中都是用相对质量校正因子（f_i），即某物质的绝对校正因子与标准物质的绝对校正因子的比值。

$$f_i = \frac{f'_{i(m)}}{f'_{s(m)}} = \frac{A_s m_i}{A_i m_s} \tag{3.13}$$

热导池检测器常用的标准物质是苯，氢火焰离子化检测器常用的标准物质是正庚烷。各物质的校正因子一般可从文献中查得，查不到时须自己测定（可查阅相关的测定方法）。

用不同检测器时各组分的质量校正因子如表 3.1 所示。

表 3.1　苯系物的校正因子

苯系物	f_i（热导池检测器）	f_i（氢火焰离子化检测器）
苯	0.78	0.89
甲苯	0.79	0.94
乙苯	0.82	0.97
对二甲苯	0.81	1.00
间二甲苯	0.81	0.96
邻二甲苯	0.84	0.98

当试样中各组分都能流出色谱柱，并在色谱图上显示色谱峰时，可用归一化法进行定量计算。

假设试样中有 n 个组分，每个组分的质量分数分别为 m_1，m_2，…，m_n，各组分含量的总和为 m，其中第 i 种组分的质量分数为 w_i，可按下式计算其含量。

$$\begin{aligned} w_i &= \frac{m_i}{m} \times 100\% = \frac{m_i}{m_1 + m_2 + \cdots + m_i + \cdots + m_n} \times 100\% \\ &= \frac{A_i f_i}{A_1 f_1 + A_2 f_2 + \cdots + A_i f_i + \cdots + A_n f_n} \times 100\% \end{aligned} \tag{3.14}$$

式中，f_i 是 i 组分的相对质量校正因子；A_i 是 i 组分的峰面积。

【仪器与试剂】

仪器：气相色谱仪，微量注射器，氮气载气钢瓶，氢气载气钢瓶，空气压缩机，毛细管色谱柱 SE-54/SE-52（5%苯基-95%甲基聚硅氧烷），氢火焰离子化检测器。

试剂：苯（分析纯），甲苯（分析纯），二甲苯（分析纯）。

【实验步骤】

（1）首先将 N_2 钢瓶的减压阀逆时针旋松，再打开 N_2 钢瓶的总阀，再顺时针调节减压阀，使得出口压力保持在 0.8MPa 左右，再调节色谱柱中流动相 N_2 的压力为 0.1MPa。

（2）打开色谱仪的电源开关及加热开关。

（3）色谱柱的活化。先将色谱柱的柱温逐渐升温到 120℃，保温维持 3～5min，再逐渐升温到250℃，同样保温维持3～5min。

(4) 色谱柱活化后，将色谱柱温度设为120℃，先打开H_2钢瓶阀，再打开O_2钢瓶阀，调节H_2和O_2的压力分别为0.15MPa和0.1MPa。设置检测器和汽化室温度均为100℃。

(5) 对检测器进行点火，待基线平稳后，迅速进苯同系物样品，进样量为$1\mu g \cdot mL^{-1}$，同时开始采集样品。

(6) 等样品完全出峰后，完成样品采集，记录色谱流出曲线，对各组分进行峰面积积分，且根据各组分的保留值对样品进行定性分析。

(7) 样品检测完毕后，将检测室、汽化室和色谱柱温度设为60℃。等到检测室温度降到60℃时，首先关掉O_2钢瓶阀，再关掉H_2钢瓶阀。

(8) 等色谱柱温度降到60℃以下时，再关掉N_2钢瓶阀。

【注意事项】

(1) 整个实验过程中应保持实验室通风。

(2) 实验用到高压钢瓶，切忌敲打钢瓶，以免发生爆炸。

(3) N_2、H_2、O_2须用高纯的气体，避免里面的杂质影响分析。

(4) 在老师指导下，正确操作减压阀。

【思考题】

(1) 具有相同相对保留值的物质就一定是同一种物质吗?

(2) 物质的结构是否影响相对保留值?

(3) 如何判断氢火焰离子化检测器点火成功?

(4) 用什么方法判断色谱柱的分离效能?

实验3.1.2　气相色谱法测定氨苄西林钠中吡啶溶剂残留量

【实验目的】

(1) 掌握色谱分析的基本操作。

(2) 学习药品中挥发性物质气相色谱的定性分析方法。

(3) 掌握用内标法计算样品中吡啶的含量。

【实验原理】

氨苄西林钠为青霉素类抗生素（见图3.4），对淋病奈瑟菌、脑膜炎奈瑟菌和乙酸钙不动杆菌有较强的抗菌活性，对其他细菌的抗菌作用较差，它对金黄色葡萄球菌和多数革兰阴性菌所产生的β-内酰胺酶有很强的不可逆的竞争性抑制作用。适用于敏感菌所致的呼吸道感染、胃肠道感染、尿路感染、软组织感染、心内膜炎、脑膜炎、败血症等。

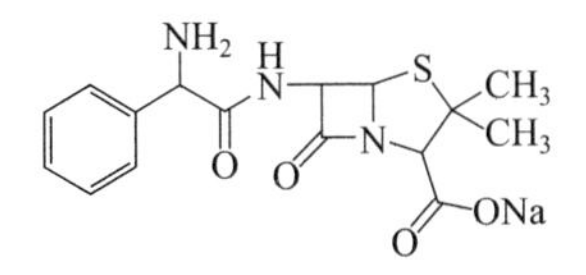

图3.4　氨苄西林钠的结构

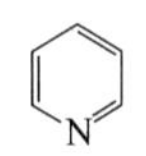

图3.5　吡啶的结构

在氨苄西林钠工业化生产中使用了吡啶溶剂（见图3.5）。吡啶有强烈刺激性，能麻醉中枢神经系统，对眼及上呼吸道有刺激作用。高浓度吸入后，轻者有欣快或窒息感，继之出现抑郁、肌无力、呕吐症状；重者意识丧失、大小便失禁、强直性痉挛、血压下降，误服可

致死，具有较强的毒性。

因此须控制吡啶溶剂在氨苄西林钠中的残留量，工业分析采用氯仿萃取，以正辛醇为内标，以内标法按峰面积计算药品中吡啶的含量。

$$w_i=\frac{m_i}{m}\times100\%=\frac{A_i f_i}{A_s f_s}\times\frac{m_s}{m}\times100\% \tag{3.15}$$

【仪器与试剂】

仪器：气相色谱仪，微量注射器，氮气载气钢瓶，氢气载气钢瓶，氧气钢瓶，空气压缩机，毛细管色谱柱（100%聚二甲基硅氧烷），氢火焰离子化检测器。

试剂：氯仿（色谱纯），吡啶（色谱纯），二甲苯（分析纯）。

【实验步骤】

（1）溶液的制备：配制约 0.070mg·mL^{-1}的正辛烷的氯仿溶液作为溶液①，配制含吡啶浓度为 0.14mg·mL^{-1}的水溶液作为溶液②，配制 0.7mg·mL^{-1}的氢氧化钠溶液作为溶液③。

（2）对照品溶液的制备：取 1mL 溶液③、2mL 溶液①和 1mL 溶液②置于西林瓶中，充分振摇萃取 1min，静止分层，备用。

（3）供试品溶液的制备：称取待测样品约 0.5g，精密称定，置于西林瓶中，加入 2mL 溶液③和 2mL 溶液①，充分振摇萃取 1min，静止分层，备用。

（4）分析条件：设置柱温 100℃，进样口温度 200℃，检测器温度 250℃，柱流速：3.0mL·min^{-1}。分流比为 30∶1。

（5）样品测定：分别取对照品溶液和供试品溶液下层有机相 1μL，进样。完成样品采集，记录色谱流出曲线，对样品进行峰面积积分，且根据样品的保留值对样品进行定性分析。以内标法按峰面积计算样品中吡啶的含量。

（6）样品检测完毕后，将检测室、汽化室和色谱柱温度设 60℃。等到检测室温度降到 60℃时，首先关掉 O_2 钢瓶阀，再关掉 H_2 钢瓶阀。

（7）等色谱柱温度降到 60℃以下时，再关掉 N_2 钢瓶阀。

【注意事项】

（1）本实验须正确选择色谱柱，整个实验过程中应保持实验室通风。

（2）实验用到高压钢瓶，切忌敲打钢瓶，以免发生爆炸。

（3）N_2、H_2、O_2 须用高纯的气体，避免里面的杂质影响分析。

（4）在老师指导下，正确操作减压阀。

【思考题】

（1）本实验中，正辛醇有什么作用？

（2）氯仿和氢氧化钠起到什么作用？

（3）本实验可否用热导池检测器检测？

实验 3.1.3 程序升温气相色谱法对醇系物的分离分析

【实验目的】

（1）学习气相色谱仪的使用方法。

（2）学习用气相色谱对醇系物进行分离分析。

(3) 掌握程序升温气相色谱法的原理及基本操作。

【实验原理】

醇系物是指甲醇、乙醇、正丙醇和正丁醇等，其中常含有水分。

程序升温的原理：用气相色谱法分析样品时，各组分都有一个最佳柱温。对于沸程宽、组分较多的复杂样品，柱温可在各组分的平均沸点温度左右，显然这是一种折中的办法。其结果是低沸点组分因柱温太高很快流出，色谱峰尖而挤甚至重叠。高沸点组分因柱温太低，滞留时间过长，色谱峰扩展严重，甚至在一次分析中不出峰。

程序升温气相色谱法是色谱柱按预定程序连续或分阶段地进行升温的气相色谱法。采用程序升温技术，可使各组分在最佳的柱温流出色谱柱，以改善复杂样品的分离，缩短分析时间。另外，在程序升温操作中，随着柱温的升高，各组分加速运动，当柱温接近各组分的保留值时，各组分以大致相同的速度流出色谱柱。

毛细管色谱柱具有高的柱效和分离效果，本实验使用极性的毛细管气相色谱仪，用氢火焰离子化检测器检测，在适当条件下，各组分也可完全分离。

【仪器与试剂】

仪器：气相色谱仪，微量注射器，氮气载气钢瓶，氢气载气钢瓶，氧气载气钢瓶，毛细管色谱柱 PEG-20M（固定液为聚乙二醇 20000），氢火焰离子化检测器。

试剂：甲醇，乙醇，正丙醇，正丁醇，异丁醇，异戊醇，正己醇，环己醇，正辛醇（上述试剂均为分析纯）。

【实验步骤】

(1) 待分离样品的配制

分别用 1mL 的注射器取甲醇、乙醇、正丙醇、正丁醇、异丁醇、异戊醇、环己醇、正辛醇，注入干燥已知空重的小试剂瓶中，精密称定，确定并记录每一种加入试剂的质量。摇匀，密闭。

(2) 打开氮气钢瓶，顺时针旋转减压阀至减压表示数为 0.5MPa 左右，调节载气流量旋钮，使载气柱前压稳定在 0.07MPa 左右。

(3) 打开数据采集软件，自检通过后，设置柱温。初始温度为 40℃，恒温时间为 1min。升温速率：10℃ $\cdot$ min^{-1}，升至 90℃，保持 1min；再以 14℃ $\cdot$ min^{-1} 升至 160℃，保持 1min。

(4) 进样器温度设为 190℃，检测器温度设为 160℃。

(5) 打开氢气和氮气钢瓶，分别将氢气和氮气的柱前压力设置为 0.15MPa 和 0.11MPa，点燃氢火焰离子化检测器。

(6) 打开电脑和信号采集器，点击“谱图采集”按钮，色谱站采集进样前的基线信号，调节调零按钮，可使基线回到零点。

(7) 待基线平稳后，用微量注射器取 0.5μL 的醇系物混合物。将注射器插入进样口，进样的同时按下“谱图采集”按钮。待被分离的物质全部出峰后，按下“手动停止”按钮。保存谱图。

(8) 关机。首先关闭氢气钢瓶，待氢气输出压降为零后，关闭氧气钢瓶。再关闭色谱仪主机电源开关，退出软件系统，关闭信号采集器。

(9) 10min 后关闭氮气总阀。待总压表上压力降为零后，关闭减压阀。

(10) 记录进样量、各组分的保留时间；测量各个峰高、峰宽，计算峰面积；计算有效

塔板数 n_{eff}、分离度 R，数据记录见表 3.2。

表 3.2　醇系物气相色谱分离数据表

项　目	甲醇	乙醇	正丙醇	正丁醇	异丁醇	异戊醇	正己醇	环己醇	正辛醇
原混合溶液质量 m/g									
保留时间 t_R/min									
调整保留时间 t'_R/min									
峰面积 $A/\mu V \cdot s$									
峰高 $h/\mu V$									
半峰宽 $Y_{1/2}$/min									
峰宽 Y/min									
有效塔板数 n_{eff}									
分离度 R									

【注意事项】

(1) 本实验须正确选择色谱柱。

(2) 正确操作减压阀。

(3) 注入样品应迅速。

(4) 正确操作程序升温。

【思考题】

(1) 本实验所使用的色谱柱为极性色谱柱，被分离的组分按极性大小顺序流出。请推测各组分的流出顺序。

(2) 与恒温色谱法相比，程序升温气相色谱法具有哪些优点？

3.2　高效液相色谱分析法

3.2.1　基本原理

高效液相色谱（high performance liquid chromatography，HPLC）是 20 世纪 70 年代发展起来的一项高效、快速的分离分析技术。液相色谱法是指流动相为液体的色谱技术。在经典的液体柱色谱法基础上，引入了气相色谱法的理论，在技术上采用了高压泵、高效固定相和高灵敏度检查器，实现了分析速度快、分离效率高和操作自动化。这种柱色谱技术称为高效液相色谱法。近年来，高效液相色谱法在药品、保健食品功效成分、营养强化剂、维生素类、蛋白质的分离测定等方面应用广泛，世界上约有 80%的有机化合物可以用 HPLC 来分析测定。

高效液相色谱法就是同一时刻进入色谱柱中的各组分，由于在流动相和固定相之间溶解、吸附、渗透或离子交换等作用的不同，随流动相在色谱柱中运行时，在两相间进行反复多次（$10^3 \sim 10^6$ 次）的分配过程，使得原来分配系数具有微小差别的各组分，产生了保留能力差异明显的效果，进而各组分在色谱柱中的移动速度就不同，经过一定长度的色谱柱后，彼此分离开来，最后按顺序流出色谱柱而进入信号检测器，在记录仪上或色谱数据机上

显示出各组分的色谱行为和谱峰数值。测定各组分在色谱图上的保留时间（或保留距离），可直接进行组分的定性；测量各峰的峰面积，即可作为定量测定的参数，测定相应组分的含量。

根据分离机制，高效液相色谱可分为以下几种类型：液-液分配色谱、液-固色谱、离子交换色谱、离子对色谱、离子色谱、空间排阻色谱等。其中，液-液反相色谱是目前用途最为广泛的液相色谱分离方式，即以极性强的水为流动相主体，加入不同配比的有机溶剂作调节剂，以达到梯度洗脱的目的。

3.2.2　高效液相色谱的结构及组成

近年来，高效液相色谱技术得到迅猛的发展，仪器的结构和流程是多种多样的，高效液相色谱仪的结构示意图见图 3.6，主要由进样系统、输液系统、分离系统、检测系统和数据处理系统组成。

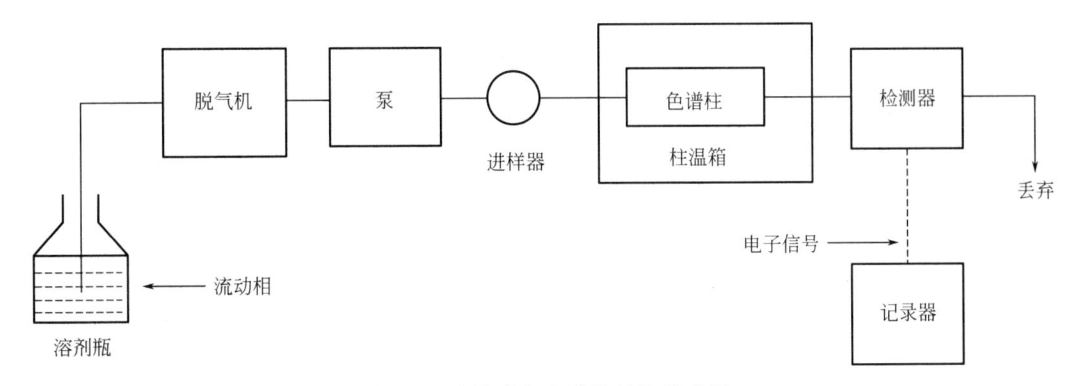

图 3.6　高效液相色谱仪结构示意图

3.2.2.1　进样系统

在高效液相色谱中，进样方式及试样体积对柱效有很大影响，要获得良好的分离效果和重现性，需要将试样“浓缩”地瞬间注入色谱柱上端柱担体的中心成一个小点。一般采用隔膜注射进样或六通定量阀进样。

3.2.2.2　输液系统

由高压泵、流动相贮存器和梯度仪三部分组成。高压泵的一般压强为 150～350MPa，要求流速可调且稳定，当高压流动相通过色谱柱时，可降低样品在柱中的扩散效应，可加快其在柱中的移动速度，有利于提高分辨率、回收样品、保持样品的生物活性等。流动相贮存器和梯度仪可使流动相随固定相和样品的性质而改变，包括改变洗脱液的极性、离子强度、pH 值，或改用竞争性抑制剂或变性剂等。这就可使各种物质（即使仅有一个基团的差别或是同分异构体）都能获得有效分离。

3.2.2.3　分离系统

该系统包括色谱柱、连接管和恒温器等。色谱柱一般长度为 10～50cm（需要两根连用时，可在二者之间加一连接管），内径为 2～5mm，由优质不锈钢或厚壁玻璃管或钛合金等

材料制成，柱内装有直径为5～10μm的固定相（由基质和固定液构成）。固定相中的基质是由机械强度高的树脂或硅胶构成，它们都有惰性（如硅胶表面的硅酸基团基本已除去）、多孔性和比表面积大的特点，加之其表面经过机械涂渍（与气相色谱中固定相的制备一样），或者用化学法偶联各种基因（如磷酸基、季铵基、羟甲基、苯基、氨基或各种长度碳链的烷基等）或配体的有机化合物。因此，这类固定相对结构不同的物质有良好的选择性。例如，在多孔性硅胶表面偶联豌豆凝集素（PSA）后，就可以把成纤维细胞中的一种糖蛋白分离出来。另外，固定相基质粒小，柱床极易达到均匀、致密状态，极易降低涡流扩散效应。基质粒度小，微孔浅，样品在微孔区内传质短。这些对缩小谱带宽度、提高分辨率是有益的。根据柱效理论分析，基质粒度小，塔板理论数 n 就越大。这也进一步证明基质粒度小会提高分辨率。高效液相色谱的恒温器可使温度从室温调到60℃，通过改善传质速度，缩短分析时间，就可增加色谱柱的效率。

3.2.2.4 检测系统

① 紫外可见吸收检测器是液相色谱广泛使用的检测器，作用原理是基于被分析试样组分对特定波长紫外线的选择性吸收，组分浓度与吸光度的关系遵循朗伯-比尔定律。紫外可见吸收检测器具有很高的灵敏度，最小检测浓度可达 $10^{-9}g \cdot mL^{-1}$，因而即使对紫外线吸收较弱的物质也可检测。该检测器对温度和流速不敏感，可用于梯度洗脱，结构简单。缺点是不适用于对紫外光完全不吸收的试样，溶剂的选用受限制。

② 荧光检测器是一种高灵敏度、有选择性的检测器，可检测能产生荧光的化合物。许多物质，特别是具有对称共轭结构的有机芳环受紫外线激发后，能辐射比紫外线波长较长的荧光，某些不发荧光的物质可通过化学衍生化生成荧光衍生物，再进行荧光检测。其最小检测浓度可达 $0.1ng \cdot mL^{-1}$，适用于痕量分析；一般情况下荧光检测器的灵敏度比紫外检测器约高2个数量级，但其线性范围不如紫外检测器宽。近年来，采用激光作为荧光检测器的光源而产生的激光诱导荧光检测器极大地增强了荧光检测的信噪比，因而具有很高的灵敏度，在痕量和超痕量分析中得到广泛应用。

③ 示差折光检测器是一种浓度型通用检测器，对所有溶质都有响应，某些不能用选择性检测器检测的组分，如高分子化合物、糖类、脂肪烷烃等，可用示差检测器检测。示差检测器是基于连续测定样品流路和参比流路之间折射率的变化来测定样品含量的。光从一种介质进入另一种介质时，由于两种物质的折射率不同就会产生折射。只要样品组分与流动相的折光指数不同，就可被检测，二者相差愈大，灵敏度愈高，在一定浓度范围内检测器的输出与溶质浓度成正比。

④ 化学发光检测器是近年来发展起来的一种快速、灵敏的新型检测器，具有设备简单、价廉、线性范围宽等优点。其原理是基于某些物质在常温下进行化学反应，生成处于激发态势的反应中间体或反应产物，当它们从激发态返回基态时，就发射出光子。由于物质激发态的能量是来自化学反应，故叫作化学发光。当分离组分从色谱柱中洗脱出来后，立即与适当的化学发光试剂混合，引起化学反应，导致发光物质产生辐射，其光强度与该物质的浓度成正比。

⑤ 数据处理系统。每个仪器厂家的不同型号的仪器均配有功能类似的数据处理系统，具体见仪器说明书。

3.2.3 液相色谱的应用

液相色谱的定性和定量分析与气相色谱类似，具体的方法可参见“3.1.3 气相色谱的应用”。主要适合分离分析沸点高、难以汽化、对热不稳定、分子量大（大于 400g·mol^{-1}）的有机物。在环境、食品、生命科学、医学检验中得到广泛的应用。

3.2.4 实验技术

实验 3.2.1 高效液相色谱法测定饮料中的咖啡因

【实验目的】

（1）了解高效液相色谱仪的基本结构及操作步骤。

（2）学习采用反相色谱测定饮料中咖啡因的方法。

（3）学习采用高效液相色谱法进行定性和定量分析的基本方法。

【实验原理】

咖啡因又称咖啡碱，是一种生物碱，属黄嘌呤衍生物，其化学名称为 1,3,7-三甲基黄嘌呤，它能使人大脑神经兴奋。茶叶、咖啡、可乐饮料、复方乙酰水杨酸片药品等都含咖啡因。其结构式见图 3.7。

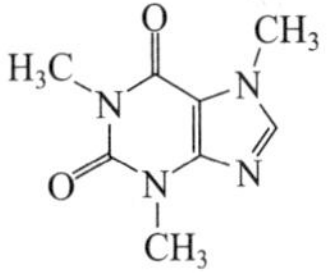

图 3.7 咖啡因的结构式

测定咖啡因含量的传统方法是先进行萃取，再用分光光度法测定。由于有些具有紫外吸收的杂质也同时存在，会产生一些误差，并且整个过程也比较繁琐。用反相色谱法测定咖啡因是先分离、后检测，消除了杂质干扰，使得检测结果更为准确。

标准曲线法是液相色谱定量分析中比较常用的一种方法。将咖啡因的纯品配制成不同浓度的系列标准溶液，准确定量进样，得到一系列色谱图。用峰高或峰面积与对应的样品浓度绘图，得到标准工作曲线。然后在与标准曲线完全相同的操作条件下，准确定量进样，得到样品色谱图，根据所得的峰高或峰面积在标准曲线上查出被测组分的含量。

【仪器与试剂】

仪器：高效液相色谱仪，紫外检测器（检测波长：254nm），ODS 色谱柱（n-C_{18} 柱），微量注射器，超声波处理器，抽滤装置一套，10mL 容量瓶，1mL 移液管，50mL 烧杯。

试剂：磷酸（AR），磷酸二氢钾（AR），咖啡因（AR），可乐饮料，甲醇（色谱纯）。

【实验步骤】

（1）溶液的配制

① 1mg·mL^{-1}咖啡因标准储备溶液：准确称取 0.1000g 的咖啡因，用少量甲醇加热溶解，并用甲醇定容至 100mL。

② 咖啡因标准工作溶液：用移液管准确移取 0.25mL、0.50mL、1.00mL、1.25mL、1.50mL 咖啡因储备溶液，分别置于 1000mL 容量瓶中，用甲醇稀释至刻度，其浓度分别为 25μg·mL^{-1}、50μg·mL^{-1}、100μg·mL^{-1}、、125μg·mL^{-1}、150μg·mL^{-1}，并将这些溶液脱气过滤。

（2）样品的制备：取 30mL 的可乐饮料放入烧杯中，用超声波脱气处理 5min，驱赶饮料中的二氧化碳。用移液管移取1mL已脱气的可乐饮料，用水稀释至100mL。

(3) 将实验室使用的流动相进行过滤和脱气处理。

(4) 开机，依次打开高压泵、检测器、工作站。调整色谱条件如下：

检测器检测波长260nm，选择流动相配比为甲醇∶水＝30∶70（10mmol·L^{-1}、磷酸缓冲溶液），流动相流量为1mL·min^{-1}，柱温为室温。

(5) 标准工作曲线的绘制：待基线走直后，取各浓度标准溶液20μL依次进样，记录峰面积和保留时间。每份标准溶液进样两次，取平均值，要求两次峰面积数据基本一致。

(6) 样品测定：取待测样品20μL进样，记录峰面积和保留时间的数据，重复两次，取平均值，要求两次峰面积数据基本一致。

(7) 实验完毕，清洗色谱系统后，关机。

【数据记录与处理】

(1) 根据标准试样色谱图中的保留数据，找到并标出咖啡因或样品色谱图中相应咖啡因的色谱峰。

(2) 根据实验数据，绘制咖啡因浓度和峰面积的标准工作曲线。

(3) 根据样品色谱图中咖啡因的峰面积及标准曲线，计算样品中咖啡因的含量。

【注意事项】

(1) 由于该实验样品较为复杂，做完试验后仔细清洗色谱柱。否则，样品中的杂质会积存在色谱柱内，影响色谱柱的寿命。

(2) 所用样品用完后均应保存在冰箱内。

【思考题】

(1) 解释用ODS色谱柱（n-C_{18}柱）测定咖啡因的理论基础。

(2) 能否用离子交换柱测定咖啡因吗？为什么？

(3) 如实验标准工作曲线是用色谱峰高对咖啡因浓度作图，定量的结果是否准确？为什么？

实验3.2.2　高效液相色谱法测定芸香苷的含量

【实验目的】

(1) 熟悉高效液相色谱仪的基本结构、原理和操作方法。

(2) 掌握高效液相色谱的定性和定量分析的原理及方法。

【实验原理】

芸香苷，又名芦丁，是一种广泛存在于植物体内的黄酮醇配糖体，现已发现含有芸香苷的植物有70种多种。芸香苷常含3分子结晶水，95～97℃干燥可失去2分子结晶水，在110℃、1.33kPa下2h变成无水物，其分子结构如图3.8所示。芸香苷具有调节毛细管渗透作用，临床上用作毛细血管性止血药，常作为高血压症的辅助用药。由于它对人体没有毒性，因此在食品工业上还可作为抗氧化剂和天然食用黄色素使用。

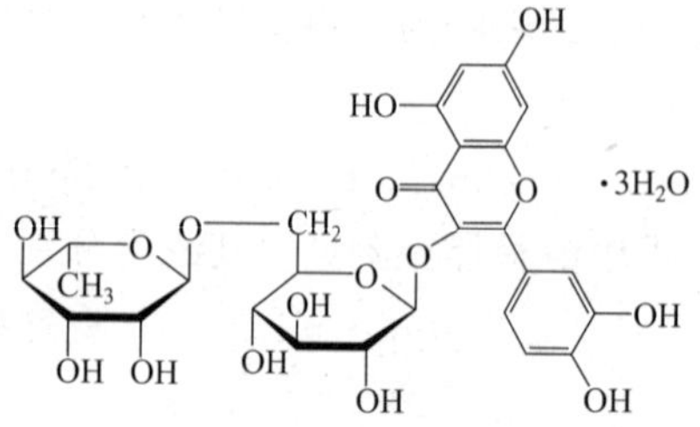

图3.8　芸香苷的结构

本实验以十八烷基化学键合相作固定相，甲醇/水作流动相，根据保留时间对芸香苷进行定性分析，芸香苷的含量测定采用标准曲线法。

【仪器与试剂】

仪器：高效液相色谱仪，紫外检测器（检测波长：360nm），ODS 色谱柱（n-C_{18} 柱），微量注射器，超声波处理器，抽滤装置一套，10mL 容量瓶，10mL 容量瓶，1mL 移液管，50mL 烧杯。

试剂：芦丁标准品，磷酸（AR），甲醇（色谱纯）。

【实验步骤】

（1）流动相的准备

准备所需的流动相甲醇和 0.3%磷酸水溶液，将其分别用有机滤膜和水膜过滤，再以 80∶40（体积比）的比例混溶，然后超声脱气。

（2）标准溶液的配制

精确称取经 105℃干燥恒重的芦丁标准品 15.0mg，加甲醇溶解并定容至 100mL，配成 150μg·mL^{-1}的芦丁标准溶液。在 5 只 10mL 容量瓶中，分别加入一定量的 150μg·mL^{-1}的芦丁标准溶液，以甲醇定容至刻度线，摇匀，得到 15μg·mL^{-1}、30μg·mL^{-1}、45μg·mL^{-1}、60μg·mL^{-1}和 75μg·mL^{-1}标准液浓度。

（3）样品溶液的配制

取合适量的样品，在甲醇里溶解，用容量瓶定容，最后用有机滤膜过滤，备用。

（4）样品的测定

① 开机，色谱柱平衡

当溶液配制完成后，依次打开高效液相色谱仪各部件电源、电脑电源，打开软件等待仪器自检。自检完成后设定流动相流速为 0.2mL·min^{-1}，连接好色谱柱，逐渐升高流速至 1.0mL·min^{-1}，设定检测条件，待色谱柱平衡。

色谱分离条件：

色谱柱：CLC-ODS，6mm×150mm，5μm；流动相：0.3%磷酸水溶液∶甲醇（V∶V）= 40∶80，临用前用超声波脱气；流速：1mL·min^{-1}；柱温：40℃；检测波长：360nm；进样量：10μL。

② 基线的查看

由于仪器内部压力的变化可以引起基线的不断波动，因此，须等待压力稳定、基线平稳后才能进行进样。

③ 标准曲线的绘制

用微量注射器准确抽取 10μL 溶液，注入进样口。注意不要将气泡抽入针筒。将微量注射器的针头插入注射器的孔时，打开微量注射器阀，将溶液注射进去后，迅速关闭阀门，抽出针头，等待仪器的分析结果，记录下出峰的保留时间 t_R 和峰面积 A 值。在相同的色谱条件下，分别测定各标准溶液。根据标准溶液的浓度 C 与对应的峰面积 A 值，绘制 A-C 标准曲线图，列出标准曲线方程。

表 3.3　芸香苷浓度与峰面积关系

浓度/μg·mL^{-1}	15	30	45	60	75
标准溶液体积/mL	1	2	3	4	5
峰面积					

④ 未知浓度样品的测定

将芸香苷待测液在同样条件下测定，根据测得的保留时间确定样品峰，再根据峰面积利用标准曲线方程计算出未知液样品的浓度（表 3.3）。

⑤ 色谱柱的清洗

分析工作结束后，要清洗进样阀中的残留样品，也要用适当的液体来清洗色谱柱。

⑥ 关机

实验完毕后，拆下色谱柱，关闭软件，再关闭仪器和电脑。

【数据记录与处理】

（1）计算未知样浓度。

（2）绘制标准曲线。

【注意事项】

（1）注意进样注射器的选择，应选用平头的注射器。

（2）实验过程中要注意仪器在运行中不能进入气体，气泡会使压力不稳，重现性差，所以在使用过程中要尽量避免产生气泡。

（3）每次做完样品后应该用溶解样品的溶剂清洗进样器。

（4）为保护泵和色谱柱，流动相的浓度和流速不可以太高。

【思考题】

（1）试述高效液相色谱外标法定量的优点。

（2）高效液相色谱法流动相选择依据是什么？

实验 3.2.3　反相液相色谱法测定粮食样品中三氟羧草醚的含量

【实验目的】

（1）学会从粮食样品中提取三氟羧草醚的方法。

（2）掌握反相色谱的原理，了解高效液相色谱仪的主要部件及其作用。

（3）通过制作标准曲线，学习定量分析的方法。

（4）学习利用高效液相色谱工作站控制仪器及其对实验数据的处理。

【实验原理】

三氟羧草醚是由美孚和罗姆哈斯公司于 1975 年推出的一种选择性的广谱苗前苗后除草剂，用作大豆、花生等作物的田间除草剂，在我国已投入生产，结构如图 3.9 所示。

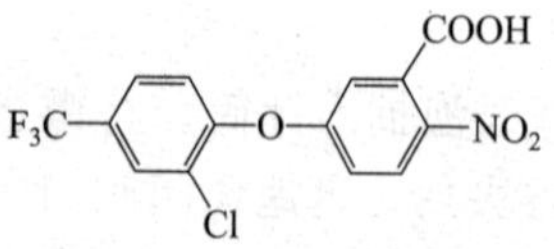

图 3.9　三氟羧草醚的结构

【仪器与试剂】

仪器：高效液相色谱仪，紫外检测器（检测波长：290nm），ODS 色谱柱（n-C_{18} 柱），微量注射器，超声波处理器，抽滤装置一套，磁力搅拌器，0.45μm 滤头，10mL 容量瓶 6 个，1mL 移液管（2 支），50mL 烧杯。

试剂：甲酸、甲醇、乙腈均为色谱纯，超纯水（$18M\Omega \cdot cm^{-1}$），三氟羧草醚标准品，玉米粉。

【实验步骤】

（1）样品的准备：取 1g 玉米粉放入 100mL 烧杯中，加入 15mL 甲醇和 15mL 蒸馏水，并加入 2 滴甲酸在磁力搅拌器上搅拌 30min，过滤，并用 50% 甲醇水溶液定容至 50mL，用 0.45μm 滤头过滤，待测。

(2) 三氟羧草醚标准储备溶液（$1mg \cdot mL^{-1}$）：准确称取 1.0g 三氟羧草醚，用少量甲醇溶解，加入 1 滴甲酸，用蒸馏水定容至 1000mL。

(3) 三氟羧草醚标准工作曲线：用移液管准确移取一定量的三氟羧草醚标准储备溶液，分别放入 10mL 容量瓶中，用蒸馏水稀释至刻度，其浓度分别为 $100\mu g \cdot L^{-1}$、$500\mu g \cdot L^{-1}$、$1000\mu g \cdot L^{-1}$、$2000\mu g \cdot L^{-1}$、$2000\mu g \cdot L^{-1}$，然后将这些溶液脱气过滤。

(4) 将实验使用的流动相进行过滤和脱气处理。

(5) 开机，依次打开泵、检测器、系统控制器、工作站。色谱条件如下：检测器波长 290nm；流动相配比为：乙腈-水-甲酸（600：400：1.0，体积比）；流动相流速 $1mg \cdot mL^{-1}$；柱温：常温。

(6) 标准工作曲线的绘制：待基线走直后，用各浓度标准工作溶液 25μL 依次进样（比定量进样管多 5μL），记录峰面积和保留时间的数据，每份标准溶液进样两次，取平均值，要求两次峰面积数据基本一致。

(7) 样品测定：取待测样品 25μL 进样，记录峰面积和保留时间的数据，重复两次，取平均值，要求两次峰面积数据基本一致。

(8) 实验完毕，清洗系统后，关机。

【数据记录与处理】

(1) 根据实验数据，绘制三氟羧草醚浓度和峰面积的标准工作曲线。

(2) 从样品色谱图上找出三氟羧草醚的峰。根据样品色谱图三氟羧草醚的峰面积及标准工作曲线，计算三氟羧草醚的含量。

【注意事项】

(1) 由于该实验的样品较为复杂，做完实验后应仔细清洗色谱柱。否则，样品中的杂质会积存在色谱柱内，影响色谱柱的寿命。

(2) 所有样品用后均应保存在冰箱内。

【思考题】

(1) 加入草酸的目的是什么？

(2) 如本实验标准工作曲线是用色谱峰高对三氟羧草醚浓度作图，定量的结果是否准确？为什么？

3.3 离子色谱法

3.3.1 基本原理

离子色谱法是在离子交换色谱法的基础上于 20 世纪 70 年代中期发展起来的液相色谱，并快速发展成为水溶液中阴离子分析的最佳方法。该方法利用离子交换树脂为固定相，电解质溶液为流动相，通常用电导检测器作为通用检测器，为了消除流动相中强电解质背景离子对电导检测器的干扰，设置了抑制柱。

比如分析阴离子时，以碱为流动相，抑制柱为高容量的强酸性阳离子交换树脂，则发生下列反应：

$$R^+OH^- + NaBr\ (待测物) —— R^+Br^- + NaOH$$
$$R^+Br^- + NaOH\ (流动相) —— R^+OH^- + NaBr$$

从分离柱出来：NaOH，NaBr

因此分析时就面临着以下问题：OH^-浓度要比试样阴离子浓度（Br^-）大得多，试样进入洗脱液引起电导的改变非常小，由电导检测器直接测定试样中阴离子的灵敏度极差。

因此为了消除高背景流动相对检测器的影响，1975 年 Small 提出，在离子交换柱之后，再串结一根填充有高容量 R-H 型阳离子交换树脂的抑制柱，该柱装填与分离柱电荷完全相反的离子交换树脂。

$$R\text{-}H + NaBr —— R\text{-}Na + HBr$$
$$R\text{-}H + NaOH —— R\text{-}Na + H_2O$$

其结果是通过分离柱后的样品再经过抑制柱，使具有高背景电导的流动相洗脱液（NaOH）变成水，因此流动相就转变成电导值很小的水，试样阴离子转变成相应的酸，由于 H^+ 的离子淌度 7 倍于 Na^+，这样就消除了本底背景电导的影响，大大提高了所测离子的检测灵敏度，从而可用电导检测器检测各种离子的含量。

3.3.2 离子色谱仪的结构及组成

离子色谱仪主要由淋洗液容器、高压输液泵、进样器、分离柱、抑制柱和检测器组成。仪器结构示意简图见图 3.10。

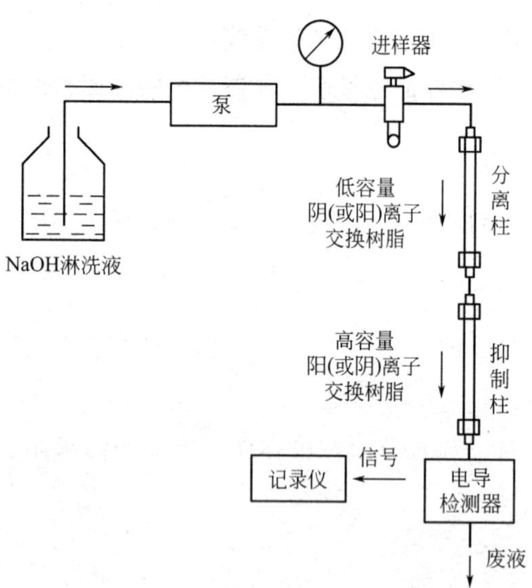

图 3.10 离子色谱仪的结构示意图

具体介绍如下：

① 离子色谱常用的阴离子流动相是氢氧化钠、碳酸氢钠、乙二胺四乙酸等；常用的阳离子流动相是盐酸、硝酸、甲烷磺酸等。但在分析复杂组分时，采用单一固定的流动相难以达到快速分析和良好分离的目的，因此可选择不同体积比例的多相流动相进行混合梯度洗脱。

② 分离柱装有离子交换树脂，如阳离子交换树脂、阴离子交换树脂或螯合离子交换树脂。为了减小扩散阻力，提高色谱分离效率，要使用均匀粒度的小球形树脂。最常用的阳离子交换树脂是在有机聚合物分子（如苯乙烯-二乙烯基苯共聚物）上连接磺酸基官能团（$—SO_3H$）。最常用的阴离子交换剂是在有机聚合物分子上连接季铵官能团（$—N^+R_4$）。这些都是常规高交换容量的离子交换树脂，由于它们的传质速度低，使柱效和分离速度都低。

③ 抑制柱和柱后衍生作用。常用的检测器不仅能检测样品离子，而且也对移动相中的离子有响应，所以必须消除移动相离子的干扰。在离子色谱中，消除（抑制）移动相离子干扰的常用方法有两种。在装有强酸性阳离子交换树脂的柱中进行抑制反应，使用一段时间后，这种树脂就需要再生，很不方便。改用连接有磺酸基（$—SO_3H$）的离子交换膜（阳离

子交换膜）或用连接有氨基（—NH_4）的离子交换膜（阴离子交换膜），就可以连续进行抑制反应。

④ 电导检测器为离子色谱通用型检测器，这种检测器对分子不响应，如水、乙醇或者不离解的弱酸分子等。并结合计算机控制，具有自动校正零点和进行温度补偿等功能。

3.3.3　离子色谱的应用

离子色谱主要用于测定各种离子的含量，特别适于测定水溶液中低浓度的阴离子，例如饮用水水质分析、高纯水的离子分析、矿泉水、雨水、各种废水和电厂水的分析、纸浆和漂白液的分析、食品分析、生物体液（尿和血等）中的离子测定，以及钢铁工业、环境保护等方面的应用。应用范围也从阴离子（F^-，Cl^-，Br^-，NO_2^-，PO_4^{3-}，NO_3^-，SO_4^{2-}，甲酸，乙酸，草酸）到扩展金属阳离子（Li^+，Na^+，NH^{4+}，K^+，Ca^{2+}，Mg^{2+}，Cu^{2+}，Zn^{2+}，Fe^{2+}，Fe^{3+}），从有机阳离子到糖类、氨基酸、核苷酸等也可用离子色谱法进行分析，因此离子色谱在食品、卫生、石油化工、水及地质等领域也有广泛的应用。

3.3.4　实验技术

实验3.3.1　离子色谱测定矿泉水中阴离子（F^-、Cl^-、NO_3^-、SO_4^{2-}）

【实验目的】

（1）了解离子色谱法的特点和用途。

（2）掌握用离子色谱法测定无机阴离子的方法。

【实验原理】

离子交换色谱是以低交换容量的离子交换树脂为固定相，水的碱性或酸性溶液为流动相，根据样品离子与固定相之间离子交换系数的不同，对水中易解离的有机及无机阴/阳离子进行分析，在采用电导检测器时，须在分析柱后加装填有高交换容量的离子交换树脂抑制柱，以消除流动相及样品中的其他离子给检测带来的影响。

样品注入仪器后，在淋洗液（碳酸盐-碳酸氢钠水溶液）的携带下流经阴离子分析柱（装有阴离子交换树脂）。由于水样中各阴离子与分析柱中阴离子交换树脂的亲和力不同，移动速度不同，彼此得以分离。同时，样品阴离子也转化成相应的酸，使背景电导降低，最后通过检测器，依次得到 F^-、Cl^-、NO_3^- 和 SO_4^{2-} 的电导信号值（峰高或者峰面积）。通过与标准品比较，可做定性和定量分析。

【仪器与试剂】

仪器：离子色谱仪，阴离子分析柱，阴离子保护柱，阴离子抑制柱，电导检测器，微量注射器，超声波处理器，抽滤装置一套，0.45μm 滤头，10 L 容量瓶 1 个，1000mL 容量瓶 6 个，1mL 和 25mL 移液管各 1 支。

试剂和溶液：如下。

（1）淋洗储备液（$c_{NaHCO_3}=0.03mol \cdot L^{-1}$，$c_{Na_2CO_3}=0.025mol \cdot L^{-1}$）：称取 2.52g 碳酸氢钠和 2.65g 无水碳酸钠，共溶于少量水中，在 1000mL 的容量瓶中定容。储存于聚乙烯瓶中，放入冰箱保存。

（2）淋洗液（$c_{NaHCO_3}=0.003mol \cdot L^{-1}$，$c_{Na_2CO_3}=0.0025mol \cdot L^{-1}$）：量取 200mL 淋

洗储备液，用水稀释至2000mL。

(3) 再生液（$c_{H_2SO_4}=0.0125mol \cdot L^{-1}$）：吸取6.9mL浓硫酸，在不断搅拌下缓慢加入100mL水中，稀释至10L。储存于聚乙烯瓶中。

(4) F^-标准储备液（$1.000mg \cdot mL^{-1}$）：称取2.210g在干燥瓶中干燥过的氟化钠，溶于少量淋洗液中，移入1000mL容量瓶，用淋洗液定容。储存于聚乙烯瓶中，放入冰箱内保存。

(5) Cl^-标准储备液（$1.000mg \cdot mL^{-1}$）：称取1.648g于500～600℃烧至恒重的氯化钠，溶于少量淋洗液中，移入1000mL容量瓶，用淋洗液定容。储存于聚乙烯瓶中，放入冰箱内保存。

(6) NO_3^-标准储备液（$1.000mg \cdot mL^{-1}$）：称取1.631g于120～130℃烧至恒重的硝酸钾，溶于少量淋洗液中，移入1000mL容量瓶，用淋洗液定容。储存于聚乙烯瓶中，放入冰箱内保存。

(7) SO_4^{2-}标准储备液（$1.000mg \cdot mL^{-1}$）：称取1.841g于105℃干燥过2h至恒重的硫酸钾，溶于少量淋洗液中，移入1000mL容量瓶，用淋洗液定容。储存于聚乙烯瓶中，放入冰箱内保存。

(8) 混合标准使用液：分别吸取已放置至室温的氟化物离子、氯化物离子、硝酸盐和硫酸盐标准储备液2.0mL、24.0mL、20.0mL、24.0mL置于1000mL容量瓶中，用淋洗液定容。此溶液中氟化物离子、氯化物离子、硝酸盐离子和硫酸盐离子的质量浓度分别为$2.00\mu g \cdot mL^{-1}$、$24.0\mu g \cdot mL^{-1}$、$20.0\mu g \cdot mL^{-1}$和$24.0\mu g \cdot mL^{-1}$。

【实验步骤】

(1) 水样的预处理

吸取9.00mL水样置于10mL具塞的比色管中，加淋洗储备液1.00mL，摇匀，待测。

(2) 色谱条件

柱温：室温；淋洗液流量：$2.0mL \cdot min^{-1}$；进样量：$100\mu L$。

(3) 样品分析

① 定性分析：用注射器分别注入100mL F^-、Cl^-、NO_3^-和SO_4^{2-}标准储备液，记录色谱图及各自的保留时间。再用注射器分别注入$1\mu L$待测试样，根据色谱图中保留时间确定离子的种类和出峰顺序。

② 定量分析：测定各离子对应峰面积，同外标法定量。

标准曲线的绘制：分别吸取0、2.50mL、5.00mL、10.00mL、25.00mL、50.00mL混合标准使用液置于6个100mL容量瓶中，用淋洗液定容，摇匀。所配制标准系列中各离子质量浓度如表3.4所示。

表3.4　标准系列中各离子的质量浓度

离子 X^{Z-}	$c_{(X^{Z-})}/mg \cdot mL^{-1}$					
F^-	0.00	0.05	0.10	0.20	0.50	1.00
Cl^-	0.00	0.60	1.20	2.40	6.00	12.0
NO_3^-	0.00	0.50	1.00	2.00	5.00	10.0
SO_4^{2-}	0.00	0.60	1.20	2.40	6.00	12.0

【数据记录与处理】

(1) 以质量浓度为横坐标，测得的峰高或峰面积为纵坐标，分别绘制F^-、Cl^-、NO_3^-

和 SO_4^{2-} 的校正曲线。

（2）按下式计算各离子含量：

$$c_{(X^{z-})}=c_1/0.9 \tag{3.16}$$

式中，$c_{(X^{z-})}$ 为水样中 F^-、Cl^-、NO_3^- 和 SO_4^{2-} 的质量浓度，mg·L^{-1}；c_1 为从标准曲线上查得的试样中 F^-、Cl^-、NO_3^- 和 SO_4^{2-} 的质量浓度，mg·L^{-1}；0.9 为稀释水样的校正系数。

【注意事项】

（1）正确配制淋洗液。

（2）实验完毕，用淋洗液洗涤色谱柱后，须用再生液再生色谱柱。

【思考题】

离子色谱分析样品中离子的优点。

实验 3.3.2　离子色谱法测定蔬菜中硝酸盐和亚硝酸盐

【实验目的】

（1）了解离子色谱法的特点和用途。

（2）掌握用离子色谱法测定蔬菜中硝酸盐和亚硝酸盐的方法。

【实验原理】

食品中的亚硝胺是强致癌物，并能通过胎盘和乳汁引发后代肿瘤。其前体包括硝酸盐和亚硝酸盐。同时由于氮肥的广泛使用，使蔬菜中硝酸盐残留量过大。中国已对无公害蔬菜中的亚硝酸盐和硝酸盐含量提出明确的限量标准，亚硝酸盐≤4.0mg·kg^{-1}；硝酸盐≤3000mg·kg^{-1}（叶菜类）。目前适用于蔬菜中硝酸盐和亚硝酸盐的检测方法主要有比色法、电极法等，本实验采用离子色谱法测定蔬菜中硝酸盐和亚硝酸盐的含量。

【仪器与试剂】

仪器：离子色谱仪，阴离子分析柱，阴离子保护柱，阴离子抑制柱，电导检测器，微量注射器，石墨化炭黑柱（ENVI-CARB）（Supelco）C_{18}柱（Kromasi），超声波处理器，高速离心机，0.45μm 滤头，1000mL 容量瓶 4 个。

试剂和溶液如下。

（1）淋洗储备液（3.5mmol·L^{-1}的 Na_2CO_3 +1.0mmol·L^{-1}的 $NaHCO_3$ 混合液）：称取 0.378g 碳酸氢钠和 0.084g 无水碳酸钠，共溶于少量水中，在 1000mL 的容量瓶中定容。储存于聚乙烯瓶中，放入冰箱保存。

（2）NaOH 溶液（0.01mol·L^{-1}）：称取 0.4g 氢氧化钠，共溶于少量水中，在 1000mL 的容量瓶中定容。储存于聚乙烯瓶中，放入冰箱保存。

（3）亚硝酸盐标准溶液（10mg·L^{-1}）：称取 10mg 亚硝酸钠，共溶于少量水中，在 1000mL 的容量瓶中定容。储存于聚乙烯瓶中，放入冰箱保存。

（4）硝酸盐标准溶液（100mg·L^{-1}）：称取 100mg 硝酸钠，共溶于少量水中，定容到 1000mL 的容量瓶中。储存于聚乙烯瓶中，放入冰箱保存。

NaOH、Na_2CO_3、$NaHCO_3$ 均为分析纯试剂。

【实验步骤】

（1）样品的预处理

① 称取新鲜蔬菜样品 5g 置于研钵中，研磨匀浆，用 25mL 浓度为 0.01mol・L^{-1} NaOH 溶液洗入有盖锥形瓶中，在超声条件下提取 10min。

② 静置，倾取上清液于离心管中，在转速为 5000r・min^{-1}的条件下，离心分离 15min，备用。

③ 将石墨化炭黑柱（ENVI-CARB）（Supelco）用 5mL 纯水洗涤后，将样品上清液过柱，弃去前 5mL 流出液，收集后 5mL 样品溶液，10 倍稀释后经 0.45μm 滤头过滤，进样分析。

（2）色谱条件

柱温：25℃；淋洗液流量：1.2mL・min^{-1}；进样量：25μL。

（3）样品分析

① 定性分析：用注射器分别注入 25μL 亚硝酸盐标准溶液（10mg・L^{-1}）和硝酸盐标准溶液（100mg・L^{-1}），记录色谱图及各自的保留时间。再用注射器分别注入 1μL 待测试样，根据色谱图中保留时间确定离子的种类和出峰顺序。

② 定量分析：用注射器分别注入 25μL 操作步骤 1 的样品，记录样品峰的保留时间和峰面积，用外标法定量。

【注意事项】

（1）正确处理样品和配制淋洗液。

（2）硝酸盐和亚硝酸盐标准溶液应准确配制。

（3）实验完毕，用淋洗液洗涤色谱柱后，须用再生液再生色谱柱。

【思考题】

石墨化炭黑柱处理样品起到什么作用？

实验 3.3.3　离子色谱法同时测定中草药黄芪中磷硫含量

【实验目的】

（1）了解离子色谱法的特点和用途。

（2）掌握用离子色谱法测定中草药中磷硫含量的方法。

【实验原理】

中药材化学成分复杂，其药效往往是多种活性成分共同作用的结果，现代中医理论认为中药的药效不仅同药材的有机成分有关，也与无机离子有关。目前，对中药中无机阳离子分析居多，而对无机阴离子的研究较少。离子色谱法测定无机阴离子的方法，在环境、食品、药物等领域得到了广泛的应用。磷和硫是中药材中常见的元素，硫元素的测定方法主要有重量法、电位滴定法、ICP-AES 法等，磷元素测定方法主要为钼酸铵分光光度法。本实验在中草药中加入 Na_2O_2，通过氧瓶燃烧法处理，样品中的硫和磷元素转变成硫酸根和磷酸根，解决了常规氧瓶燃烧法称样量少的问题，实现了磷和硫元素的同时测定。

【仪器与试剂】

仪器：离子色谱仪，AS14 阴离子分析柱，AG15 阴离子保护柱，阴离子抑制柱，WLK-6A 电化学再生抑制器，电导检测器，0.45μm 微孔滤膜，500mL 带铂丝石英氧瓶燃烧装置，微量注射器，100mL 容量瓶 11 个。

试剂：无水 K_2SO_4（优级纯），无水 Na_2HPO_4，30% H_2O_2，无水 Na_2CO_3，

$NaHCO_3$，Na_2O_2（分析纯），定量滤纸。

标准储备液用无水 K_2SO_4 和无水 Na_2HPO_4 配制。分别配制 $10\mu g \cdot mL^{-1}$、$20\mu g \cdot mL^{-1}$、$30\mu g \cdot mL^{-1}$、$40\mu g \cdot mL^{-1}$、$50\mu g \cdot mL^{-1}$、$60\mu g \cdot mL^{-1}$ 的 SO_4^{2-} 标准溶液和浓度为 $20\mu g \cdot mL^{-1}$、$40\mu g \cdot mL^{-1}$、$60\mu g \cdot mL^{-1}$、$80\mu g \cdot mL^{-1}$、$100\mu g \cdot mL^{-1}$ 的 PO_4^{3-} 标准溶液。

【实验步骤】

（1）样品的预处理

① 黄芪从市场购买，经粉碎，过 70μm 筛后，80℃烘干 4h。

② 称取一定量的样品，加入一定量的过氧化钠，用剪成方形（30mm×30mm）的定量滤纸包裹好，留出引火纸条，放置于铂丝上。

③ 在氧瓶中加入一定量的 H_2O_2 作为吸收液之后，急速通氧 1min，将引火纸条点燃，放入氧瓶之中，磨口处用水液封，待燃烧完全，晃动氧瓶，使铂丝落入吸收液之中。

④ 然后把氧瓶置于振荡器上，振荡 30min 左右，使吸收完全（没有烟雾残留）。然后取下，用去离子水将瓶塞上残留的溶液洗下，加热煮沸约 10min，冷却。

⑤ 定容至 100mL，待用，同时做样品空白。

（2）离子色谱条件

柱温：30℃；进样量：25μL；淋洗液：$1.8mmol \cdot L^{-1}$ Na_2CO_3 和 $1.7mmol \cdot L^{-1}$ $NaHCO_3$ 等体积混合溶液；淋洗液流量：$1.2mL \cdot min^{-1}$；抑制器再生模式为外加水电抑制，抑制电流为 30mA；电导检测器检测；以峰面积定量。

（3）样品分析

① 分别取一系列浓度的 SO_4^{2-} 标准溶液和 PO_4^{3-} 标准溶液 25μL 进样，记录下 SO_4^{2-} 和 PO_4^{3-} 的保留时间，并分别作峰面积与浓度之间的线性关系图。

② 取黄芪待测溶液 25μL 进样，分别记下 SO_4^{2-} 和 PO_4^{3-} 的保留时间，同法测定三次，分别记录峰面积，从线性 SO_4^{2-} 标准溶液和 PO_4^{3-} 标准溶液的峰面积与浓度之间的线性关系图上查得黄芪中 SO_4^{2-} 和 PO_4^{3-} 的浓度，并取平均值。

【注意事项】

（1）正确处理样品和配制淋洗液。

（2）SO_4^{2-} 和 PO_4^{3-} 的标准溶液应准确配制。

（3）实验完毕，用淋洗液洗涤色谱柱后，须用再生液再生色谱柱。

【思考题】

为什么要用氧瓶燃烧法处理样品？

第4章

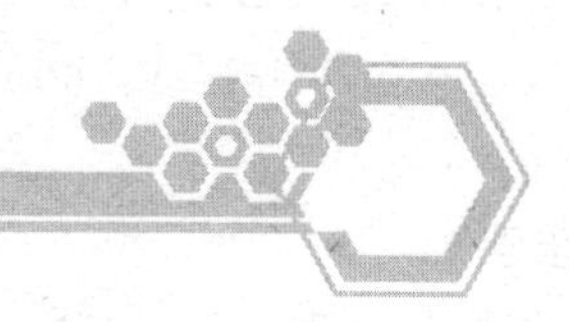

原子光谱分析法

4.1 原子发射光谱法

4.1.1 基本原理

原子发射光谱法（atomic emission spectroscopy, AES），是根据处于激发态的待测元素原子回到基态时发射的特征谱线对待测元素进行分析的方法。在正常状态下，原子处于基态，原子在受到热（火焰）或电（电火花）激发时，由基态跃迁到激发态，返回到基态时，发射出特征光谱（线状光谱）。由于待测元素原子的能级结构不同，因此发射谱线的特征不同，据此可对样品进行定性分析；而待测元素原子的浓度不同，因此发射强度不同，可实现元素的定量测定。

4.1.1.1 原子光谱的产生

（1）基态

在正常的情况下，原子处于稳定状态，它的能量是最低的，这种状态称为基态。

（2）激发态

当原子受到能量（如热能、电能等）的作用时，原子由于与高速运动的气态粒子和电子相互碰撞而获得了能量，使原子中外层的电子从基态跃迁到更高的能级上，这种状态称为激发态。

（3）激发电位

电子从基态跃迁至激发态所需的能量称为激发电位。

（4）电离

当外加的能量足够大时，原子中的电子脱离原子核的束缚力，使原子成为离子，这种过程称为电离。原子失去一个电子成为离子时所需要的能量称为一级电离电位。离子中的外层电子也能被激发，其所需的能量即为相应离子的激发电位。

原子光谱的产生见图 4.1。

4.1.1.2 能量与光谱

处于激发态的原子是十分不稳定的，在极短的时间内（10^{-8}s）跃迁至基态或其他较低的能级上。在原子从较高能级跃迁到基态或其他较低的能级的过程中，将释放出多余的能量，这种能量是以一定波长的电磁波的形式辐射出去的，其辐射的能量可用下式表示：

$$\Delta E = E_2 - E_1 = h\nu = hc/\lambda \tag{4.1}$$

式中，E_1、E_2 分别为高能级、低能级的能量，通常以电子伏为单位；h 为普朗克常数

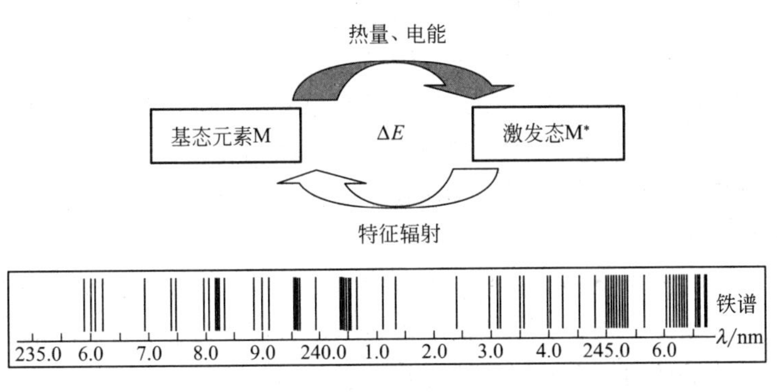

图 4.1 原子光谱的产生

(6.6256×10^{-34}J·s)；ν 及 λ 分别为所发射电磁波的频率及波长；c 为光在真空中的速率，等于 2.997925×10^{10}cm·s^{-1}。

从式(4.1) 可见，每一条发射的谱线的波长，取决于跃迁前后两个能级之差。由于原子的能级很多，原子在被激发后，其外层电子可有不同的跃迁，但这些跃迁应遵循一定的规则（即“光谱选律”），因此特定元素的原子可产生一系列不同波长的特征光谱线(或光谱线组)，这些谱线按一定的顺序排列，并保持一定的强度比例（见图 4.1)。原子的各个能级是不连续的（量子化)，电子的跃迁也是不连续的，这就是原子光谱是线状光谱的根本原因。

光谱分析就是从识别这些元素的特征光谱来鉴别元素的存在（定性分析)，而这些光谱线的强度又与试样中该元素的含量有关，因此又可利用这些谱线的强度来测定元素的含量(定量分析)。这就是发射光谱分析的基本依据。应注意，一般所称“光谱分析”，就是指发射光谱分析，或更确切地讲是“原子发射光谱”，因此如前所述，它是根据物质中不同原子的能级跃迁所产生的光谱线来研究物质的化学组成的。

根据前述可知发射光谱分析的过程可如下进行，第一步由光源提供能量使样品蒸发、形成气态原子、并进一步使气态原子激发而产生光辐射；第二步将光源发出的复合光经单色器分解成按波长顺序排列的谱线，形成光谱；第三步用检测器检测光谱中谱线的波长和强度。

4.1.2 原子发射光谱仪的构成及使用

光谱分析的仪器设备主要由光源、分光系统（光谱仪）及观测系统组成。

作为光谱分析用的光源对试样都具有两个作用。首先，把试样中的组分蒸发解离为气态原子，然后使这些气态离子激发，使之产生特征光谱。因此光源的主要作用是对试样的蒸发和激发提供所需的能量。

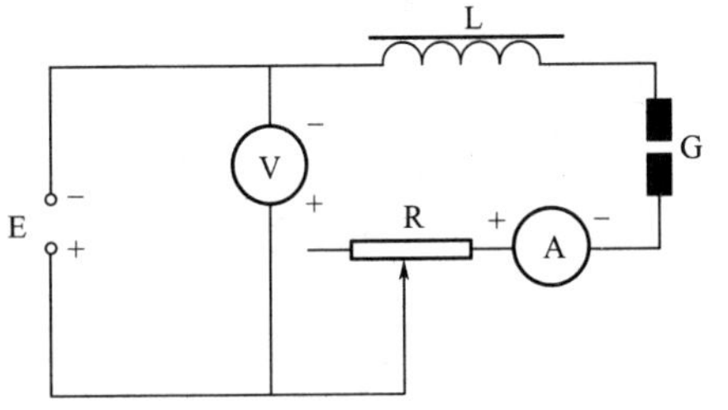

图 4.2 直流电弧发生器的电路图

E—直流电源；V—直流电压表；L—电感；R—镇流电阻；A—直流电流表；G—分析间隙

4.1.2.1 光源

4.1.2.1.1 直流电弧

(1) 直流电弧发生器的工作原理

直流电弧发生器的电路图如图 4.2 所示。可用两种方法引燃电弧：一种是在接通电源后使上下电极接触短路引弧；另一种是用高频引弧。燃弧产生的热电子在通过分析间隙 G 飞向阳极的过程中被加速，其撞击在阳极上，形成炽热的阳极斑，温度可达 3800K，使试样蒸发和原子化。电子流过分析间隙时，使蒸气中的气体分子和原子电离，产生的正离子撞击阴极又使阴极发射电子，这个过程反复进行，维持电弧不灭。在电弧内，原子与电弧中其他粒子碰撞受到激发而发射出光谱。

（2）直流电弧的放电特性

弧焰中心的温度约为 5000～7000K，由弧中心沿半径向外弧温逐渐下降。弧温与弧焰组成有密切的关系，这取决于弧焰中气体的电离电位与浓度。当有几个元素同时存在于弧焰中时，主要受电离电位最低的那个元素的浓度控制。当在电弧中引入大量低电离电位元素时，弧柱内电子浓度增大，电阻减小，输入电弧的能量减小。这是因为在给定的电弧电流下，能量消耗正比于电阻。随着输入能量减小，导致弧温下降。弧温随电弧电流改变不明显，这是因为电流增大，弧柱变宽，单位弧柱体积的能量消耗保持相对稳定。

直流直弧放电的功率正比于分析间隙的弧柱长度及电流强度。因此，在分析中应严格控制电极间距不变。提高放电功率，可以提高电极温度。

原子发射光谱的分光系统目前分为棱镜和光栅分光系统两种。

（3）直流电弧的分析性能

直流电弧放电时，电极温度高，有利于试样蒸发，分析的灵敏度很高，而且电极温度高，破坏了试样原来的结构，消除了试样组织结构的影响，但对试样的损伤大。直流电弧光谱，除用石墨或炭电极产生氰带光谱外，通常背景比较浅。直流电弧弧柱在电极表面上反复无常地游动，而且有分馏效应，导致取样与弧焰内组成随时间而变化，测定结果重现性差。直流电弧激发时，谱线容易发生自吸。由于上述特性，直流电弧常用于定性分析以及矿石、矿物难熔物质中痕量组分的定量测定。

4.1.2.1.2 低压交流电弧

（1）低压交流电弧发生器的工作原理

低压交流电弧发生器的电路，如图 4.3 所示。低压交流电弧发生器由高频引弧电路（Ⅰ）与低压电弧电路（Ⅱ）组成。外电源电压经变压器 B_1 升至 3000V，向电容器 C_1 充电，通过变阻器 R_2 调节供给变压器初级线圈的电压来调节充电速度。当 C_1 中所充电压达到放电盘 G′的击穿电压时，G′的空气绝缘被击穿，在振荡电路 C_1-L_1-G′中产生高频振荡，高

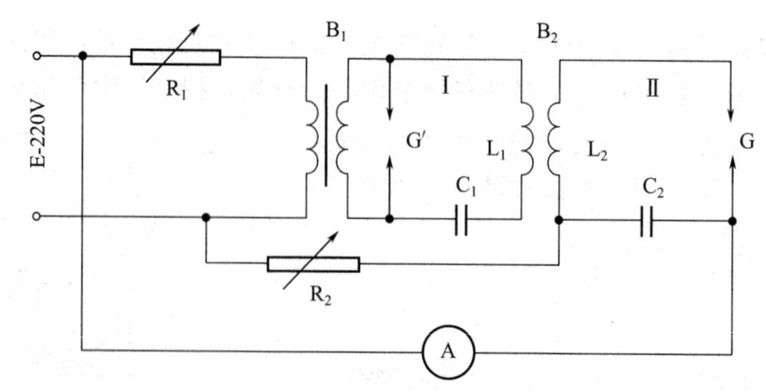

图 4.3 低压交流电弧发生器的电路图

E—交流电源；L_1、L_2—电感；B_1、B_2—变压器；C_1—振荡电容；C_2—旁路电容；R_1、R_2—可变电阻；A—电流表；G—分析间隙；G′—放电盘

频振荡电流经电感 L_1、L_2 耦合到低压电路中。电弧电路中旁路电容 C_2 较小，一般为0.25～0.5μF，对高频电流阻抗很小，这样可以防止高频电路感应过来的高频电流进入低压电弧电路的供电电路。振荡电压经小功率高压变压器进一步升压至10000V，使分析间隙G击穿，低压电流沿着已经造成的游离空气通道，通过G进行弧光放电。随着分析间隙电流增大，出现明显的电压降，当电压降至低于维持放电所需电压时，电弧即熄灭。此时在下半周高频引弧作用下，电弧又重新点燃，这样的过程反复进行，使交流电弧维持不灭。

(2) 交流电弧的放电特性

交流电弧既具有电弧放电特性，又具有火花放电特性。改变电容 C_2 与电感 L_2，可以改变放电特性：增大电容，减小电感，电弧放电向火花放电转变；减小电容，增大电感，电弧放电特性增强，火花放电特性减弱。

(3) 交流电弧的分析性能

直流电弧放电时，电极温度高，有利于试样蒸发，分析的灵敏度很高，而且电极温度高，破坏了试样原来的结构，消除了试样组织结构的影响，但对试样的损伤大。电极温度较低，这是由于交流电弧的间隙性造成的。交流电弧在每半周高频引弧之后，在电压降到不能维持电弧放电时便中断，至下半周再重新被引燃，这样便出现了电弧放电的间隙性。电弧弧温较高，这是因为交流电弧的电弧电流具有脉冲性，电流密度比直流电弧大。稳定性好，交流电弧放电是周期性的，每半周强制引弧，且每次引弧时在电极上有一个新接触点，即一次新的取样，使取样具有良好的代表性，故其精密度比直流电弧好。

交流电弧的分析灵敏度接近直流电弧。由于低压交流电弧具有良好的分析性能，在样品分析中获得了广泛的应用。

4.1.2.1.3　高压火花

(1) 高压火花光源的工作原理

高压火花光源的电路如图4.4所示。图4.4(a)是稳定间隙控制的火花电路。外电流电压经高压变压器T升压至8000～15000V，通过扼流线圈D向电容器C充电。电路中串联了一个距离可以精密调节的控制间隙G′，并联了一个自感线圈L′，由于控制间隙G′比分析间隙G的击穿电压高，电容器C的充电电压取决于G′，当G′击穿时，通过L′向G′放电，产生高频振荡。因为L′有很高的阻抗，使放电电压几乎全部分配在分析间隙G上，致使G被击穿。由于G′的距离是可精密控制的，因此，光源具有良好的稳定性。由于大量能量消耗在分析间隙上，高频振荡很快衰减，当振荡电流中断以后放电停止。在下半周中电容器C又重新充电放电，反复进行以维持电火花持续放电。获得稳定火花放电的另一个方法，是采用旋转间隙控制的火花电路，见图4.4(b)。即在放电电路中串联一个由同步电机带动的断

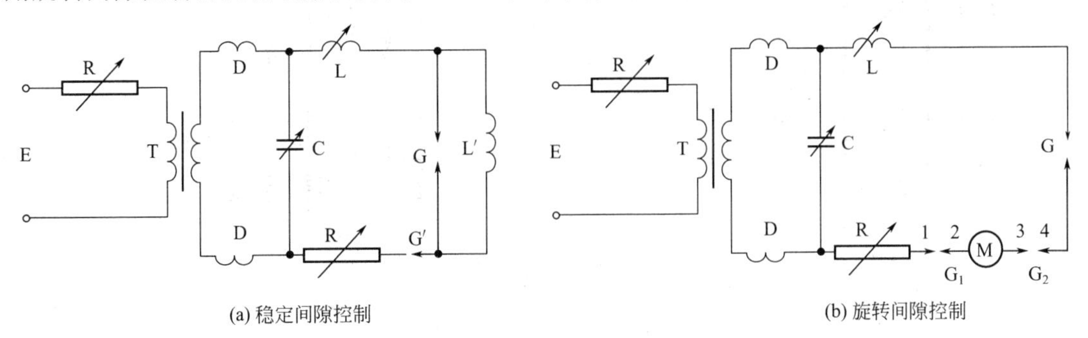

图4.4　高压火花发生器

续器 M，断续器的绝缘圆盘直径两端固定两个钨电极 2 和 3，与这两个电极相对应的固定电极 1 和 4 装置在电火花电路中。圆盘每转 180°，对应的电极趋近一次，电火花电路接通一次，电容器放电，使分析间隙 G 放电。同步电机转速为 50r/s，电火花电路每秒接通 100 次，电源为 50 周波，保证电火花每半周放电一次。控制间隙仅在每交流半周电压最大值的一瞬间放电，从而获得最大的放电能量。

（2）高压火花光源的放电特性

高压火花放电过程分为两个阶段：击穿阶段和电弧阶段或称振荡阶段。击穿时间约 10^{-8}～10^{-7}s，击穿后分析间隙的内阻变得很小，电压迅速下降至 50～100V，电流上升，放电转入电弧阶段。高压火花放电特性取决于放电时释放能量的大小及能量耗散速率。

（3）高压火花放电的分析性能

激发温度很高，能激发激发电位很高的原子线和更多的离子线。电极温度低，每个火花作用于电极上的面积小，时间短，每次放电之后火花随即熄灭，因此电极头灼热不显著。电极温度低，单位时间内进入放电区的试样量少，不适用于粉末和难熔试样的分析，但很适用于分析低熔点金属与合金的丝状、箔状样品。稳定性好，火花放电能精密地加以控制。在紫外区光谱背景较深。电极上被火花冲击的点，快速受热，经过 10^{-3}s 迅速冷却下来，使电极表面层有严重的结构变化，试样表面状况与组分进入放电区的量要经过一段时间之后才能稳定，因此，做定量分析时，需要较长的预燃与曝光时间。此外，分析结果对第三组分的影响比较敏感。

4.1.2.1.4 电感耦合高频等离子体（ICP）焰炬

这是当前发射光谱分析中发展迅速、极受重视的一种新型光源。一般由高频发射器、等离子体炬管和雾化器组成，如图 4.5 所示。

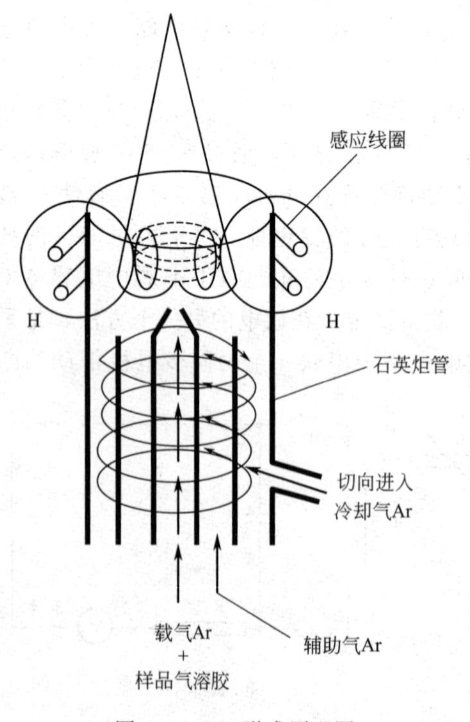

图 4.5 ICP 形成原理图

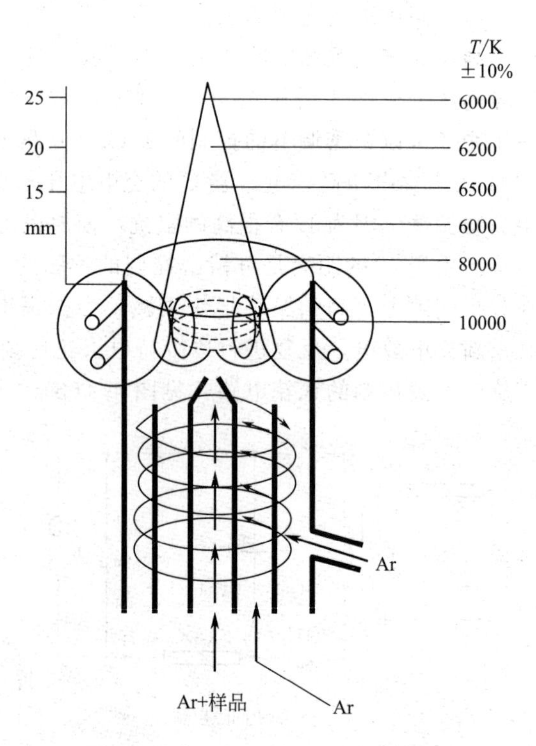

图 4.6 典型 ICP 焰炬的剖面及温度

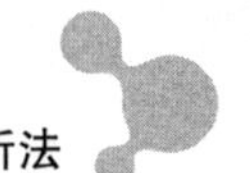

(1) 等离子体

高度电离状态下的气体，其空间电荷密度大体相等，使整个气体呈电中性。

(2) ICP 的工作原理

当感应线圈与高频发生器接通时，高频电流流过负载线圈，并在炬管的轴线方向产生一个高频磁场。若用电火花引燃，管内气体就会有少量电离，电离出来的正离子和电子因受高频磁场的作用而被加速，当其运动途中，与其他分子碰撞时，产生碰撞电离，电子和离子的数目就会急剧增加。此时，在气体中形成能量很大的环形涡流（垂直于管轴方向），这个几百安培的环形涡流瞬间就达到将气体加热到近万度的高温。然后试样气溶胶由喷嘴喷入等离子体中进行蒸发、原子化和激发。

(3) ICP 的分析性能

工作温度高，在等离子体焰核处可达 10000K，中央通道的温度为 6000～8000K（见图 4.6），且又在惰性气体气氛条件下，有利于难溶化合物的分解和难激发元素的激发，因此对大多数元素有很高的灵敏度。不产生谱线吸收现象，线性范围宽。由于电子密度很高，测定碱金属时，电离干扰很小。ICP 是无极放电，没有电极污染。耗样量也少。ICP 以 Ar 为工作气体，由此产生的光谱背景干扰较少。

4.1.2.2 光谱仪（摄谱仪）

光谱仪是将光源发射的电磁辐射经色散后，得到按波长顺序排列的光谱，并对不同波长的辐射进行检测与记录。

按照光谱检测与记录方法的不同，分为看谱法、摄谱法、光电法（见图 4.7）。看谱法是用眼睛来观测谱线强度的方法；摄谱法用照相的方法把光谱记录在感光板上，再经过显影、定影等过程后，制得光谱底片，其上有许多黑度不同的光谱线，然后用影谱仪观察谱线位置及大致强度，进行光谱定性及半定量分析，用测微光度计测量谱线的黑度，进行光谱定量分析；光电法用光电倍增管检测谱线强度。

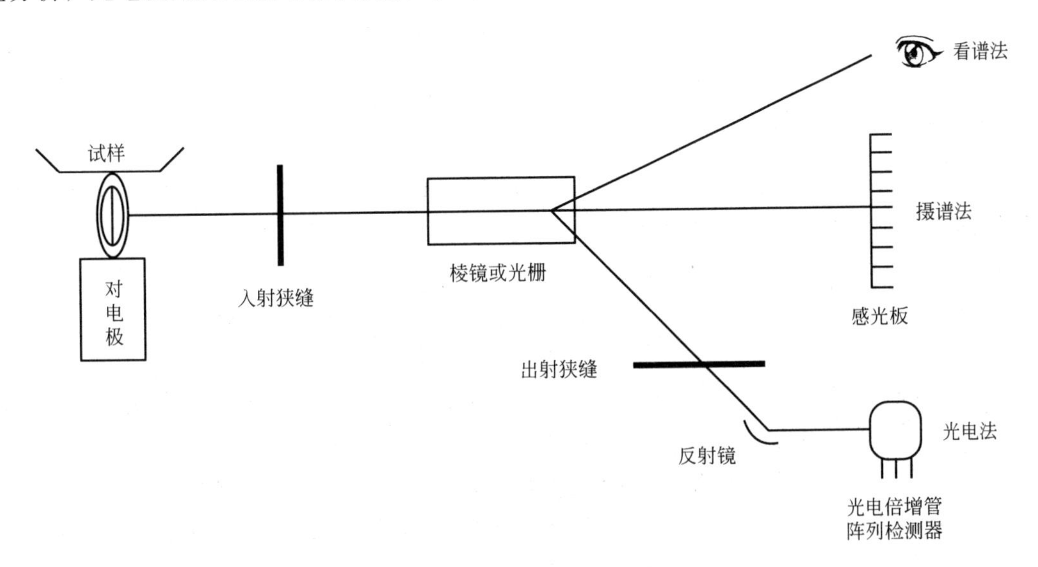

图 4.7 发射光谱分析的看谱法、摄谱法、光电法

光谱仪按照使用色散元件的不同，分为棱镜摄谱仪和光栅摄谱仪。图 4.8 是平面光栅摄

谱仪光路示意图。由照明系统、准光系统、色散系统和投影系统组成。照明系统的作用是依靠聚光镜 L 把光源发出的辐射聚焦于焦平面上并照亮狭缝 S（S 置于 L 的焦平面上），为了均匀照明一般采用三透镜照明系统。准光系统的作用是将通过狭缝后的入射光变成平行光束，照射在棱镜 P 上。色散系统的作用是分光，把照射在它上面的平行光束经色散后变为按波长顺序排列的单色平行光。投影系统的作用是将色散后的单色平行光束聚焦于焦面上，得到按波长顺序排列的光谱。

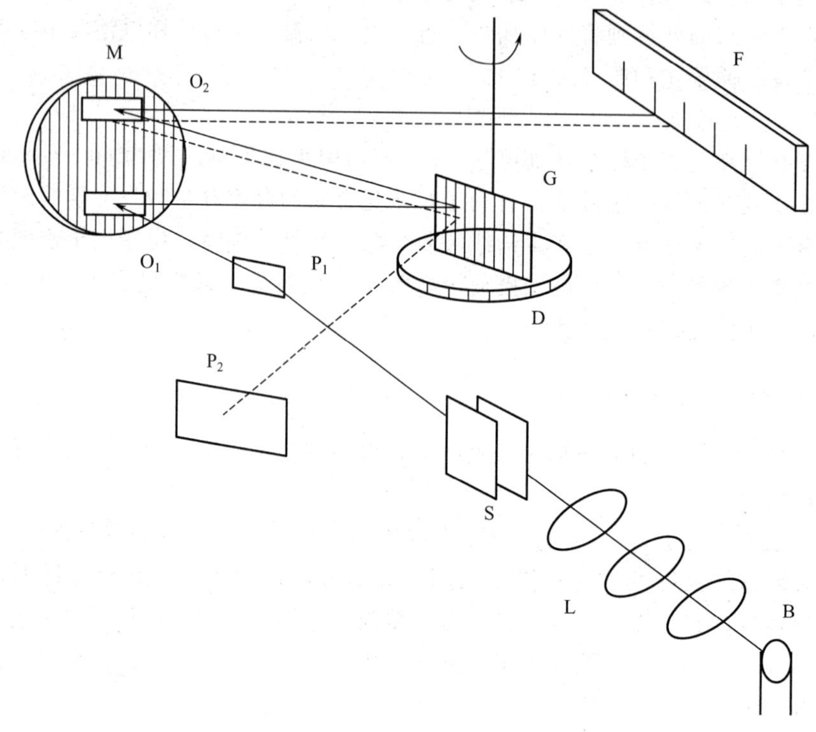

图 4.8　平面光栅摄谱仪光路示意图

4.1.3　光谱定性分析

每一种元素的原子都有它的特征光谱，根据原子光谱中的元素特征谱线就可以确定试样中是否存在被检元素，称为光谱定性分析。

4.1.3.1　基本概念

① 共振线：由激发态直接跃迁至基态时所辐射的谱线。

② 灵敏线：是指各种元素谱线中强度比较大的谱线。通常是最容易激发或激发电位较低的谱线。一般来说灵敏线多是一些共振线。

③ 最后线：最后消失的谱线。无吸收现象时，最后线就是最灵敏线。

④ 自吸：原子在高温时被激发，发射某一波长的谱线，而处于低温状态的同类原子又能吸收这一波长的辐射，这种现象称为自吸现象。元素浓度低时，不出现自吸。随浓度增加，自吸越严重。

⑤ 自蚀：当自吸现象非常严重时，谱线中心的辐射将完全被吸收，这种现象称为自蚀。

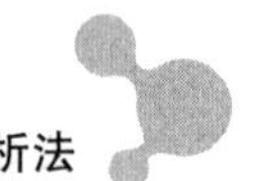

⑥ 分析线：用作鉴定元素存在及测定元素含量的谱线称为分析线。分析线一般是灵敏线或最后线。

4.1.3.2　光谱定性分析的方法

光谱定性分析常采用摄谱法，通过比较试样光谱与纯物质光谱或铁光谱来确定元素的存在。

（1）标准试样光谱比较法

将欲检查元素的纯物质与试样并列摄谱于同一感光板上，在映谱仪上检查试样光谱与纯物质光谱，若试样光谱中出现与纯物质具有相同特征的谱线，表明试样中存在欲检查元素。这种定性方法对少数指定元素的定性鉴定是很方便的。

（2）铁谱比较法

将试样与铁并列摄谱于同一光谱感光板上，然后将试样光谱与铁光谱标准谱图对照，以铁谱线为波长标尺，逐一检查欲检查元素的灵敏线，若试样光谱中的元素谱线与标准谱图中标明的某一元素谱线出现的波长位置相同，表明试样中存在该元素（见图 4.9）。铁谱比较法对同时进行多元素定性鉴定十分方便。

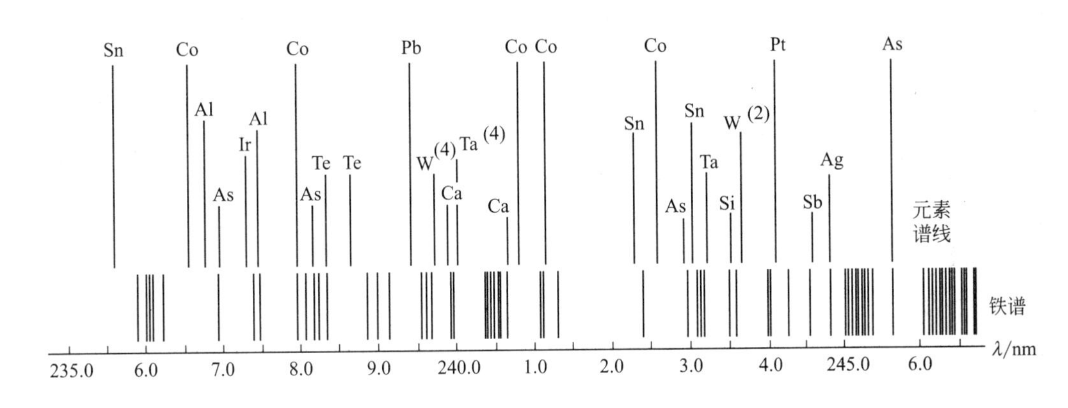

图 4.9　标准光谱图与试样光谱图的比较

此外，还有谱线波长测量法，但此法应用有限。应该注意的是，因为谱线的相互干扰往往是可能发生的，因此，不管采用哪种定性方法，一般说来，至少要有两条灵敏线出现，才可以确认该元素的存在。

4.1.3.3　光谱定性分析的操作过程

光谱定性分析的操作过程可分为试样处理、摄谱、检查谱线等几个步骤。

（1）试样处理

视其性质不同，摄谱前须做不同处理。对无机物可做如下处理：

① 金属或合金试样：由于金属与合金本身能导电，可直接做成电极，称为自电极。若试样量较少或为粉末样品，通常置于电极小孔中，然后激发。

② 矿石试样：磨碎成粉末，置于由石墨制成的各种形状电极小孔中，然后激发。

③ 溶液试样：ICP 光源，直接用雾化器将试样溶液引入等离子体内。电弧或火花光源通常用溶液干渣法进样。将试液直接滴在平头或凹面电极上，烘干后激发；或先浓缩至有结

晶析出，然后滴入电极小孔中加热蒸干后再进行激发；或将原溶液全部蒸干，磨碎成粉末，置于由石墨制成的各种形状电极小孔中，然后激发。

④ 分析微量成分时，常需要富集，如用溶剂萃取等。

对于有机物，一般先低温干燥，然后在坩埚中灰化，最后再将灰化后的残渣置于电极小孔中激发。

对于气体试样，通常将其充入放电管内。

电极的材料，一般采用光谱纯的碳或石墨；电极的直径约6mm，长3～4mm；试样槽的直径约3～4mm，深3～6mm。每次取样10～20mg。使用碳或石墨电极时，在点弧过程中，碳和空气中的氮产生氰（CN），氰分子在358.4～421.6nm产生带状光谱，干扰其他元素出现在该区域的光谱线，需要该区域时，可采用铜电极，但灵敏度低。石墨具有导电性能良好、沸点高（可达4000K）、有利于试样蒸发、谱线简单、容易制纯及容易加工成型等优点。

(2) 摄谱

在定性分析中，通常选择灵敏度高的直流电弧光源。在进行光谱全分析时，对于复杂试样，可采用分段曝光法。为了能将试样和铁并列摄谱于同一感光板上，摄谱时要使用哈特曼光栅，可多次曝光而不影响谱线相对位置，便于对比。

(3) 检查谱线

一般是在映谱仪上，使元素标准光谱图上的铁光谱谱线与谱片上摄取的铁谱线相重合，逐条检查各元素的灵敏线是否存在，以确定该元素的存在。当元素含量高时，也用其他特征谱线（不一定用灵敏线）。对于复杂试样，应考虑谱线重叠的干扰，一般至少应有2条灵敏线出现，才能判断该元素存在。也可考虑使用大型摄谱仪，或采用分段曝光法。

4.1.4 光谱定量分析

4.1.4.1 光谱定量分析的关系式

赛伯和罗马金先后独立提出，谱线强度与元素浓度之间的关系符合下列经验公式：

$$I=ac^b \text{ 或 } \lg I=b\lg c+\lg a \tag{4.2}$$

此式是光谱定量分析的基本关系式。式中 b 为自吸系数，与谱线的自吸收现象有关。b 随浓度 c 增加而减小，当浓度较高时，$b<1$，当浓度很小无自吸时，$b=1$，因此，在定量分析中，选择合适的分析线是十分重要的。常数 a 是与试样蒸发、激发过程以及试样组成有关的一个参数。

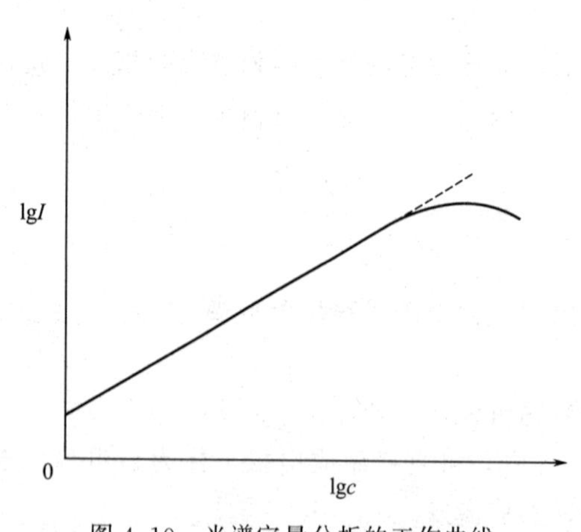

图4.10 光谱定量分析的工作曲线

假若 a、b 能保持不变，为常数，以 $\lg I$ 对 $\lg c$ 作图，所得曲线在一定浓度范围内为一直线，如图4.10所示。

但实际上，a 很难保持常数，所以，实际光谱分析中，常采用一种相对的方法，即内标法，来消除工作条件的变化对测定的影响。

4.1.4.2 内标法

基本原理：在被测元素的谱线中选一条线作为分析线，在基体元素（或定量加入的其他元素）的谱线中选一条与分析线相近的谱线作为内标线，这两条谱线组成所谓分析线对。分析线与内标线的绝对强度的比值称为相对强度。

设分析线强度为 I_1，内标线强度为 I_2，被测元素浓度与内标元素浓度分别为 c_1 和 c_2，b_1 和 b_2 分别为分析线和内标线的自吸系数。

$$I_1 = a_1 c_1 b_1 \tag{4.3}$$

$$I_2 = a_2 \tag{4.4}$$

分析线与内标线强度之比 R 称为相对强度

$$R = I_1/I_2 = a_1 c_1 b_1 / a_2\ c_2 b_2 \tag{4.5}$$

式中，内标元素 c_2 为常数，实验条件一定时，$A = a_1/a_2\ c_2 b_2$ 为常数，则

$$R = I_1/I_2 = A\ c_1 b_1 \tag{4.6}$$

将 c_1 改写为 c，并取对数

$$\lg R = \lg \frac{I_1}{I_2} = b_1 \lg c + \lg A \tag{4.7}$$

此式为内标法的基本公式。

内标元素和分析线对的选择原则：

① 原来试样内应不含或仅含有极少量所加内标元素。亦可选用此基体元素作为内标元素。

② 要选择激发电位相同或接近的分析线对。

③ 两条谱线的波长应尽可能接近。

④ 所选线对的强度不应相差过大。

⑤ 所选用的谱线应不受其他元素谱线的干扰，也不应是自吸收严重的谱线。

⑥ 内标元素与分析元素的挥发率应相近。

4.1.5 光谱半定量分析

4.1.5.1 谱线呈现法

根据谱现出现的条数及其明亮的程度判断该元素的大致含量。例如：

Pb 含量/%	谱线 λ/nm
0.001	283.3069 清晰可见，261.4178 和 280.200 很弱
0.003	283.306、261.4178 增强，280.200 清晰
0.01	上述谱线增强，另增 266.317 和 278.332，但不太明显
0.1	上述谱线增强，无新谱线出现
1.0	上述谱线增强，214.095、244.383、244.62 出现，241.77 模糊
3	上述谱线增强，出现 322.05、233.242 模糊可见
10	上述谱线增强，242.664 和 239.960 模糊可见
30	上述谱线增强，311.890 和 269.750 出现

4.1.5.2 谱线强度比较法

配制一个基体与试样组成近似的被测元素的标准系列（如 1%，0.1%，0.01%，0.001%）。在相同条件下，在同一块感光板上标准系列与试样并列摄谱，然后在映谱仪上用目视法直接比较试样与标准系列中被测元素分析线的黑度。黑度若相同，则可做出试样中被测元素的含量与标准样品中某一个被测元素含量近似相等的判断。

4.1.5.3 均称线对法

以测定低合金钢中的钒为例。合金钢中，铁为主要成分，其谱线强度变化不大，可认为恒定。实验发现，钒的谱线强度与铁有如下关系：

钒含量/%	钒谱线强度与铁谱线强度的关系
0.20	V 438.997＝Fe 437.593nm
0.30	V 439.523＝Fe 437.593nm
0.40	V 437.924＝Fe 437.593nm
0.60	V 439.523＞Fe 437.593nm

这些线都是匀称线对，即激发电位接近。目视观察即可判断元素的大致含量。

4.1.6 光电直读等离子体发射光谱仪

可分为两种类型：①单道扫描式；②多道固定狭缝式（如图 4.11 所示）。

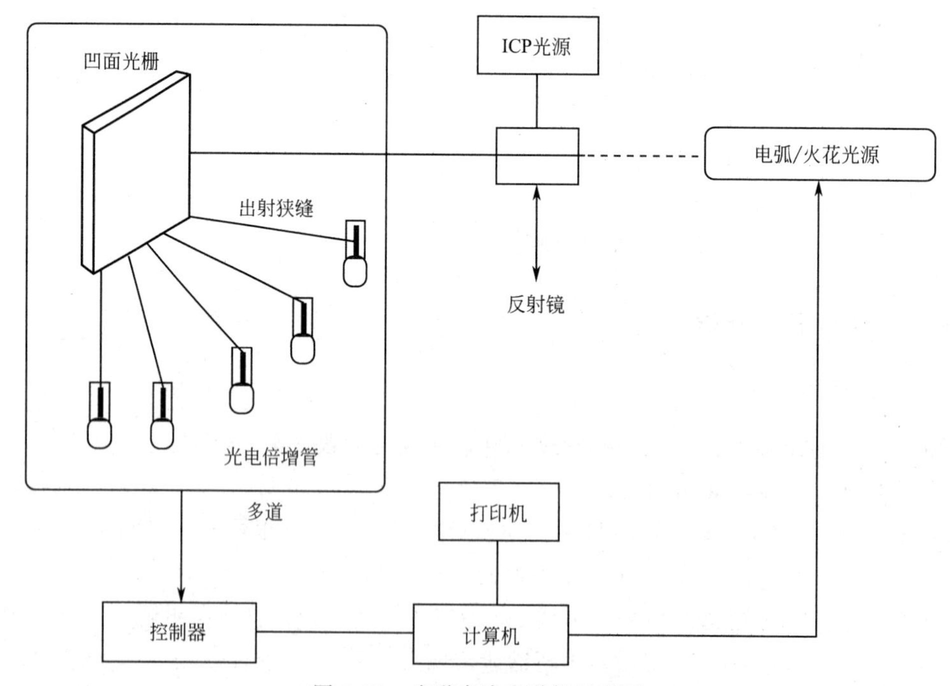

图 4.11　多道直读光谱仪示意图

多道直读光谱仪从光源发出的光经透镜聚焦后，在入射狭缝上成像并进入狭缝。进入狭缝的光投射到凹面光栅上，凹面光栅将光色散，聚焦在焦面上，焦面上安装有一组出射狭缝，每一狭缝允许一条特定波长的光通过，投射到狭缝后的光电倍增管上进行检测，最后经

计算机进行数据处理。

多道直读光谱仪的优点是分析速度快，准确度优于摄谱法；光电倍增管对信号放大能力强，可同时分析含量差别较大的不同元素；适用于较宽的波长范围。但由于仪器结构限制，多道直读光谱仪的出射狭缝间存在一定距离，使利用波长相近的谱线有困难。多道直读光谱仪适合于固定元素的快速定性、半定量和定量分析。

4.1.7 原子发射光谱法的特点和应用

4.1.7.1 原子发射光谱法的特点及应用

既可用于定量分析又可用于定性分析；分析速度快；选择性好；检出限低；用 ICP 光源时，准确度高，标准曲线的线性范围宽，可达 4～6 个数量级；样品消耗少，适用于整批样品的多组分测定，尤其是定性分析更显示出独特的优势。

4.1.7.2 原子发射光谱法存在的问题

在经典分析中，影响谱线强度的因素较多，尤其是试样组分的影响较为显著，所以对标准参比的组分要求较高。含量（浓度）较大时，准确度较差。只能用于元素分析，不能进行结构、形态的测定。大多数非金属元素难以得到灵敏的光谱线。

4.1.8 实验技术

实验 4.1.1 矿泉水中微量元素的 ICP-AES 法测定

【实验目的】

(1) 加深对电感耦合等离子体发射光谱（ICP-AES）法基本原理的理解。

(2) 了解 ICP-AES 光谱仪的基本结构，学习 ICP 软件的使用操作。

(3) 用 ICP-AES 法测定矿泉水中的微量元素 Ca、Mg、Sr、Zn、Li。

【实验原理】

用等离子炬作为光源，使被测物质原子化并激发气态原子或离子的外层电子，使其发射特征的电磁辐射，利用光谱技术记录后进行分析的方法叫电感耦合等离子原子发射光谱分析法（ICP-AES）。其分析信号源于原子/离子发射谱线，液体试样由雾化器引入氩等离子体，经干燥、电离、激发产生特定波长的发射谱线，波长范围在 120～900nm 之间，即位于近紫外、紫外、可见光区域。发射信号经过单色器分光、光电倍增管或其他固体检测器将信号转变为电流进行测定。此电流与分析物质的浓度之间具有一定的线性关系，使用标准溶液制作工作曲线可以对某未知试样进行定量分析。

水样进行酸化预处理．防止金属离子水解，影响测定结果。可以用标准曲线法、标准加入法以及内标法进行光谱定量分析。

【仪器与试剂】

仪器：Thermo ICAP-6500 型电感耦合等离子体发射光谱仪。

试剂

Ca 标准贮备液：$100\mu g \cdot L^{-1}$；Mg 标准贮备液：$100\mu g \cdot L^{-1}$；Sr 标准贮备液：$100\mu g \cdot L^{-1}$；Zn 标准贮备液：$100\mu g \cdot L^{-1}$；Li 标准贮备液：$100\mu g \cdot L^{-1}$。

市售天然矿泉水。

硝酸：优级纯；(1+1) 硝酸溶液；1mol·L^{-1}硝酸溶液。

【实验步骤】

(1) 混合标准溶液的配制

混合标准溶液（10.0μg·mL^{-1}）：分别移取 Ca、Mg、Sr、Zn、Li 标准溶液各 5.00mL 置于 50mL 容量瓶中，再移入 2.00mL（1+1）硝酸溶液，用水稀释至刻度后，混匀。

混合标准溶液（1.00μg·mL^{-1}）：移取上述混合标准溶液 5.00mL 置于 50mL 容量瓶中，再移入 2. 00mL（1+1）硝酸溶液，用水稀释至刻度后，混匀。

标准系列溶液的配制：按表 4.1 配制混合标准系列溶液。

表 4.1 含待测元素的混合标准系列溶液

编号	混合标准溶液(1.00μg·mL^{-1})体积/mL	(1+1)硝酸溶液/mL	溶液总体积/mL	Ca、Mg、Sr、Zn、Li浓度/ng·mL^{-1}
空白	0	2.00	50.00	
标一	1.00	2.00	50.00	20.0
标二	3.00	2.00	50.00	60.00
标三	5.00	2.00	50.00	100
标四	7.00	2.00	50.00	140
标五	10.00	2.00	50.00	200

(2) 样品溶液的配制

移取 2.00mL（1+1）硝酸溶液置于 50mL 容量瓶中，用水稀释到刻度后，混匀。

(3) 测量

① 开启液氩气瓶，开机，开电脑，设置仪器的最佳条件，不同的分析元素，为了达到最佳操作条件，有必要对射频功率、雾化气流速和等离子气流速等参数进行最佳化。

② 元素峰形扫描。将进样管插入含有六种元素的 10μg·mL^{-1}的混合标准溶液中，进行元素峰形扫描，并进行峰形存贮。

③ 标准样品的测量。将进样管依次插入空白溶液及五个混合标准溶液中，作出校准曲线。

④ 试样分析。将进样管插入样品溶液中，测定样品浓度。

【数据记录与处理】

应用 ICP 软件制作 Ca、Mg、Sr、Zn、Li 工作曲线。应用软件计算试样溶液和空白溶液中 Ca、Mg、Sr、Zn、Li 的浓度。扣除其空白值，计算试样中 Ca、Mg、Sr、Zn、Li 的含量。

【注意事项】

(1) 应按照高压钢瓶安全操作规定使用高压氩气钢瓶。

(2) 仪器室清洁、排风良好，室温和湿度要满足 ICP 光谱仪要求。

(3) 为了防止高频辐射损害身体，点燃等离子体后，应尽量少开炬室。

【思考题】

(1) 什么是等离子气与雾化气？其作用是什么？

(2) 仪器的最佳化过程有哪些重要参数？其作用如何？

(3) ICP-AES 法定量分析的依据是什么？怎样实现这一测定？

实验 4.1.2　原子发射光谱摄谱法定性分析合金中的元素

【实验目的】

(1) 掌握原子发射光谱分析摄谱法的电极制作、摄谱、冲洗感光板等基本操作。

(2) 掌握用铁光谱比较法定性判别未知试样中所含的元素，并估计其相对含量。

【实验原理】

在原子发射光谱分析中，将试样引入激发光源，当外界给以一定能量时，试样被蒸发分解成气态原子（或离子），一部分原子（或离子）的外层电子被激发至高能态。处于激发态的原子（或离子）很不稳定，当其跃迁至低能态或基态时，会发射出紫外和可见区的特征辐射，由光谱仪器分解为光谱，辨认特征波长谱线的存在情况可以进行定性分析。将样品光谱按波长顺序记录在感光板上，称为摄谱法。根据记录下来的光谱，进行定性分析。

【仪器与试剂】

仪器：摄谱仪 WPG-100 型平面光栅摄谱仪，狭缝 6μm，中心波长 300nm。

光源：屑粒状、粉末状试样用交流电弧，棒状金属试样用火花。

电极：光谱纯石墨电极（下电极有孔穴，孔穴内径 3.5mm，深 4mm，壁厚 1mm；上电极为圆锥形）。

感光板：天津紫外Ⅱ型，9cm×18cm。

投影仪：8W 型光谱投影仪。

图谱：平面光栅摄谱仪用元素发射光谱图。

试剂：显影液按感光板附方，或用高反差显影粉配制。

定影液：F5 酸性坚膜定影液。

【实验步骤】

(1) 准备电极与试样

① 准备一对铁电极。

② 准备一对未知金属试样的锥形棒状电极。

③ 加工上、下石墨电极若干对。将直径为 6mm 的光谱纯石墨棒切成约 4cm 长的小段，在专用车具上车制孔穴或加工成其他形状。专用车具夹上专用钻头，可车制电极孔穴；夹上石墨棒，用卷铅笔刀，可制得圆锥形上电极（如图 4.12 和图 4.13 所示）。加工后的电极应直立安放在电极盘架上。

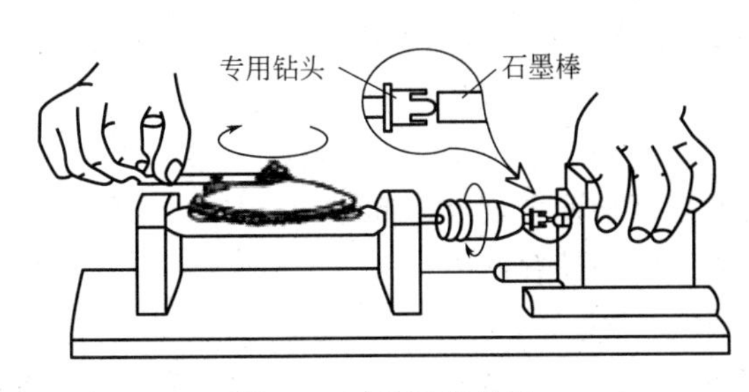

图 4.12　专用车具图

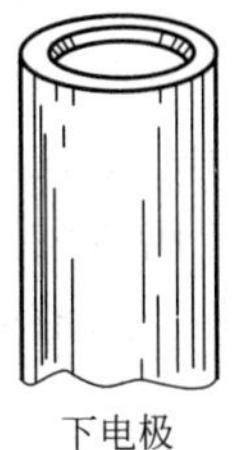

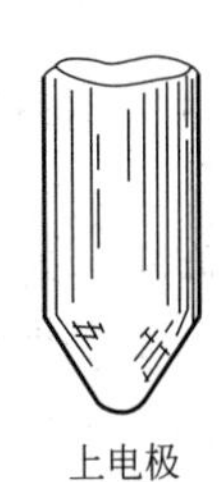

图 4.13　圆锥形电极

把屑粒状或粉末状的未知试样小心装入下电极孔穴中，用镊子把电极分别夹在上下电极

架上，操作时应避免电极或试样被沾污。

（2）安装感光板

在暗室的暗红灯下，启封感光板，取出感光板后应随即严密包好。在专门的裁片架上裁割感光板。裁割时，乳剂面朝下，垫以干净柔软的纸张以保护乳剂面，用金刚刀在玻璃面上划痕，折断。裁割的尺寸应比暗盒装片尺寸小 0.5mm。

开启暗盒后盖，在暗室的暗红灯下观察乳剂面和玻璃面反射光的亮度差异。亮度低的为乳剂面。也可用手指触摸感光板两面的边缘，粗糙面为乳剂面。感光板装入口音盒时，应乳剂面朝下，并立即关好暗盒后盖，同时检查挡板是否关紧。

（3）调节摄谱仪的工作条件

熟悉 WPG-100 型平面光栅摄谱仪各部分的工作原理及使用方法。本实验中心波长为 300nm，须调节光栅台的转角为 10.37°，狭缝倾角为 6.15°，调焦位置为 6.00mm，数据因不同仪器而异，应按仪器说明书数据调整。此数据系在 (25±2)℃时作出，当使用温度改变时应做出相应修正。调节缝宽为 6μm。

（4）摄谱

装上暗盒，抽出暗盒挡板，按次序摄谱。在哈特曼光栅的比较光栅 2、5、8 位置拍摄铁光谱，交流电弧用 5～6A，曝光约 5s。移动光栅在 1、3、4、6、7、9 位置拍摄试样。金属自电极试样用火花光源激发，曝光 2～3min；石墨电极孔穴中粉末试样用交流电弧激发，应使试样烧完为止，曝光 1～1.5min（视试样性质而异）。

做好摄谱记录，包括感光板板移位置、光栅、试样、光源种类及电流大小、曝光时间等。弧烧试样时，应注意观察电弧颜色的变化，并随时调整电极间距。摄谱结束，推上暗盒挡板。

（5）感光板的冲洗

① 显影。显影液按天津紫外型感光板附方配制，20℃时，在暗室的暗红灯下显影 5min。显影操作时先将适量的显影液倒入瓷盘，先把感光板在水中稍加湿润，然后，乳剂面向上浸没在显影液中，并轻轻晃动瓷盘，以克服局部浓度的不均匀。

② 停显。为了保护定影液，显影后的感光板可先在稀醋酸溶液（每升含冰醋酸 15mL）中漂洗，或用清水漂洗，使显影停止。然后，浸入定影液。停显操作也应在暗红灯下进行。在 18～25℃时，漂洗 1min 左右。

③ 定影。用 F5 酸性坚膜定影液，(20±4)℃。将适量的定影液倒入另一瓷盘，乳剂面向上浸入其中。定影开始应在暗红灯下进行，15s 后可开白炽灯观察。新鲜配制的定影液约 5min 就能观察到乳剂通透（即感光板变得透明）。

④ 水洗。定影后的感光板须在室温的流水中淋洗 15min 以上。淋洗时，乳剂面向上，充分洗除残留的定影液。否则谱片在保存过程中会发黄而损坏。

⑤ 干燥，谱片应在干净的架上自然晾干。如须快速干燥，可在酒精中浸一下，再用冷风机吹干。乳剂面不宜用热风吹，30℃以上的温度会使乳剂软化起皱而损坏。

显影、定影完毕后，随即把显影液和定影液倒回储存瓶内。

（6）查谱

熟悉 8W 型光谱投影仪的使用方法，摄谱后，在 240～360nm 波长范围内的光谱图上查谱。

【数据记录与处理】

列出查得的未知试样光谱谱线，确定未知试样的组分及各组分的含量范围。

【注意事项】

(1) 电极夹上如有溅出的样品，应用毛刷清理干净。

(2) 先装上电极再装下电极，并且注意不要让电极夹上的残留物沾污电极和样品。

(3) 在暗室中将感光板装入板盒，切记勿把感光板装反方向，然后把板盒装在摄谱仪上，此过程切勿使感光板曝光。

【思考题】

(1) 在定性分析中，拍摄铁光谱及试样光谱为什么要固定感光板的板移位置而移动光栅，而不是固定光栅而移动感光板?

(2) 试样光谱旁为什么要摄一条铁光谱?

(3) 摄谱仪狭缝宽度对光谱定性分析有何影响? 应采用怎样的狭缝宽度?

实验4.1.3　原子发射光谱定性和半定量分析

【实验目的】

(1) 掌握原子发射光谱定性和半定量分析方法的基本原理及基本操作技术。

(2) 了解原子发射光谱仪及映谱仪的结构及使用方法。

【实验原理】

每种元素都有其特征光谱线，具有最低激发电位的谱线，称为最灵敏线，按照激发电位的大小可分为灵敏线、次灵敏线等。根据元素的2～3条灵敏线是否出现，可判断试样中该元素存在与否。利用这一特性可对70余种元素进行定性分析。为了便于识别谱线波长位置，通常用铁光谱作为标尺，将铁棒或氧化铁粉末与试样并列摄谱，把摄得的谱图置于映谱仪上，放大20倍与“谱线图”进行比较，如果某些元素的灵敏线出现则证明试样中存在这些元素。

在一定的条件下，元素的谱线强度随着其含量增加而增大，利用这一特性可对各种元素进行定量分析。为了确定其大致含量，可将试样与半定量标样在同一块感光板上摄谱。然后在映谱仪上用目视法，对被测元素的黑度进行比较，从而得出其大致量，即光谱半定量分析法。

【仪器与试剂】

仪器：中型色谱仪，直（交）流电弧发生器，映谱仪，谱线图，光谱线波长表，感光板，温度计，定时钟。

试剂：显影液，定影液，标准样。

标准样本身的原则是应使标准样和试样的成分相近，并有适当的浓度间隔。因此，以不含被测元素的矿样（空矿）作基物较好，但进行光谱定性全分析时，难以找到合适的空矿。一般采用人工合成基体来配制标准样，通常按铁5%、铝7%、钙2%、镁1%、钠1%、钾0.5%、锶33.5%的质量比，称出相应的氧化物混合研磨而成。然后加入定量的被测物质（如铅、铬、铜等）配成1%的标准样，再依次用人工基物逐步稀释成0.1%、0.01%、0.001%的一系列标准样。

【实验步骤】

(1) 摄谱

① 装样：取孔2.5mm×3.0mm×0.5mm的石墨电极分别装入标准样、试样和铁粉，

试样应压紧并露出碳孔边缘。

② 接好光源线路，调光线全部均匀地照射在狭缝盖上的圆圈内。

③ 设置摄谱工作条件：狭缝 7μm；中间光栅 5mm；上电极，圆锥形石墨棒；下电极，有孔石墨电极（已装样）；感光板天津Ⅱ型。

④ 装感光板：取下感光板盒，在暗室里装感光板，装在 2400～4200Å（$1Å=10^{-10}m$，余同）波段处，盖紧板盒后，装至摄谱仪上，抽开挡板使感光板乳剂面对准光路。

⑤ 安装电路：分别将电极插入电极架上，调整电极间距，点燃电弧，调节电极头成像落在中间光栅两侧。光线均匀照明狭缝，取下狭缝盖后即可摄谱。

⑥ 摄谱顺序：分两部分。

a. 定性分析　采用哈特曼光栅（即不移动感光板）摄谱：

铁谱栅置于 2、5、8 处，控制电流在 5A 左右，曝光约 15s。

试样摄谱。将哈特曼光栅置于 1（或 3、4、6、7、9）处，控制电流 6A 左右曝光约 30s，然后升高电流到 8～10A 直至试样烧完为止（电弧呈紫色、电流下降、发出吱吱声），记录摄谱时间。

空碳棒摄谱将哈特曼光栅置于 4（或其他未摄谱位置）处，取未装试样的一对石墨电极，按试样摄谱条件进行摄谱，用以检查石墨电极的纯度。

b. 半定量分析　采用固定光栅摄谱（即将光栅位置固定在 1mm 高度），每摄完一个试样，将感光板位置移动 1.5mm（1.5 刻度）。

铁谱摄谱条件同定性条件

半定量分析法试样摄谱条件同定性条件

半定量分析标样摄谱条件同定性分析法试样

⑦ 暗室处理：摄谱完毕后，取下板盒，在暗室里用红色安全灯进行显影、定影，再用水冲洗干净，晾干，备用。

显影温度：18～20℃；显影时间：4min；乳剂面朝上。定影可在室温下进行，至谱板全部透明即可用水冲洗。显影、定影时应摇动液体。

（2）识谱

① 将已摄好的谱板，置于映谱仪上调整映谱仪使谱线达到清晰，然后与“谱线图”进行比较。

② 认识铁光谱：将谱板从短波向长波移动，即自 2400Å 移至 3500Å 左右，每隔 100Å 记忆铁光谱的特征线。在 3600Å 左右出现氰带，3600Å，3900Å，4200Å 是三个氰带（CN）的带头。

③ 大量元素的检查：凡试样谱带上的粗黑谱线均用“谱线图”查对，以确定试样中哪些元素大量存在。

④ 杂质元素的检查：在波长表上查出待测元素的灵敏线，根据其灵敏线所在的波段用图谱与谱板进行比较。如果某元素的灵敏线出现，则可确定该元素存在。但应注意试样中大量元素和其他杂质元素谱线的干扰。一般应找 2～3 条灵敏线进行检查，根据这 2～3 条灵敏线均已出现，才能确定此元素的存在。

⑤ 半定量分析：将主要产品被测元素的灵敏线与标样该谱线的黑度进行比较，即可确定该元素的大致含量。

【数据记录与处理】

(1) 定性分析：根据试样谱板与“谱线图”对比的结果，指出主要产品某元素出现的2～3条灵敏线及其黑度，以确定定量元素、中量元素、微量元素、痕量元素等。

(2) 半定量分析：比较试样和标准样中同一条灵敏线的黑度，以确定黑度1%、0.1%、0.01%、0.001%，若在0.1%和0.01%之间，并接近0.01%时，则可用0.1%～0.01%表示，以此表示被测元素的半定量分析结果。

【注意事项】

(1) 金属或合金可以试样本身作为电极，当试样量很少时，将试样粉碎后放在电极的试样槽内。

(2) 定性分析通常选择灵敏度高的直流电弧，狭缝宽带5～7μm。

(3) 采用哈特曼光栅，可多次曝光而不影响谱线相对位置，便于对比。

【思考题】

(1) 原子发射光谱定性分析的原理是什么?

(2) 简述识谱的步骤，并说明其理由。

(3) 摄谱的主要工作条件及选择这些条件的依据是什么?

4.2 原子吸收光谱法

4.2.1 基本原理

原子吸收光谱法（atomic absorption spectrometry，AAS）是基于气态的基态原子外层电子对紫外线和可见光范围的相对应原子共振辐射线的吸收强度来定量测定被测元素含量为基础的分析方法。

4.2.1.1 原子吸收光谱的产生

当有辐射通过自由原子蒸气，且入射辐射的频率等于原子中的电子由基态跃迁到较高能级（一般情况下都是第一激发态）所需要的能量频率时，原子就要从辐射场中吸收能量，产生共振吸收，电子由基态跃迁到激发态，同时伴随着原子吸收光谱的产生（见图4.14）。

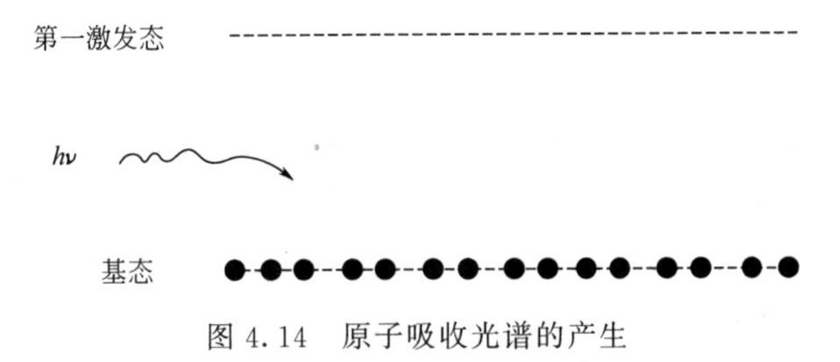

图4.14　原子吸收光谱的产生

4.2.1.2 原子吸收光谱与原子结构

由于原子能级是量子化的，因此，在所有的情况下，原子对辐射的吸收都是有选择性的。由于各元素的原子结构和外层电子的排布不同，元素从基态跃迁至第一激发态时吸收的能量不同，因而各元素的共振吸收线具有不同的特征。

$$\Delta E=E_1-E_0=h\nu=h\frac{c}{\lambda} \tag{4.8}$$

原子吸收光谱位于光谱的紫外区和可见区。

4.2.1.3 原子吸收光谱的轮廓

原子吸收光谱线并不是严格几何意义上的线，而是占据着有限的相当窄的频率或波长的范围，即有一定的宽度。原子吸收光谱的轮廓以原子吸收谱线的中心波长和半宽度来表征。中心波长由原子能级决定。半宽度是指在中心波长的地方，极大吸收系数一半处，吸收光谱线轮廓上两点之间的频率差或波长差。半宽度受到很多实验因素的影响。原子吸收光谱的轮廓如图 4.15 所示。

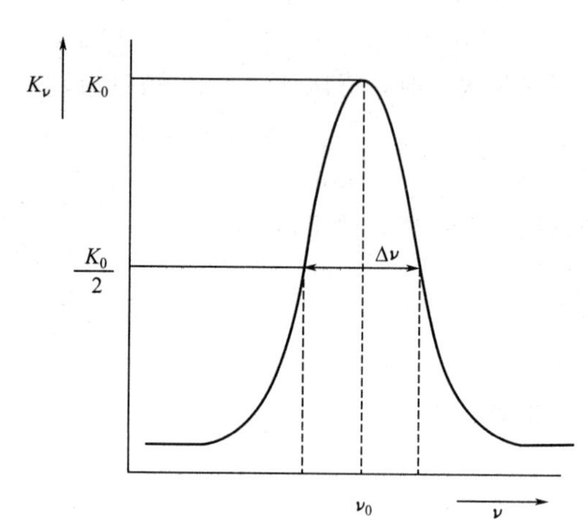

图 4.15 原子吸收光谱的轮廓图

影响原子吸收谱线轮廓的两个主要因素：

(1) 多普勒变宽

多普勒宽度是由于原子热运动引起的。从物理学中已知，从一个运动着的原子发出的光，如果运动方向离开观测者，则在观测者看来，其频率较静止原子所发的光的频率低；反之，如原子向着观测者运动，则其频率较静止原子发出的光的频率为高，这就是多普勒效应。原子吸收分析中，对于火焰和石墨炉原子吸收池，气态原子处于无序热运动中，相对于检测器而言，各发光原子有着不同的运动分量，即使每个原子发出的光是频率相同的单色光，但检测器所接受的光则是频率略有不同的光，于是引起谱线的变宽。谱线的多普勒变宽 $\Delta\nu_D$ 可由下式决定：

$$\Delta\nu_D=\frac{2\nu_0}{c}\sqrt{\frac{2\ln 2RT}{M}}=7.162\times10^{-7}\nu_0\sqrt{\frac{T}{M}} \tag{4.9}$$

式中，R 为气体常数；c 为光速；M 为原子量；T 为热力学温度，K；ν_0 为谱线的中心频率。可见多普勒宽度与元素的原子量、温度和谱线频率有关。随温度升高和原子量减小，多普勒宽度增加。

(2) 碰撞变宽

当原子吸收区的原子浓度足够高时，碰撞变宽是不可忽略的。因为基态原子是稳定的，其寿命可视为无限长，因此对原子吸收测定所常用的共振吸收线而言，谱线宽度仅与激发态原子的平均寿命有关，平均寿命越长，则谱线宽度越窄。原子之间相互碰撞导致激发态原子平均寿命缩短，引起谱线变宽。

碰撞变宽分为两种，即赫鲁兹马克变宽和洛伦茨变宽。

① 赫鲁兹马克变宽　被测元素激发态原子与基态原子相互碰撞引起的变宽，称为共振变宽，又称赫鲁兹马克变宽或压力变宽。在通常的原子吸收测定条件下，被测元素的原子蒸气压力很少超过 10^{-3} mmHg（1mmHg=0.133kPa，下同），共振变宽效应可以不予考虑，而当蒸气压力达到 0.1mmHg 时，共振变宽效应则明显地表现出来。

② 洛伦茨变宽　被测元素原子与其他元素的原子相互碰撞引起的变宽，称为洛伦茨变

宽。洛伦茨变宽随原子区内原子蒸气压力增大和温度升高而增大。

(3) 其他变宽

除上述因素外，影响谱线变宽的还有其他一些因素，例如场致变宽、自吸效应等。但在通常的原子吸收分析实验条件下，吸收线的轮廓主要受多普勒和洛伦茨变宽的影响。在2000～3000K的温度范围内，原子吸收线的宽度约为10^{-3}～10^{-2}nm。

4.2.1.4　原子吸收光谱的测量

(1) 吸收曲线的面积与吸光原子数的关系

原子吸收光谱产生于基态原子对特征谱线的吸收。在一定条件下，基态原子数N_0正比于吸收曲线下面所包括的整个面积。根据经典色散理论，其定量关系式为：

$$\int K_\nu \mathrm{d}v = \frac{\pi e^2}{mc} N_0 f \tag{4.10}$$

式中，e为电子电荷；m为电子质量；c为光速；N_0为单位体积原子蒸气中吸收辐射的基态原子数，亦即基态原子密度；f为振子强度，代表每个原子中能够吸收或发射特定频率光的平均电子数，在一定条件下对一定元素，f可视为一定值。

(2) 吸收曲线的峰值与吸光原子数的关系

从式(4.10)可见，只要测得积分吸收值，即可算出待测元素的原子密度。但由于积分吸收测量的困难，通常以测量峰值吸收代替测量积分吸收，因为在通常的原子吸收分析条件下，若吸收线的轮廓主要取决于多普勒变宽，则峰值吸收系数K_0与基态原子数N_0之间存在如下关系：

$$K_0 = \frac{2\sqrt{\pi \ln 2}}{\Delta\nu_D} \times \frac{e^2}{mc} N_0 f \tag{4.11}$$

(3) 峰值吸收测量的实现

实现峰值吸收测量的条件是光源发射线的半宽度应小于吸收线的半宽度，且通过原子蒸气的发射线的中心频率恰好与吸收线的中心频率ν_0相重合(见图4.16)。若采用连续光源，要实现能分辨半宽度为10^{-3}nm，波长为500nm的谱线，按计算需要有分辨率高达50万的单色器，这在目前的技术条件下还十分困难。因此，目前原子吸收仍采用空心阴极灯等特制光源来产生锐线发射。

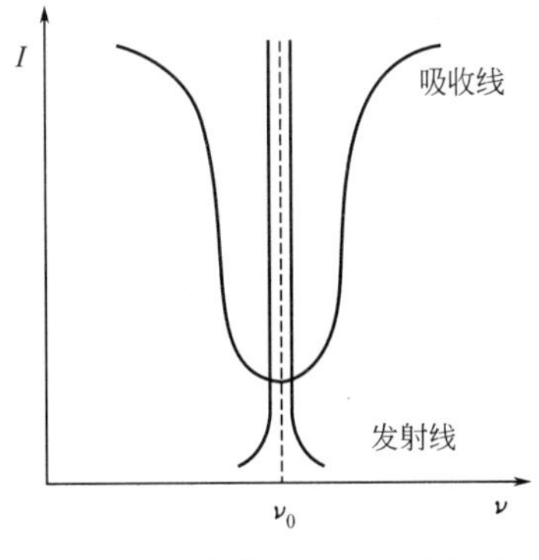

图4.16　峰值吸收测量示意图

原子吸收测量的基本关系式

当频率为ν、强度为I_ν的平行辐射垂直通过均匀的原子蒸气时，原子蒸气对辐射产生吸收，符合朗伯(Lambert)定律，即

$$I_\nu = I_{0\nu} e^{-K_\nu L} \tag{4.12}$$

式中，$I_{0\nu}$为入射辐射强度；I_ν为透过原子蒸气吸收层的辐射强度；L为原子蒸气吸收层的厚度；K_ν为吸收系数。

当在原子吸收线中心频率附近一定频率范围$\Delta\nu$测量时，则

$$I_0 = \int_0^{\Delta\nu} I_{0\nu} \mathrm{d}v \tag{4.13}$$

$$I=\int_0^{\Delta\nu} I_\nu \mathrm{d}v=\int_0^{\Delta\nu} I_{0\nu}\mathrm{e}^{-K_\nu L}\mathrm{d}\nu \tag{4.14}$$

当使用锐线光源时，$\Delta\nu$ 很小，可以近似地认为吸收系数在 $\Delta\nu$ 内不随频率 ν 而改变，并以中心频率处的峰值吸收系数 K_0 来表征原子蒸气对辐射的吸收特性，则吸光度 A 为：

$$A=\lg\frac{I_0}{I}\lg\frac{\int_0^{\Delta\nu} I_{0\nu}\mathrm{d}\nu}{\int_0^{\Delta\nu} I_{0\nu}\mathrm{e}^{-K_\nu L}\mathrm{d}\nu}=\lg\frac{\int_0^{\Delta\nu} I_{0\nu}\mathrm{d}\nu}{\mathrm{e}^{-K_\nu L}\int_0^{\Delta\nu} I_{0\nu}\mathrm{d}\nu}=0.43K_0L \tag{4.15}$$

将式(4.14) 代入式(4.15)，得到

$$A=0.43\frac{2\sqrt{\pi\ln 2}}{\Delta\nu_D}\times\frac{e^2}{mc}N_0fL \tag{4.16}$$

在通常的原子吸收测定条件下，原子蒸气相中基态原子数 N_0 近似地等于总原子数 N (见表 4.2)。

表 4.2　某些元素共振线的 N_i/N_0 值

共振线/nm	g_i/g_0	激发能/eV	N_i/N_0	
			T=2000K	T=3000K
Na 589.0	2	2.104	0.99×10^{-5}	5.83×10^{-4}
Sr 460.7	3	2.690	4.99×10^{-7}	9.07×10^{-5}
Ca 422.7	3	2.932	1.22×10^{-7}	3.55×10^{-5}
Fe 372.0		3.332	2.99×10^{-9}	1.31×10^{-6}
Ag 328.1	2	3.778	6.03×10^{-10}	8.99×10^{-7}
Cu 324.8	2	3.817	4.82×10^{-10}	6.65×10^{-7}
Mg 285.2	3	4.346	3.35×10^{-11}	1.50×10^{-7}
Pb 283.3	3	4.375	2.83×10^{-11}	1.34×10^{-7}
Zn 213.9	3	5.795	7.45×10^{-13}	5.50×10^{-10}

在实际工作中，要求测定的并不是蒸气相中的原子浓度，而是被测试样中的某元素的含量。当在给定的实验条件下，被测元素的含量 c 与蒸气相中原子浓度 N 之间保持一稳定的比例关系时，有

$$N=\alpha c \tag{4.17}$$

式中，α 是与实验条件有关的比例常数。因此，式(4.16) 可以写为

$$A=0.43\frac{2\sqrt{\pi\ln 2}}{\Delta\nu_{\mathrm{D}}}\times\frac{e^2}{mc}fL\alpha c \tag{4.18}$$

当实验条件一定时，各有关参数为常数，式(4.18) 可以简写为

$$A=kc \tag{4.19}$$

式中，k 为与实验条件有关的常数。式(4.18) 与式(4.19) 即为原子吸收测量的基本关系式。

4.2.2 原子吸收光谱仪的构成及使用

原子吸收光谱仪由光源、原子化器、分光器、检测系统等几部分组成。基本构造如图4.17所示。

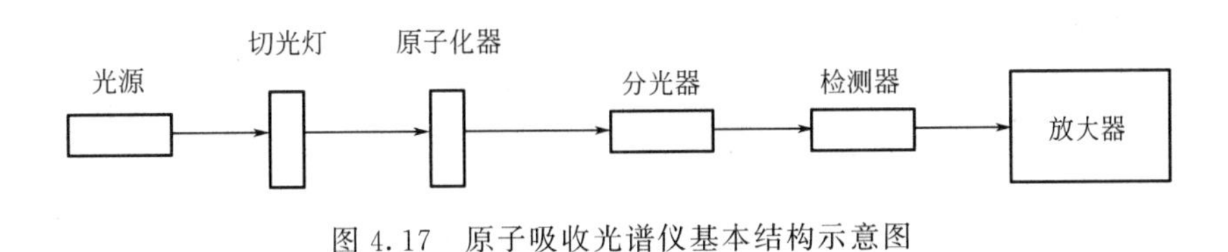

图4.17 原子吸收光谱仪基本结构示意图

4.2.2.1 光源

光源的功能是发射被测元素的特征共振辐射。对光源的基本要求是：①发射的共振辐射的半宽度要明显小于吸收线的半宽度；②辐射强度大、背景低，低于特征共振辐射强度的1%；③稳定性好，30min之内漂移不超过1%，噪声小于0.1%；④使用寿命长于5A·h。空心阴极放电灯是能满足上述各项要求的理想的锐线光源，应用最广。

空心阴极灯

空心阴极灯的结构如图4.18所示。它有一个由被测元素材料制成的空心阴极和一个由钛、锆、钽或其他材料制作的阳极。阴极和阳极封闭在带有光学窗口的硬质玻璃管内，管内充有压强为2～10mmHg的惰性气体氖或氩，其作用是产生离子撞击阴极，使阴极材料发光。

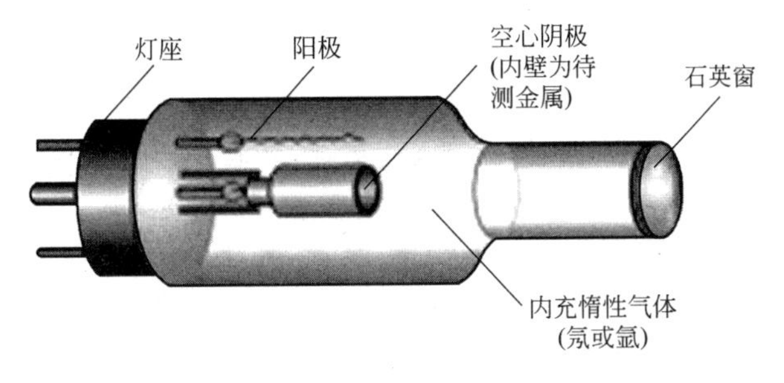

图4.18 空心阴极灯

空心阴极灯放电是一种特殊形式的低压辉光放电，放电集中于阴极空腔内。当在两极之间施加几百伏电压时，便产生辉光放电。在电场作用下，电子在飞向阳极的途中，与载气原子碰撞并使之电离，放出二次电子，使电子与正离子数目增加，以维持放电。正离子从电场获得动能。如果正离子的动能足以克服金属阴极表面的晶格能，当其撞击在阴极表面时，就可以将原子从晶格中溅射出来。除溅射作用之外，阴极受热也要导致阴极表面元素的热蒸发。溅射与蒸发出来的原子进入空腔内，再与电子、原子、离子等发生第二类碰撞而受到激发，发射出相应元素的特征的共振辐射。

空心阴极灯常采用脉冲供电方式，以改善放电特性，同时便于使有用的原子吸收信号与原子化池的直流发射信号区分开，称为光源调制。在实际工作中，应选择合适的工作电流。使用灯电流过小，放电不稳定；灯电流过大，溅射作用增加，原子蒸气密度增大，谱线变宽，甚至引起自吸，导致测定灵敏度降低，灯寿命缩短。

由于原子吸收分析中每测一种元素须换一个灯，很不方便，现亦制成多元素空心阴极灯，但发射强度低于单元素灯，且如果金属组合不当，易产生光谱干扰，因此，使用尚不普遍。

4.2.2.2 原子化系统

原子化系统的功能是提供能量，使试样干燥、蒸发和原子化。在原子吸收光谱分析中，试样中被测元素的原子化是整个分析过程的关键环节。实现原子化的方法，最常用的有两种：①火焰原子化法，是原子光谱分析中最早使用的原子化方法，至今仍在广泛地被应用；②非火焰原子化法，其中应用最广的是石墨炉电热原子化法。

4.2.2.2.1 焰原子化器

火焰原子化法中，常用的预混合型原子化器，其结构如图 4.19 所示。这种原子化器由雾化器、混合室和燃烧器组成。

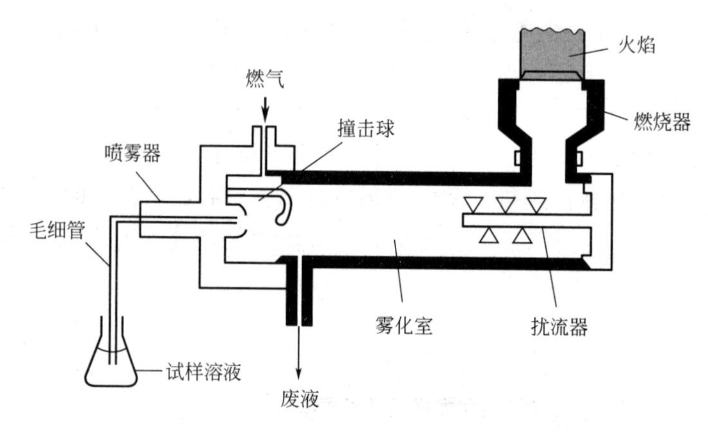

图 4.19 预混合型火焰原子化器示意图

雾化器是关键部件，其作用是将试液雾化，使之形成直径为微米级的气溶胶。混合室的作用是使较大的气溶胶在室内凝聚为大的溶珠沿室壁流入泄液管排走，使进入火焰的气溶胶在混合室内充分混合均匀，以减少它们进入火焰时对火焰的扰动，并让气溶胶在室内部分蒸发脱溶。燃烧器最常用的是单缝燃烧器，其作用是产生火焰，使进入火焰的气溶胶蒸发和原子化。因此，原子吸收分析的火焰应有足够高的温度，能有效地蒸发和分解试样，并使被测元素原子化。此外，火焰应该稳定、背景发射和噪声低、燃烧安全。

原子吸收测定中最常用的火焰是乙炔-空气火焰，此外，应用较多的是氢-空气火焰和乙炔-氧化亚氮高温火焰。乙炔-空气火焰燃烧稳定，重现性好，噪声低，燃烧速度不是很大，温度足够高（约 2300℃），对大多数元素有足够的灵敏度。氢-空气火焰是氧化性火焰，燃烧速度较乙炔-空气火焰高，但温度较低（约 2050℃），优点是背景发射较弱，透射性能好。乙炔-氧化亚氮火焰的特点是火焰温度高（约 2955℃），而燃烧速度并不快，是目前应用较广泛的一种高温火焰，用它可测定 70 多种元素。

4.2.2.2.2 非火焰原子化器

非火焰原子化法中，常用的是管式石墨炉原子化器，其结构如图 4.20 所示。

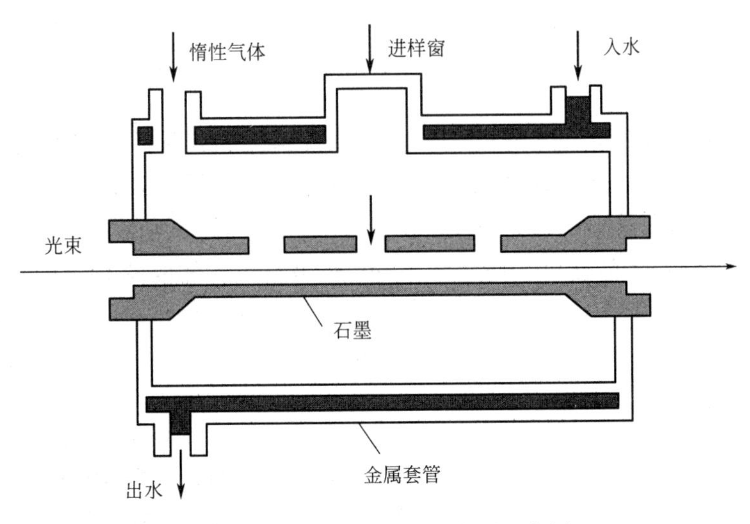

图 4.20 管式石墨炉原子化器示意图

管式石墨炉原子化器由加热电源、保护气控制系统和石墨管状炉组成。加热电源供给原子化器能量，电流通过石墨管产生高热高温，最高温度可达到 3000℃。保护气控制系统是控制保护气的，仪器启动，保护气 Ar 流通，空烧完毕，切断 Ar 气流。外气路中的 Ar 沿石墨管外壁流动，以保护石墨管不被烧蚀，内气路中 Ar 从管两端流向管中心，由管中心孔流出，以有效地除去在干燥和灰化过程中产生的基体蒸气，同时保护已原子化了的原子不再被氧化。在原子化阶段，停止通气，以延长原子在吸收区内的平均停留时间，避免对原子蒸气的稀释。

石墨炉原子化器的操作分为干燥、灰化、原子化和净化四步，由微机控制实行程序升温。图 4.21 为一程序升温过程的示意图。

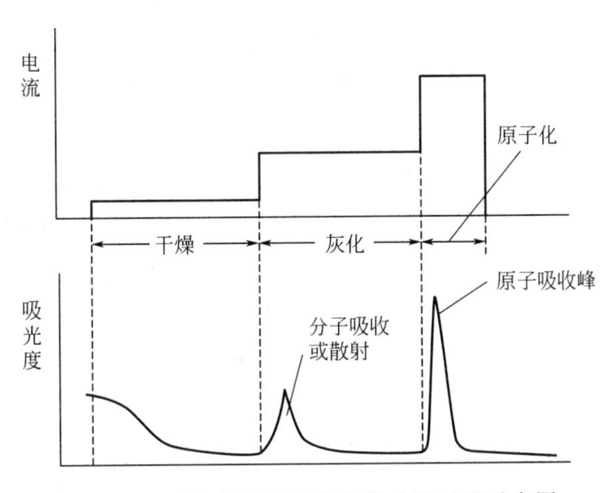

图 4.21 无火焰原子化器程序升温过程示意图

石墨炉原子化法的优点是，试样原子化是在惰性气体保护下于强还原性介质内进行的，有利于氧化物分解和自由原子的生成。用样量小，样品利用率高，原子在吸收区内平均停留时间较长，绝对灵敏度高（10^{-13}～10^{-9}g）。液体和固体试样均可直接进样。缺点是试样组成不均匀性影响较大，有强的背景吸收（共存化合物分子吸收），测定精密度不如火焰原子

化法（记忆效应）。

4.2.2.3 分光器

分光器由入射和出射狭缝、反射镜和色散元件组成，其作用是将所需要的共振吸收线分离出来。分光器的关键部件是色散元件，现在商品仪器都是使用光栅。原子吸收光谱仪对分光器的分辨率要求不高，曾以能分辨开镍三线 Ni 230.003nm、Ni 231.603nm、Ni 231.096nm 为标准，后采用 Mn 279.5nm 和 Mn 279.8nm 代替 Ni 三线来检定分辨率。光栅放置在原子化器之后，以阻止来自原子化器内的所有不需要的辐射进入检测器。

4.2.2.4 检测系统

主要由检测器、放大器、对数变换器、显示记录装置组成。原子吸收分光光度计常用光电倍增管作检测器，将单色器分出的光信号转变成电信号。放大器将光电倍增管输出的较弱信号，经电子线路进一步放大。对数变换器的作用是光强度与吸光度之间的转换。

4.2.3 定量分析方法

4.2.3.1 标准曲线法

这是最常用的基本分析方法。配制一组合适的标准样品，在最佳测定条件下，由低浓度到高浓度依次测定它们的吸光度 A，以吸光度 A 对浓度 c 作图。在相同的测定条件下，测定未知样品的吸光度，从 A-c 标准曲线上用内插法求出未知样品中被测元素的浓度。

4.2.3.2 标准加入法

当无法配制组成匹配的标准样品时，使用标准加入法是合适的。分取几份等量的被测试样，其中一份不加入被测元素，其余各份试样中分别加入不同已知量 c_1、c_2、c_3、…、c_n 的被测元素，然后，在标准测定条件下分别测定它们的吸光度 A，绘制吸光度 A 对被测元素加入量 c_1 的曲线（参见图 4.22）。

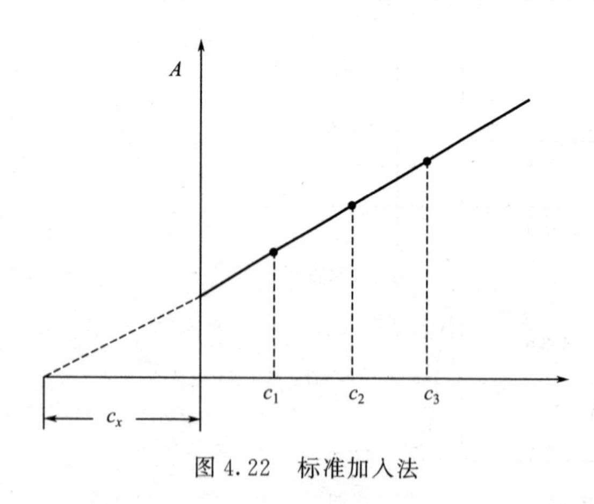

图 4.22 标准加入法

如果被测试样中不含被测元素，在正确校正背景之后，曲线应通过原点；如果曲线不通过原点，说明含有被测元素，截距所相应的吸光度就是被测元素所引起的效应。外延曲线与横坐标轴相交，交点至原点的距离所相应的浓度 c_x，即为所求的被测元素的含量。应用标准加入法，一定要彻底校正背景。

4.2.4 干扰及其抑制

原子吸收光谱分析中，干扰效应按其性质和产生的原因，可以分为四类：光谱干扰、物理干扰、化学干扰、电离干扰。

4.2.4.1　光谱干扰

4.2.4.1.1　背景干扰

背景干扰也是光谱干扰，光谱干扰包括谱线重叠、光谱通带内存在非吸收线、原子化池内的直流发射、分子吸收、光散射等。当采用锐线光源和交流调制技术时，前三种因素一般可以不予考虑，主要考虑分子吸收和光散射的影响，它们是形成光谱背景的主要因素。

分子吸收干扰是指在原子化过程中生成的气体分子、氧化物及盐类分子对辐射吸收而引起的干扰，图 4.23 给出了钠的卤化物分子的吸收谱带。光散射是指在原子化过程中产生的固体微粒对光产生散射，使被散射的光偏离光路而不为检测器所检测，导致吸光度值偏高。

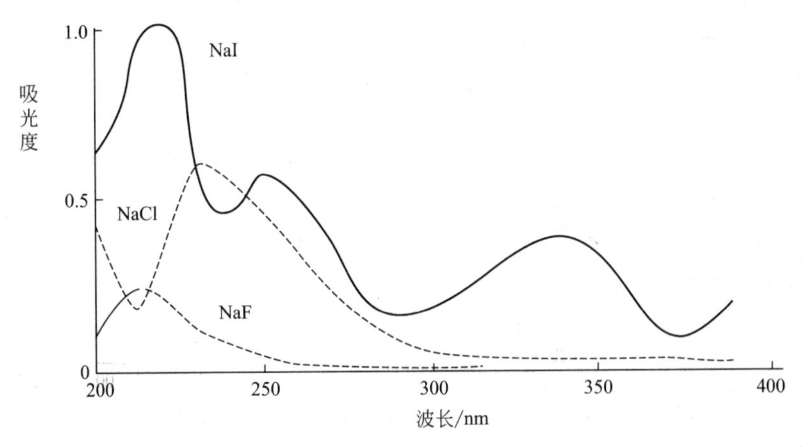

图 4.23　卤化钠的分子吸收谱带

光谱背景除了波长特征之外，还有时间、空间分布特征。分子吸收通常先于原子吸收信号之前产生，当有快速响应电路和记录装置时，可以从时间上分辨分子吸收和原子吸收信号。样品蒸气在石墨炉内分布的不均匀性，导致了背景吸收空间分布的不均匀性。

提高温度使单位时间内蒸发出的背景物的浓度增加，同时也使分子解离增加。这两个因素共同制约着背景吸收。在恒温炉中，提高温度和升温速率，使分子吸收明显下降。在石墨炉原子吸收法中，背景吸收的影响比火焰原子吸收法严重，若不扣除背景，有时根本无法进行测定。

4.2.4.1.2　背景校正方法

（1）邻近非共振线法

此法是 1964 年由 W. Slavin 提出来的。用分析线测量原子吸收与背景吸收的总吸光度，因非共振线不产生原子吸收，用它来测量背景吸收的吸光度，两次测量值相减即得到校正背景之后的原子吸收的吸光度。

背景吸收随波长而改变，因此，非共振线校正背景法的准确度较差。这种方法只适用于分析线附近背景分布比较均匀的场合。

（2）连续光源背景校正法

此法是 1965 年由 S. R Koirtyohann 提出来的。先用锐线光源测定分析线的原子吸收和背景吸收的总吸光度，再用氘灯（紫外区）或碘钨灯、氙灯（可见区）在同一波长测定背景吸收（这时原子吸收可以忽略不计），计算两次测定吸光度之差，即可使背景吸收得到校正。

由于商品仪器多采用氘灯为连续光源扣除背景，故此法亦常称为氘灯扣除背景法。

连续光源测定的是整个光谱通带内的平均背景，与分析线处的真实背景有差异。空心阴极灯是溅射放电灯，氘灯是气体放电灯，这两种光源放电性质不同，能量分布不同，光斑大小不同，调整光路平衡比较困难，影响校正背景的能力，由于背景空间、时间分布的不均匀性，导致背景校正过度或不足。氘灯的能量较弱。使用它校正背景时，不能用很窄的光谱通带，共存元素的吸收线有可能落入通带范围内吸收氘灯辐射而造成干扰。

（3）塞曼效应背景校正法

此法是1969年由 M. Prugger 和 R. Torge 提出来的。塞曼效应（Zeeman effect）校正背景是基于光的偏振特性，分为两大类：光源调制法与吸收线调制法，后者应用较广。调制吸收线的方式，有恒定磁场调制方式和可变磁场调制方式。

塞曼效应校正背景可在全波段进行，可校正吸光度高达1.5～2.0的背景，而氘灯只能校正吸光度小于1的背景，背景校正的准确度较高。此种校正背景法的缺点是，校正曲线有返转现象。采用恒定磁场调制方式，测定灵敏度比常规原子吸收法有所降低，可变磁场调制方式的测定灵敏度已接近常规原子吸收法。

① 恒定磁场调制方式　恒定磁场调制方式（参见图4.24），是在原子化器上施加一恒定磁场，磁场垂直于光束方向。在磁场作用下，吸收线分裂为 π 和 $\sigma\pm$ 组分，前者平行于磁场方向，中心线与原来吸收线波长相同；后者垂直于磁场方向，波长偏离原来吸收线波长。光源共振发射线通过起偏器后变为偏振光，随着起偏器的旋转，某一个时刻有平行于磁场方向的偏振光通过原子化器，吸收线 π 组分和背景产生吸收，测得原子吸收和背景吸收的总吸光度。在另一时刻有垂直于磁场的偏振光通过原子化器，不产生原子吸收，但仍为背景吸收，测得的只是中心波长附近背景的吸光度。两次测定吸光度之差，便是校正了背景吸收之后的净原子吸收的吸光度。

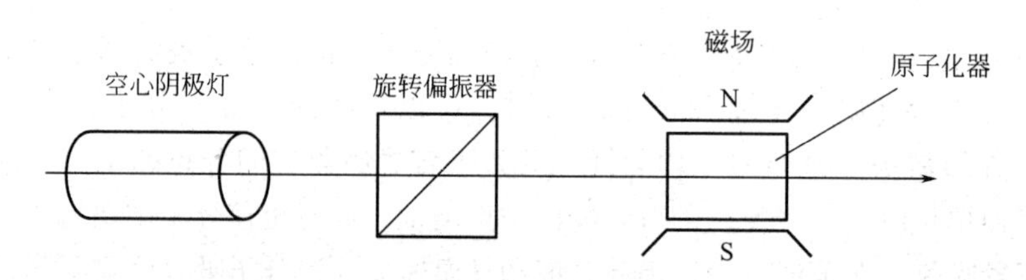

图4.24　恒定磁场调制方式光路图

② 可变磁场调制方式　图4.25为可变磁场调制方式光路图。可变磁场调制方式是在原子化器上加一电磁铁，后者仅在原子化阶段被激磁，偏振器是固定的，其作用是去掉平行于磁场方向的偏振光，只让垂直于磁场方向的偏振光通过原子蒸气。在零磁场时，测得的是吸

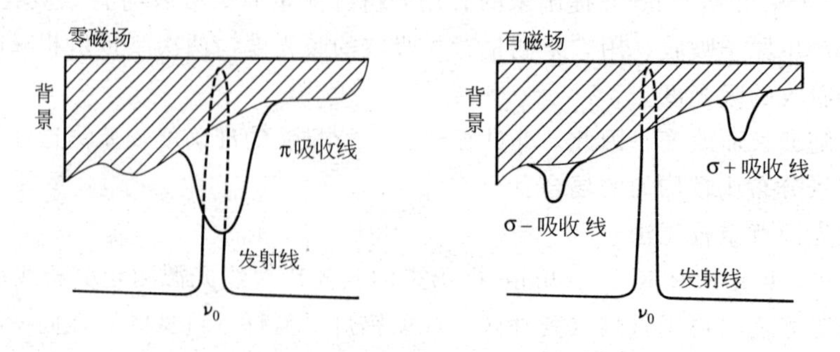

图4.25　可变磁场调制方式光路图

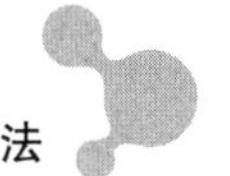

收线的原子吸收和背景吸收的总吸光度。激磁时，通过的垂直于磁场的偏振光只为背景吸收，测得背景吸收的吸光度。两次测定吸光度之差，便是校正了背景吸收之后的净原子吸收的吸光度。

4.2.4.2 物理干扰

物理干扰是指试样在转移、蒸发和原子化过程中，由于试样任何物理特性（如黏度、表面张力、密度等）的变化而引起的原子吸收强度下降的效应。物理干扰是非选择性干扰，对试样各元素的影响基本是相似的。

配制与被测试样相似组成的标准样品，是消除物理干扰最常用的方法。在不知道试样组成或无法匹配试样时，可采用标准加入法或稀释法来减小和消除物理干扰。

4.2.4.3 化学干扰

化学干扰是由于液相或气相中被测元素的原子与干扰物质组分之间形成热力学更稳定的化合物，从而影响被测元素化合物的解离及其原子化。磷酸根对钙的干扰，硅、钛形成难解离的氧化物，钨、硼、稀土元素等生成难解离的碳化物，从而使有关元素不能有效原子化，都是化学干扰的例子。化学干扰是一种选择性干扰。

消除化学干扰的方法有化学分离、使用高温火焰、加入释放剂和保护剂、使用基体改进剂等。例如磷酸根在高温火焰中就不干扰钙的测定，加入锶、镧或 EDTA 等都可消除磷酸根对测定钙的干扰。在石墨炉原子吸收法中，加入基体改进剂，提高被测物质的稳定性或降低被测元素的原子化温度以消除干扰。例如，汞极易挥发，加入硫化物生成稳定性较高的硫化汞，灰化温度可提高到 300℃；测定海水中 Cu、Fe、Mn 和 As 等，可加入 NH_4NO_3，使 NaCl 转化为 NH_4Cl，在原子化之前低于 500℃ 的灰化阶段除去。

4.2.4.4 电离干扰

在高温下原子电离，使基态原子的浓度减少，引起原子吸收信号降低，此种干扰称为电离干扰。电离效应随温度升高、电离平衡常数增大而增大，随被测元素浓度增高而减小。

加入更易电离的碱金属元素，可以有效地消除电离干扰。

4.2.5 测定条件的选择

(1) 分析线选择

通常选用共振吸收线为分析线，测定高含量元素时，可以选用灵敏度较低的非共振吸收线为分析线。As、Se 等共振吸收线位于 200nm 以下的远紫外区，火焰组分对其有明显吸收，故用火焰原子吸收法测定这些元素时，不宜选用共振吸收线为分析线。

(2) 狭缝宽度

狭缝宽度影响光谱通带宽度与检测器接受的能量。原子吸收光谱分析中，光谱重叠干扰的几率小，可以允许使用较宽的狭缝。调节不同的狭缝宽度，测定吸光度随狭缝宽度而变化，当有其他的谱线或非吸收光进入光谱通带内，吸光度将立即减小。不引起吸光度减小的最大狭缝宽度，即为应选取的合适的狭缝宽度。

(3) 空心阴极灯电流

空心阴极灯一般需要预热 10～30min 才能达到稳定输出。灯电流过小，放电不稳定，

故光谱输出不稳定，且光谱输出强度小；灯电流过大，发射谱线变宽，导致灵敏度下降，校正曲线弯曲，灯寿命缩短。选用灯电流的一般原则是，在保证有足够强且稳定的光强输出条件下，尽量使用较低的工作电流。通常以空心阴极灯上标明的最大电流的一半至三分之二作为工作电流。在具体的分析场合，最适宜的工作电流由实验确定。

（4）原子化条件的选择

① 火焰类型和特性：在火焰原子化法中，火焰类型和特性是影响原子化效率的主要因素。对低、中温元素，使用空气-乙炔火焰；对高温元素，宜采用氧化亚氮-乙炔高温火焰；对分析线位于短波区（200nm 以下）的元素，使用空气-氢火焰是合适的。对于确定类型的火焰，稍富燃的火焰（燃气量大于化学计量）是有利的。对氧化物不十分稳定的元素如 Cu、Mg、Fe、Co、Ni 等，用化学计量火焰（燃气与助燃气的比例与它们之间化学反应计量相近）或贫燃火焰（燃气量小于化学计量）也是可以的。为了获得所需特性的火焰，需要调节燃气与助燃气的比例。

② 燃烧器的高度选择：在火焰区内，自由原子的空间分布不均匀，且随火焰条件而改变，因此，应调节燃烧器的高度，以使来自空心阴极灯的光束从自由原子浓度最大的火焰区域通过，以期获得高的灵敏度。

③ 程序升温的条件选择：在石墨炉原子化法中，合理选择干燥、灰化、原子化及除残温度与时间是十分重要的。干燥应在稍低于溶剂沸点的温度下进行，以防止试液飞溅。灰化的目的是除去基体和局外组分，在保证被测元素没有损失的前提下应尽可能使用较高的灰化温度。原子化温度的选择原则是，选用达到最大吸收信号的最低温度作为原子化温度。原子化时间的选择，应以保证完全原子化为准。原子化阶段停止通保护气，以延长自由原子在石墨炉内的平均停留时间。除残的目的是为了消除残留物产生的记忆效应，除残温度应高于原子化温度。

（5）进样量选择

进样量过小，吸收信号弱，不便于测量；进样量过大，在火焰原子化法中，对火焰产生冷却效应，在石墨炉原子化法中，会增加除残的困难。在实际工作中，应测定吸光度随进样量的变化，达到最满意的吸光度的进样量，即为应选择的进样量。

4.2.6 原子吸收光谱分析法的特点及其应用

原子吸收分析的主要特点是测定灵敏度高，特效性好，抗干扰能力强，稳定性好，适用范围广，可测定 70 多种元素（非金属元素可采用间接法测量）。加上仪器较简单，操作方便，因而原子吸收分析法的应用范围日益广泛。

4.2.7 原子荧光光谱法

原子荧光光谱法是以原子在辐射能激发下发射的荧光强度进行定量分析的发射光谱分析法。所用仪器与原子吸收光谱法相近。

4.2.7.1 原子荧光光谱的产生及其类型

当自由原子吸收了特征波长的辐射之后被激发到较高能态，接着又以辐射形式去活化，就可以观察到原子荧光。原子荧光可分为三类：共振原子荧光、非共振原子荧光与敏化原子荧光。

(1) 共振原子荧光

原子吸收辐射受激后再发射相同波长的辐射，产生共振原子荧光。若原子经热激发处于亚稳态，再吸收辐射进一步激发，然后再发射相同波长的共振荧光，此种共振原子荧光称为热助共振原子荧光。如In 451.13nm就是这类荧光的例子。只有当基态是单一态，不存在中间能级，没有其他类型的荧光同时从同一激发态产生，才能产生共振原子荧光。共振原子荧光产生的过程如图4.26(a)所示。

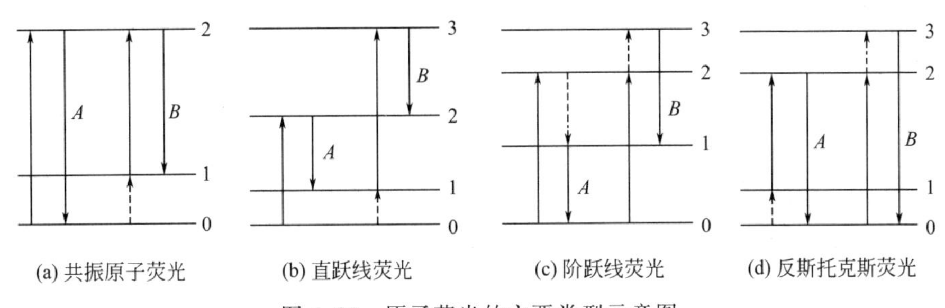

图4.26　原子荧光的主要类型示意图

(2) 非共振原子荧光

当激发原子的辐射波长与受激原子发射的荧光波长不相同时，产生非共振原子荧光。非共振原子荧光包括直跃线荧光、阶跃线荧光与反斯托克斯荧光，它们的发生过程分别见图4.26(b)、(c)、(d)。

直跃线荧光是激发态原子直接跃迁到高于基态的亚稳态时所发射的荧光，如Pb 405.78nm。只有基态是多重态时，才能产生直跃线荧光。阶跃线荧光是激发态原子先以非辐射形式去活化回到较低的激发态，再以辐射形式去活化回到基态而发射的荧光；或者是原子受辐射激发到中间能态，再经热激发到高能态，然后通过辐射方式去活化回到低能态而发射的荧光。前一种阶跃线荧光称为正常阶跃线荧光，如Na 589.6nm，后一种阶跃线荧光称为热助阶跃线荧光，如Bi 293.8nm。反斯托克斯荧光是发射的荧光波长比激发辐射的波长短，如In 410.18nm。

(3) 敏化原子荧光

激发原子通过碰撞将其激发能转移给另一个原子使其激发，后者再以辐射方式去活化而发射荧光，此种荧光称为敏化原子荧光。火焰原子化器中的原子浓度很低，主要以非辐射方式去活化，因此观察不到敏化原子荧光。

在上述各类原子荧光中，共振原子荧光最强，在分析中应用最广。

4.2.7.2　原子荧光分析仪器

原子荧光分析仪分非色散型原子荧光分析仪与散型原子荧光分析仪。这两类仪器的结构基本相似，差别在于单色器部分。两类仪器的光路图分别如图4.27(a)和(b)所示。

(1) 激发光源

可用连续光源或锐线光源。常用的连续光源是氙弧灯，常用的锐线光源是高强度空心阴极灯、无极放电灯、激光等。连续光源稳定，操作简便，寿命长，能用于多元素同时分析，但检出限较差。锐线光源辐射强度高，稳定，可得到更好的检出限。

(2) 原子化器

原子荧光分析仪对原子化器的要求与原子吸收光谱仪基本相同。

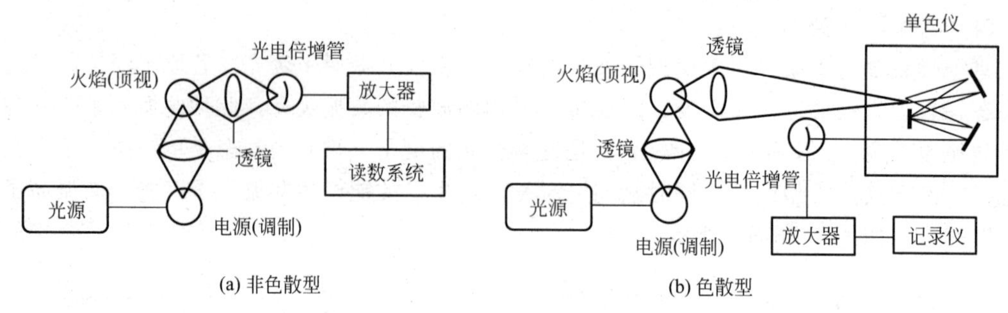

(a) 非色散型　　(b) 色散型

图 4.27　原子荧光分析仪结构示意图

(3) 光学系统

光学系统的作用是充分利用激发光源的能量和接收有用的荧光信号，减少和除去杂散光。色散系统对分辨能力要求不高，但要求有较大的集光本领，常用的色散元件是光栅。非色散型仪器的滤光器用来分离分析线和邻近谱线，降低背景。非色散型仪器的优点是照明立体角大，光谱通带宽，集光本领大，荧光信号强度大，仪器结构简单，操作方便。缺点是散射光的影响大。

(4) 检测器

常用的是光电倍增管，在多元素原子荧光分析仪中，也用光导摄像管、析像管作检测器。检测器与激发光束成直角配置，以避免激发光源对检测原子荧光信号的影响。

4.2.8　实验技术

实验 4.2.1　原子吸收分光光度法测定自来水中的镁含量

【实验目的】

(1) 通过实验加深理解原子吸收分光光度法的基本原理。

(2) 了解原子吸收分光光度计的基本结构、性能及操作条件的选择方法。

(3) 掌握原子吸收分光光度法测定镁的原理、方法和优缺点。

【实验原理】

在使用锐线光源条件下，基态原子蒸气对共振线的吸收，符合朗伯-比耳（Lambert-Beer）定律，即

$$A=\lg(I_0/I)=KLN_0 \tag{4.20}$$

在试样原子化时，火焰温度低于 3000K 时，对大多数元素来讲，原子蒸气中基态原子的数目实际上十分接近原子总数。在一定实验条件下，待测元素的原子总数目与该元素在试样中的浓度呈正比，则 $A=kc$。用 A-c 标准曲线法或标准加入法，可以求算出元素的含量。

镁在空气-乙炔火焰中离解较完全，灵敏度特别高。原子吸收分光光度法测定镁，样品一般用氢氟酸-高氯酸混酸分解。当某些金属离子浓度较高时有干扰，加入释放剂（如氯化锶或氯化镧）可以消除干扰。

对于天然水中镁的测定，如果水中存在悬浮物，则首先必须分离并用硝酸消解。清洁而澄清的水用 1%硝酸酸化，如果镁的浓度太大，可用 1%硝酸稀释，天然水中镁的测定不存在干扰。

【仪器与试剂】

仪器：原子吸收分光光度计；空气压缩机；乙炔钢瓶。

试剂：除特别注明，所有试剂均为分析纯，氧化镁，800℃灼烧至恒重，浓盐酸，硝酸

(1%)，氯化锶（25%），水样。

【实验步骤】

（1）镁标准溶液的制备。准确称取 0.1660g 氧化镁，溶于 2.5mL 盐酸及少量水中，移入 100mL 容量瓶中稀释至刻度，摇匀。得到含镁 $1.0mg \cdot mL^{-1}$贮备液。使用时用水稀释 20 倍，变成含镁 $50\mu g \cdot mL^{-1}$的标准溶液。

（2）测量溶液的配制取水样 5mL 5 份，置于 50mL 容量瓶中，加盐酸 1mL，25%氯化锶 2mL。分别加入 0.00、1.00、2.00、3.00、4.00（mL）含镁的标准溶液，都稀释至刻度，摇匀。

（3）测量吸光度

① 在灯架表上选择相应的空心阴极灯并将空心阴极灯装入灯架。

② 按顺序打开主机、计算机。

③ 开空气压缩机及乙炔气（乙炔气钢瓶表头分压力不大于 0.05MPa），点火。

④ 调节仪器运行参数。

⑤ 用所配测量溶液喷雾，记录各自的吸光度。

⑥ 测定完毕，用蒸馏水喷雾几分钟，然后依次关闭乙炔、空气，切断电源，关闭计算机。

【数据记录与处理】

以测得的吸光度为纵坐标，以加入的镁标准溶液在各测量液中的镁浓度［本实验分别为 0、1、2、3、4（$\mu g \cdot mL^{-1}$）］为横坐标作图，将直线外延使与横坐标相交，则交点至原点的距离即为试样中镁在每份测量液中的浓度 c_x。水样中镁的含量按下式计算：

$$Mg(\mu g \cdot L^{-1}) = c_x \frac{50}{V_{水}} \times 1000 \times 100\% \qquad (4.21)$$

【注意事项】

（1）操作时，嗅到乙炔（或石油气）气味，可能有管道或接头漏气，应立即关闭燃气，室内通风，避免明火，进行检查。

（2）防止废液排出管漏气，出口处应水封。

（3）作图应使用作图软件。

【思考题】

（1）上述方法属于哪种定量分析方法？它有哪些优点？在哪些情况下宜采用此法？

（2）火焰原子吸收光谱法的优缺点。

实验 4.2.2　石墨炉原子吸收光谱法测定水中钴含量

【实验目的】

（1）通过本实验学习如何选择石墨炉原子吸收法的实验条件。

（2）了解石墨炉原子吸收分光光度计的基本结构及其使用方法。

【实验原理】

石墨炉原子化器是应用最广泛的无火焰加热原子化器。其基本原理是利用大电流（常高达数百安培）通过高阻值的石墨管，以产生高达 2000～3000℃的高温，使置于石墨管中的少量试液或固体试样蒸发和原子化。相应的加热过程分为干燥、灰化、原子化、净化除残四个步骤，即所谓的程序升温过程。

水样注入石墨炉原子化器，钴离子在石墨管内经原子化高温蒸发解离为原子蒸气，钴基态原子吸收钴空心阴极灯发射的 240.8nm 共振线，其吸收强度在一定范围内与钴含量成正比，根据测定的吸光值与标准系列比较定量。

【仪器与试剂】

仪器：Z-5000 型原子吸收分光光度计（带自动进样器），钴空心阴极灯，热解涂层石墨管。

试剂：钴标准储备溶液（$1000\mu g \cdot mL^{-1}$），钴标准应用液（$0.10\mu g \cdot mL^{-1}$），硝酸(优级纯)。

【实验步骤】

（1）工作条件的选择

分析谱线：钴的灵敏吸收线 240.8nm。

仪器参数：灯电流 10mA，狭缝 0.4nm。测量方式：峰高。塞曼效应扣除背景。

石墨炉升温程序：干燥温度 80～120℃，30s，灰化温度 600℃，20s，原子化温度 2600℃，5s，清除温度 2800℃，4s，氩气流量 200mL・min，原子化阶段停气。

进样体积 20μL。

（2）标准曲线的绘制

用 0.2%硝酸配制成钴浓度为 0 .00、0.20、0.50、1.00、2.00、5.00、10.0、15.0、20.0（$\mu g \cdot mL^{-1}$）的标准系列，按设定的仪器条件测定吸光值，并绘制标准曲线。

（3）样品的测定

当水中钴含量大于 0 .2$\mu g \cdot L^{-1}$时，可直接取加酸保存的水样测定吸光值，并从标准曲线中求得水中钴的含量。

当水中钴含量小于 0.2$\mu g \cdot L^{-1}$时，取 100mL 水样，加 0.2mL 10%硝酸，置电热板上加热浓缩至 10mL，测定吸收值。

【数据记录与处理】

根据测得的标准系列溶液的吸光度绘制标准曲线，根据样品的吸光度从标准曲线上查出样品中钴的含量。

【注意事项】

（1）原子化温度应取决于待测元素和样品基体的挥发程度，最佳的原子化温度是能给出最大吸收信号的最低温度，一般以 2800℃为上限。

（2）原子化时间的确定原则是尽可能选取较短时间，但仍能使原子化完全。

【思考题】

（1）石墨炉原子吸收分光光度计有哪几部分组成？各部分的作用是什么？

（2）石墨炉原子吸收分光光度计的干燥、灰化、原子化的温度和时间对测定有何影响？如何正确选择这些工作条件？

（3）本实验的误差来源是什么？如何减少测定误差？

实验 4.2.3 原子吸收分光光度法测定水样中铜含量

【实验目的】

（1）掌握原子吸收分光光度计的工作原理和使用方法。

（2）掌握用火焰原子吸收光谱法测定铜离子的原理和方法。

【实验原理】

测定水中金属离子的浓度可以采用多种方法，而用火焰原子吸收光谱法测定饮用水或矿物水中金属离子浓度具有干扰少、测定快速的特点。

基于气态基态原子外层的电子对共振线的吸收，气态的基态原子数与物质的含量成正比，故可用于定量分析。利用火焰的热能使样品转化为气态基态原子的方法称火焰原子吸收光谱法（如图 4.28 所示）。

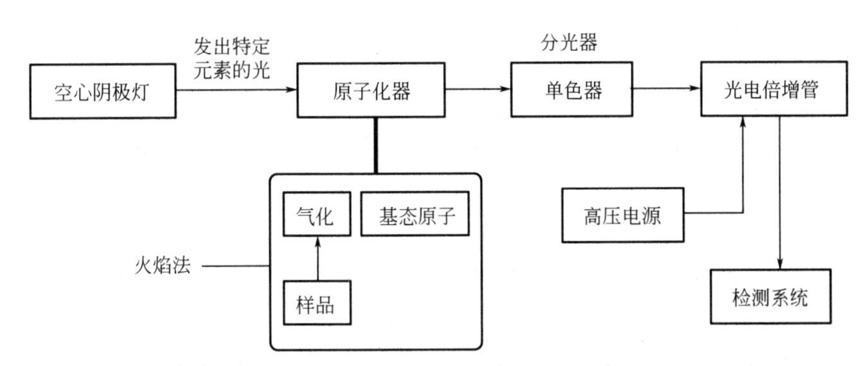

图 4.28　火焰原子吸收光谱法示意图

水样被引入火焰原子化器后，经雾化进入空气-乙炔火焰，在适宜的条件下，铜离子被原子化，生成的基态原子能吸收待测元素的特征谱线。铜对 324.7nm 的光产生共振吸收，其吸光度与浓度的关系在一定范围内服从比尔定律，故采用与标准系列相比较的方法测定铜在水中的含量。

【仪器与试剂】

仪器：原子吸收分光光度计（Z-5000 系列），铜空心阴极灯。

试剂：除另有说明外，所用试剂均为分析纯试剂。硝酸：优级纯，高氯酸：优级纯，铜标准贮备液：$1g \cdot L^{-1}$，水样。

【实验步骤】

（1）仪器准备

开启原子吸收分光光度计，调整好铜离子的分析线和火焰类型及其他测试条件。

（2）样品预处理

取 100mL 水样放入 200mL 烧杯中，加入 5mL 硝酸，在电热板上加热消解（不要沸腾）。蒸至剩余 10mL 左右，加入 5mL 硝酸和 2mL 高氯酸继续消解至剩余 1mL 左右。若消解不完全，继续加入 5mL 硝酸和 2mL 高氯酸，再次蒸至剩余 1mL 左右。取下冷却，加水溶解残渣，用水定容至 100mL。

（3）标准溶液配制

铜标准溶液：向 100mL 容量瓶中移入 10.00mL 铜标准贮备液，各加入 5 滴 $6mol \cdot L^{-1}$ 盐酸，用二次蒸馏水稀释至标线，此为铜标准溶液。

铜标准系列溶液：向 5 只 100mL 容量瓶中分别移入 1.00mL、2.00mL、3.00mL、4.00mL、5.00mL 铜标准溶液，用二次蒸馏水稀释至标线，此为铜标准系列溶液。

（4）吸光度测定

① 将仪器调整到最佳工作状态，将铜空心阴极灯置于光路，点燃火焰。

② 按照由稀至浓的顺序分别吸喷铜标准系列溶液，记录其吸光度。喷二次蒸馏水洗涤，然后吸入样品溶液，记录其吸光度。

【数据记录与处理】

根据测得的标准系列溶液的吸光度绘制标准曲线，根据样品的吸光度从标准曲线上查出样品中铜的含量。

$$被测金属含量(mg \cdot L^{-1}) = m/V \tag{4.22}$$

式中　m——从标准曲线上查出的被测金属量，μg；

　　V——分析用的水样体积，mL。

【注意事项】

(1) 实验使用易燃气体乙炔，故在实验室严禁烟火，以免发生事故。

(2) 点燃火焰时，必须先开空气，后开乙炔，熄灭火焰时，则应先关乙炔，后关空气，防止回火、爆炸事故的发生。

【思考题】

(1) 从原理上比较原子吸收光谱法与分光光度法的异同点。

(2) 原子吸收法定量分析的依据是什么?

(3) 原子吸收分光光度分析为何要用待测元素的空心阴极灯做光源?

第5章

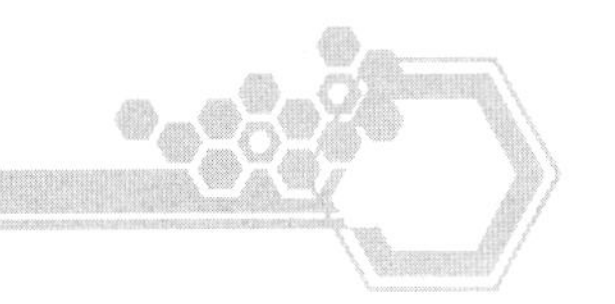

电化学分析法

5.1 电位分析法

5.1.1 基本原理

电位分析法的基本原理是利用电极电位与溶液中某组分（或某些组分）浓度的相关性进行定量分析。电极电位是通过测定置于溶液中的工作电极和参比电极之间的电位差获得的。工作电极是指其电极电位随待测对象浓度变化的电极，而参考电极则是在测定过程中电位保持恒定的电极。

电位分析法分为直接电位法和电位滴定法两类。直接电位法也称离子选择电极法，它利用膜电极将被测离子的活度转换为电极电位而加以测定的一种方法；电位滴定法则是利用电极电位的变化来指示滴定终点的容量分析法，在测定离子浓度时，电位法仅仅只测定溶液中的自由离子，它不破坏溶液中的平衡关系，而电位滴定法测定被测离子的总浓度。

电位测量时，将一支指示电极与另一支合适的参比电极插入被测试液中，构成一个电化学电池，并通过离子计（或 pH 计）测定该试液的电动势或电极电位（或 pH 值），以求得被测物质的含量，装置如图 5.1 所示。

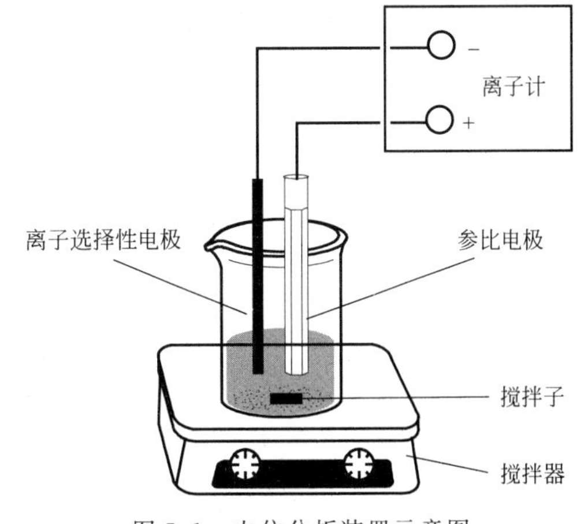

图 5.1　电位分析装置示意图

电位分析中使用的电极有离子选择电极和基于电子交换反应的电极，它们均可作为指示电极或参比电极。

测量时组成电池：

指示电极|一定浓度试液||参比电极

电池的电动势为：

$$E_{电池}=\varphi_{参比}-\varphi_{指示}+\varphi_{液接} \qquad (5.1)$$

式中，$\varphi_{参比}$ 为参比电极的电极电位；$\varphi_{指示}$ 为指示电极的电极电位；$\varphi_{液接}$ 为液体接界电位，可用盐桥来降低或消去。

5.1.2 电位分析法的分类和特点

5.1.2.1 电位分析法的分类

直接电位法，也称离子选择性电极法，它利用专用的指示电极——离子选择性电极，选择性地把待测离子的活度转化为电极电位加以测量，根据 Nernst 方程式，求出待测离子的活度。

电位滴定法是利用指示电极在滴定过程中电位的变化及化学计量点附近电位的突跃来确定滴定终点的滴定分析方法。电位滴定法与一般的滴定分析法的根本差别在于确定终点的方法不同。

5.1.2.2 电位分析法的特点

5.1.2.2.1 直接电位法

(1) 标准曲线法

标准曲线法是测定出一系列标准溶液的电位值后，绘制出电位 E 与 $\lg a_c$ 之间的关系曲线，然后在相同条件下测定未知溶液的电位值，再根据所测电位值从标准曲线上求出其浓度的方法。

标准曲线法适用于大批样品的测试分析。需要指出的是，在绘制标准曲线时，有时要配置一种离子强度调节缓冲剂（TISAB)，使标准溶液和未知试剂的离子强度恒定，并且 pH 值在一定范围内。配置离子强度调节缓冲剂所用的试剂要对测定不能有干扰。有时在离子强度调节缓冲剂中还加入适当的配位剂来消除待测溶液中干扰离子的影响。

(2) 标准加入法

对于比较复杂的溶液，标准曲线法不太适用，此时可采用标准加入法。这里只介绍一次标准加入法，该法首先测定体积 V_x、浓度为 c_x 的未知样品溶液的电位值 E_x。然后再在试液中加入体积为 V_s、浓度 c_s 的标准溶液（要求 $V_s \ll V_x$），同样的方法测定其电动势 E，根据能斯特方程：

$$10^{\frac{\Delta E}{s}}=1+\frac{\Delta c}{c_x} \tag{5.2}$$

$$E=K'+s\lg\frac{V_x c_x+V_s c_s}{V_x+V_s} \tag{5.3}$$

式中，$s=\frac{2.303RT}{nF}$，为电极的响应斜率，可从标准曲线上求得。以上两式相减得：

$$\Delta E=E-E_x=s\lg\frac{V_x c_x+V_s c_s}{V_x c_x}=s\lg\left(1+\frac{\Delta c}{c_x}\right) \tag{5.4}$$

式中，$\Delta c=\frac{c_s V_s}{V_x}$，将式(5.4) 两边取反对数，得：

$$10^{\frac{\Delta E}{s}}=1+\frac{\Delta c}{c_x}$$

即：

$$c_x=\frac{\Delta c}{10^{\frac{\Delta E}{s}}-1} \tag{5.5}$$

式中，s 为电极实际斜率，可从标准曲线上求得。

使用式(5.4) 应注意：首先，标准溶液的浓度应是未知试液浓度的 100 倍；其次，标准溶液的体积应是未知试液体积的 1%，从而使得加入标准溶液以后测得电位值变化在 20～30mV。

(3) 直读法

对于未知试剂中的未知物浓度可以在离子计或 pH 计上直接读出其浓度的方法，称为直读法。

例如，用 pH 计测定未知溶液的 pH 值时，组成如下电池：

pH 玻璃电极|试液 $c_{H^+}=x$(或标准缓冲溶液)‖饱和甘汞电极

电池电动势：
$$E_{电池}=E_{甘}-E_{玻} \tag{5.6}$$

在一定条件下，$\varphi_{甘汞}$为常数，则

$$E_{电池,x}=K'+0.0592pH_x \tag{5.7}$$

在实际测定未知试液的 pH 值，必须用标准 pH 缓冲溶液进行定位校正：

$$E_{电池,x}=K'+0.0592pH_s$$

两式相减得：
$$pH_x=pH_s+\frac{E_{电池,x}-E_{电池,s}}{0.0592} \tag{5.8}$$

在测定未知试液的 pH 值时，先用标准缓冲溶液定位，使 pH 计上所指示的值等于标准缓冲溶液的 pH 值。然后再对未知试剂进行测定，此时 pH 计上所示的值即为未知试剂的 pH 值。

5.1.2.2.2 电位滴定法

电位滴定法是利用电极的“突跃”来指示滴定终点的到达。电位滴定终点的确定不必知道终点电位的准确值，只需电位值的变化。确定电位滴定终点的方法有作图法和二级微商法。

(1) 作图法

以电位值 φ（或 pH 值）为纵坐标，加入滴定剂的体积 V 为横坐标，绘制 φ-V 电位滴定曲线［见图 5.2(a)］，曲线斜率最大处为滴定终点。

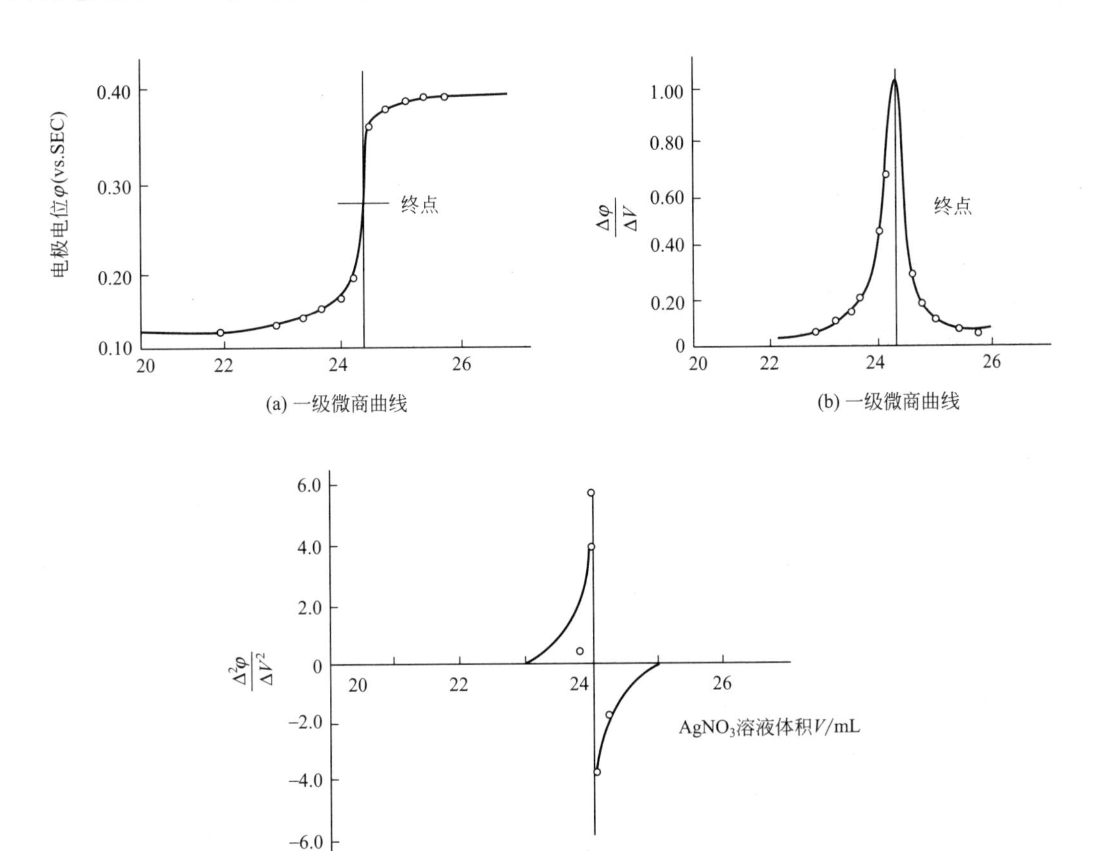

(a) 一级微商曲线　(b) 一级微商曲线

(c) 二级微商曲线

图 5.2 电位分析作图法

以$\frac{\Delta\varphi}{\Delta V}$对滴定剂平均体积作图构成一级微商曲线［见图 5.2(b)］，曲线最大点所对应的体积为滴定终点体积。一级微商$\frac{\Delta\varphi}{\Delta V}$对应值相减得二级微商曲线［见图 5.2(c)］，二级微商$\frac{\Delta^2\varphi}{\Delta V^2}=0$时所对应的体积为滴定终点的体积。

（2）微商法

在二级微商值出现相反符号时所对应的两个体积 V_1、V_2 之间，必然存在$\frac{\Delta^2\varphi}{\Delta V^2}=0$的一点，对应于这一点的体积即为滴定的终点体积。所以终点的体积：

$$V_{终}=V_1+(V_2-V_1)\frac{\Delta^2\varphi_1/\Delta V_1^2}{\Delta^2\varphi_1/\Delta V_1^2+|\Delta^2\varphi_2/\Delta V_2^2|} \tag{5.9}$$

$$\varphi_{终}=\varphi_1+(\varphi_2-\varphi_1)\frac{\Delta^2\varphi_1/\Delta V_1^2}{\Delta^2\varphi_1/\Delta V_1^2+|\Delta^2\varphi_2/\Delta V_2^2|} \tag{5.10}$$

由式(5.9) 计算得：

$$V_{终}=24.3+0.1\times\frac{440}{440+590}=24.34\text{mL}$$

同理，可以求得终点时的电位值

$$\varphi_{终}=233+83\times\frac{440}{440+590}=268\text{mV(vs. SCE)}$$

5.1.3 离子选择性电极及特性参数

5.1.3.1 离子选择性电极的响应原理

离子选择电极（ion selective electrode，ISE），是对某种特定离子产生选择性响应的一种电化学传感器。其结构一般由敏感膜、内参比溶液和内参比电极组成。

离子选择电极电位为：

$$E(\text{ISE})=E_{内参}+E_{膜}=K^{\theta}\pm\frac{2.303RT}{zF}\lg a_{M^{n+}} \tag{5.11}$$

式中，z 为离子电荷数；“±”对阳离子取“+”，阴离子取“−”；a 为被测离子活度。

当离子选择性电极为正极，饱和甘汞电极为负极时，对于阳离子 M^{n+}，原电池电动势可表示为：

$$E_{电池}=K+\frac{2.303RT}{zF}\lg a(M^{n+})-E_{甘汞}=K'+\frac{2.303RT}{zF}\lg a(M^{n+}) \tag{5.12}$$

对于阴离子 R^{z-}

$$E_{电池}=K'-\frac{2.303RT}{zF}\lg a(R^{n-}) \tag{5.13}$$

5.1.3.2 离子选择性电极的构造

从以上离子选择性电极的结构图（见图 5.3）可以看出，不同的离子选择电极一般都是基于某种活性膜内部溶液与外部溶液的电位差——膜电位会随待测离子活度的变化而有规律变化的原理进行分析的，内参比电极常用 Ag/AgCl 电极，内充液采用待测离子的可溶性盐

和含 Cl^- 的溶液组成。对任何膜响应电极总有公式：

$$\Delta E_{\mathrm{M}}=K\pm\frac{2.303RT}{F}\lg a_x \tag{5.14}$$

式中，“+”表示阳离子；“−”表示阴离子。

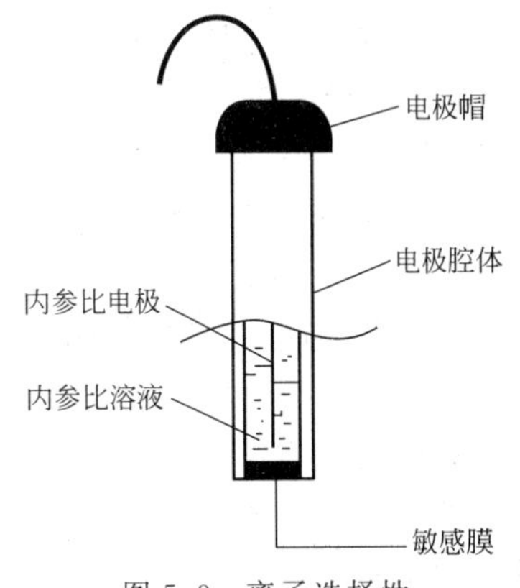

图 5.3 离子选择性电极装置示意图

5.1.3.3 离子选择性电极的性能指标

5.1.3.3.1 选择性

$$\Delta E_{\mathrm{M}}=K\pm\frac{2.303RT}{n_iF}\lg[a_i+K_{i,j}(a_j)^{n_i/n_j}] \tag{5.15}$$

式中，$K_{i,j}$ 为待测离子 i 对干扰离子 j 选择性系数。

借助选择性系数，可以估算某种干扰离子对测定造成的误差：

$$相对误差=K_{i,j}\frac{(a_j)^{n_i/n_j}}{a_i}\times100\% \tag{5.16}$$

5.1.3.3.2 检测下限和线性范围

检测下限又称检测限度，它表明离子选择性电极能够检测被测离子的最低浓度 B 点。

线性范围：见图 5.4 中的直线部分 CD 所对应的活度范围。

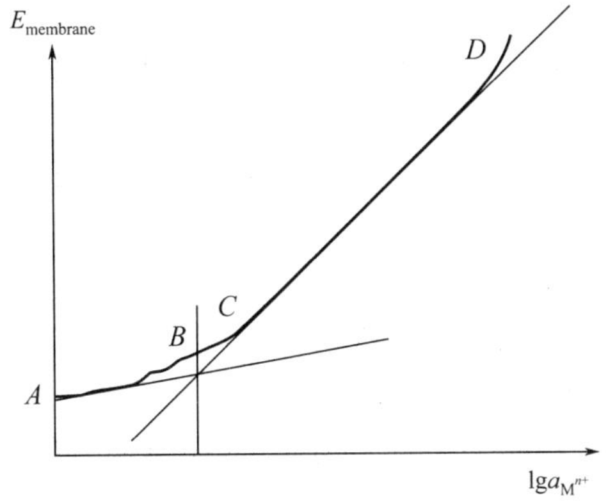

图 5.4 离子选择性电极的检测下限和线性范围

5.1.3.3.3 斜率和转换系数

斜率：离子选择性电极在能斯特响应范围内，被测离子活度变化 10 倍，所引起的电位变化值称为该电极对给定离子的斜率。

$$理论斜率=\frac{2.303RT}{zF} \tag{5.17}$$

实际斜率与理论斜率存在一定的偏差，这种偏差常用转换系数 K_{tr} 表示，计算式为：

$$K_{\mathrm{tr}}=\frac{\varphi_1-\varphi_2}{\frac{2.303RT}{zF}\lg\frac{a_1}{a_2}}\times100\% \tag{5.18}$$

K_{tr} 愈接近 100%，电极的性能愈好。

5.1.3.3.4 响应时间

实际响应时间：离子选择电极和参比电极接触试样溶液时算起，直至电池电动势达到稳定在 1mV 内所需的时间。

5.1.4 测量仪器与参比电极

5.1.4.1 测量仪器

5.1.4.1.1 PXD-12 型数字式离子计

PXD-12 型数字式离子计可以用作毫伏计、pH 计或直接测定离子活度的负对数值。

各旋钮作用如下：

① 开机预热约半小时可进行测定。

②“选择”键，测 mV 值时按下 mV 键，测一价离子的 pX 值时按下 pX Ⅰ键，二价离子按下 pX Ⅱ键。

③“调零”键，测试前调解仪器的电器零点，使它显示 0.000。

④“温度补偿”键，测量 pH（pX）值时，试液的温度是多少，就调节在相应的位置上。

⑤“斜率补偿”键，当电极斜率与理论值相符时，斜率补偿键置于 100%的位置；如若不符合时，置于 80%～110%，并用两种 pX（pX_1、pX_2）值标准溶液校准。校准时，先将斜率补偿键置于 100%，电极插入 pX_1 溶液，调节温度补偿键与试液 pX_1、相对应的温度，揿下测量键，调节定位键使仪器显示 0.000 pX，松开测量键。然后清洗电极，插入 pX_2 溶液，斜率补偿键置于 80%～110%，揿下测量键，调节斜率补偿键使仪器显示 $\Delta pX = pX_2 - pX_1$，调节完毕，此键不得变动，否则重新调节。

⑥“定位”键，测量 pH（或 pX）值时，调节此键使仪器显示标准缓冲溶液的 pH（或 pX）值。调节完毕后，此键不得变动，否则重新调节。

⑦ 测量 mV 时，定位键、斜率补偿键、温度补偿键不起作用。

注意：测量过程中更换溶液时，测量键必须处于松开位置。

5.1.4.1.2 ZD-2 型自动电位滴定计

ZD-2 型自动电位滴定计是由 ZD-2 型滴定计和 DZ-1 型滴定装置通过双头连接插塞线组合而成。可以用于滴定分析的自动滴定。ZD-2 型滴定计单独使用时可以作为 pH 计或 mV 计。DZ-1 型滴定装置单独使用时可以作为搅拌器。

（1）ZD-2 型滴定计

各旋钮作用如下：

① 使用时打开电源开关，预热半小时。

②“校正”器，测 pH 值时作定位使用，测 mV 值时调节±mV 零位。

③“选择”器，由 mV、pH、终点等五挡组成，根据测量需要任意选择。

④“温度”补偿器测量 pH 值时，应指在被测溶液的实际温度位置上补偿温度的影响。测量 mV 时，它不起作用。

⑤“终点调节”器，进行自动滴定时，先用手动滴定，由实验数据用二级微商法算出终点的 pH 或 mV 值。将选择器指在终点位置，再用终点调节器调节使电表指示在所需的终点时的 pH 或 mV 值。

⑥“滴定”开关，在进行自动滴定时，根据滴定剂性质来决定该滴液开关指向“＋”或“－”，见下表。

滴液性质	指示电极的极性	滴液开关位置
氧化剂	铂电极“＋” 甘汞电极(或其他电极)接“－”	“－”
还原剂		“＋”
酸	pH 玻璃电极接“－” 甘汞电极接“＋”	“－”
碱		“＋”
银盐	银电极接“＋” 甘汞电极接“－”	“－”
卤素		“＋”

⑦“记录器输入”插座，若需要将连续测定结果用记录仪记录下来，可用三芯记录器插座头将仪器与记录仪连接。连线时注意；用被胶木绝缘的两个连接点，通地接点不能用。

⑧“预控制”器，用于控制滴定速度。

(2) DZ-1 型滴定装置

各旋钮作用如下：

①“选择器”，置于“1”时，左边电磁阀工作；置于“2”时，右边电磁阀工作。

②“工作”开关，它分为“滴定”“手动”和“控制”三挡，根据需要来选择。

③“滴定开始”开关，当工作开关置于“滴定”时，将该开关按下两秒，滴定开始。

④ 转速调节器，调节电磁搅拌器的转速。

⑤“搅拌”开关，打开此开关，搅拌开始。

5.1.4.2 参比电极

参比电极是用来提供电位标准的电极，它是一种辅助性质的电极。参比电极应具备好的可逆性、重现性和稳定性。最常用的参比电极是甘汞电极尤其是饱和甘汞电极（SCE)、银-氯化银电极，如图 5.5 所示。

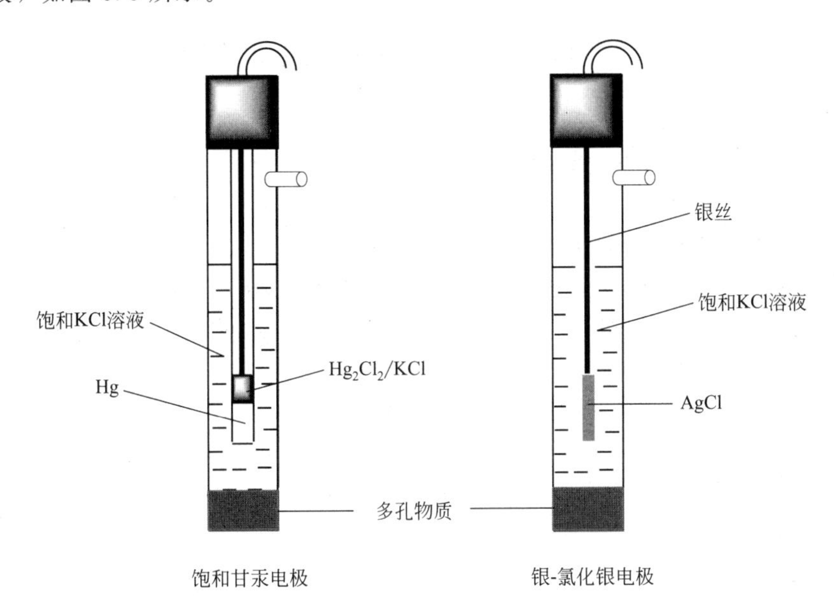

图 5.5 参比电极结构示意图

5.1.4.3 指示电极

指示电极用作测定过程中溶液的本体浓度不发生变化的体系的电极。电位分析中使用的指示电极主要是离子选择电极，其次是基于电子交换反应的电极。离子选择电极分为原电极和敏化离子选择电极两大类。原电极包括均相电极，如由 LaF_3 的氟离子选择电极、AgCl 和 Ag_2S 组成的氯离子选择电极、硝酸根离子选择电极等。敏化离子选择电极包括气敏电极和酶电极。

离子选择电极响应离子的活度与电极电位的关系式如下（25℃)：

$$\varphi = 常数 \pm \frac{0.0592}{Z_A} \lg a_A \qquad (5.19)$$

式中，Z_A 离子的电荷数；$0.0592/Z_A$ 为电极的斜率；a_A 为离子活度；阳离子为“+”，阴离子为“−”。一支离子选择电极必须具有 Nernst 响应，实际响应时间快，内阻小，等等。

5.1.5 电位分析实验技术

直接电位分析法可用标准曲线法和标准加入法。标准曲线法是在同样的条件下由标准物质配制一系列不同浓度的标准溶液，由其浓度的对数与电位值作图求得校准曲线，再在相同条件下测定试样溶液的电位值，由校准曲线上读取试样中待测离子含量。校准曲线法的缺点是当试样组成复杂时，难以保证其组成与校准曲线的完全一致，因而有时需要加入回收实验对方法的准确性加以验证。标准加入法是将一定体积和浓度的标准溶液加入到已知体积的试样中，根据加入前后电位变化计算试样中待测离子浓度。标准加入法的优点是标准溶液和待测溶液中的被测离子是在非常接近的条件下测定的，因而测定结果更加可靠。利用惰性金属如铂电极作指示电极，用饱和甘汞电极作参比电极，可指示体系滴定过程中的氧化还原电极电位的变化。在化学计量点附近产生电位突跃而指示到达终点。

实验 5.1.1 用氟离子选择电极测定水中的微量氟

【实验目的】

学习用直接电位法测定水中氟离子浓度的方法。

【实验原理】

由氟电极与饱和甘汞电极组成的电化学电池表示为：

$$\underbrace{Hg|Hg_2Cl_2,KCl(饱和)}_{甘汞电极}|试液|\underbrace{LaF_3单晶膜|NaF,NaCl,AgCl|Ag}_{氟电极}$$

在离子强度和 pH 值不变时，整个电池的电动势为：

$$E_{电池}=K-\frac{2.303RT}{F}\lg c \tag{5.20}$$

由上式可见，电池电动势与试液中的氟离子浓度的对数呈线性关系。

本实验采用标准曲线法进行定量。

【仪器与试剂】

仪器：带微处理器的离子计，氟离子选择性电极，单液接参考电极，电磁搅拌器。

试剂：NaF 标准溶液（$0.100\text{mol}\cdot\text{L}^{-1}$）。

总离子强度调节缓冲溶液（TISAB）：溶解 58.8g 柠檬酸钠和 20.2g KNO_3 于少量水中，加 800mL 水，以 HCl 或 NaOH 调节 pH 值至 6.5，稀释至 1L。

$1.0\times10^{-3}\text{mol}\cdot\text{L}^{-1}$ NaF 溶液。

【实验步骤】

（1）氟电极准备

氟电极在使用前于 $1.0\times10^{-3}\text{mol}\cdot\text{L}^{-1}$ NaF 溶液中浸泡活化 1～2h。用去离子水清洗电极，并测量其电位至与去离子水中的电位值相接近（约−300mV）。

（2）预热仪器约 20min，接入氟电极与参考电极。

（3）校准曲线绘制

由0.1000mol·L^{-1}标准NaF溶液配制一系列NaF标准溶液各50mL。其中各含25mL总离子强度调节缓冲溶液和10^{-2}、10^{-3}、10^{-4}、10^{-5}、10^{-6}（mol·L^{-1}）F^-。将上述溶液倒入洗净并干燥的50mL烧杯中，放入磁搅拌子，插入电极。在离子计上按由稀至浓的顺序测定不同F^-浓度的电位值，记下读数。测定时搅拌2min，静置1min，待电位稳定后读数。以测得的mV值读数为纵坐标，以F^-浓度的对数为横坐标作校准曲线。

（4）水中氟离子浓度的测定

往烧杯中准确移取25.00mL水样，加入25.00mL总离子强度调节缓冲溶液。用离子计测定电位值，重复3次。

（5）清洗电极

实验结束后，用去离子水清洗电极至电位值与起始空白电位值相近，收入电极盒中保存。

【数据记录与处理】

（1）在校准曲线的线性区间，用最小二乘法进行曲线拟合，计算校准曲线的斜率k、截距b、相关系数r及残余标准差s。

（2）计算水样中F^-浓度的平均值（mol·L^{-1}）及标准偏差。

【思考题】

利用氟离子选择电极可测定不含F^-的溶液中La^{3+}浓度或Al^{3+}浓度，试分析其原理，并导出电极对La^{3+}的电位响应公式。

5.2 电解与库仑分析法

电解分析法是将被测溶液置于电解装置中进行电解，使被测离子在电极上以金属或其他形式析出，然后根据电解所增加的重量求算出其中被测离子含量的方法。这种方法实质上是质量分析法，因而又称为电重量法。

库仑分析法是在电解分析法的基础上发展起来的一种分析方法。它不是通过称量电解析出物的质量，而是通过测量被测物质在100%电流效率下电解所消耗的电量来进行定量分析。

5.2.1 电解分析法

电解分析法根据电解方式不同，可以分为控制电位电解法和恒电流电解法。采用控制电极电位的方式进行电解，可以将某些离子从溶液中析出，而使另一些离子留在溶液中，以此达到分离的目的，这种方法又称电解分离法。它主要应用外加电源电解试液，电解后直接称量电极上析出的被测物的质量。使电解物质在两电极上产生迅速的、连续不断的电极反应时所需的最小的外加电压称为分解电压。对于可逆反应，分解电压等于原电池的电动势。析出电位是指物质在阴极上被还原析出所需的最正阴极电位，或在阳极上被氧化析出所需的最负阳极电位。对于可逆反应，析出电位等于电池反应平衡时的电极电位。控制电位电解法就是控制析出电位的电解分析方法。

5.2.1.1 控制电位电解分析法原理

均匀搅拌下，在电解质溶液中插入两支表面积较大的铂电极及一支参比电极，如饱和甘汞电极（SCE），并在电极间加直流可调电位，如图 5.6 所示。当阴极对参比电极电位从零开始逐渐负向增加时，起初电流很小，称为残余电流。直至阴极电位足够负时，即达到电解质中金属阳离子的还原电位 E_d 时可观察到显著的电极反应，电流也随之增加。阴极电位对电流的关系如图 5.7 所示。若待测溶液中含有两种或两种以上的金属离子，分析其中的一种离子的含量时就要考虑共存的其他离子的干扰。若两种金属离子的还原电位相差较大，就可以将两种金属离子定量分离。若两种金属离子的还原电位相互接近，可加入一种选择性的配合剂使得两种金属离子的还原电位差增大，以扩大其差别。控制阴极电位电质量分析法的最大特点就是选择性高。

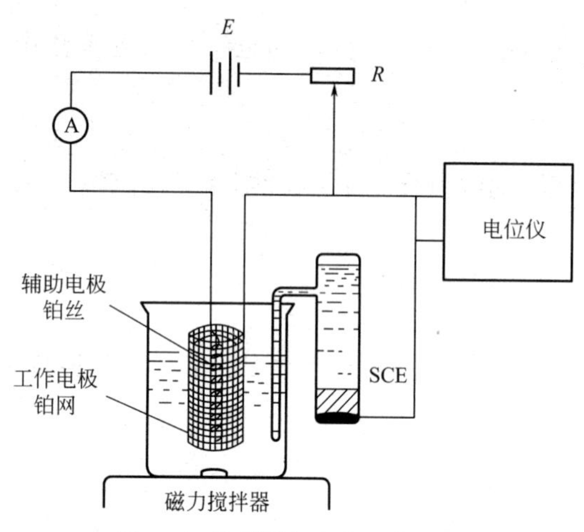

图 5.6　控制阴极电位电解装置

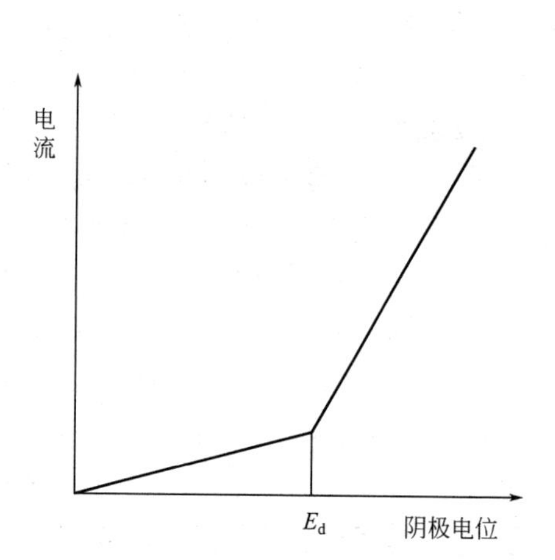

图 5.7　阴极电位对电流的关系图

5.2.1.2　干扰的消除

控制电位电解分析法中，最重要的是电解电位的选定。这可用微电极得到的电流-电位曲线来提供基本的参考信息，见图 5.8。图中 E_A、E_B 分别表示 A、B 的半波电位，将电位选择在 E_C 进行电解，可选择性地电解 A 而 B 不干扰。但电解过程与溶液组成、电极材料和表面状态等有关。因此当使用铂电极进行电解分离时，不能直接参考由滴汞电极得

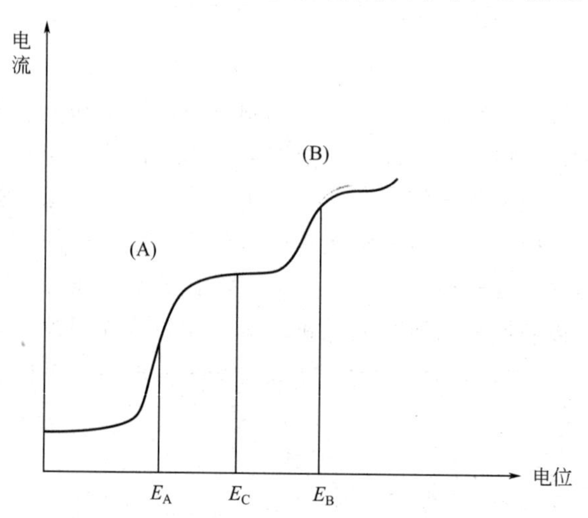

图 5.8　电流-电位曲线和电解电位的设定

到的电流-电位曲线。这是因为金属离子在这两种电极上的超电位不一样。大表面积的汞电极被广泛用于控制阴极电位电解法。该法也称汞阴极电解分析法。它有如下的特点：①氢在汞阴极上的超电位大，在弱酸性溶液中进行电解，很多种金属离子如铁、铬、钼、镍、钴、锌、镉、铜、锡、铋、汞、金、银、铂、镓、铟和铊，均可在氢析出前在汞阴极上析出。而钛、铝、钒、铌、铍、钪、钍、碱金属和碱土金属则留在溶液中，从而得到分离。②电解电位的选择可直接参考各种金属离子在不同电解质溶液中的极谱资料。③由于汞密度大、有毒、易挥发，对洗涤、干燥和称重不利，所以汞阴极电解法很少作为一种电质量法进行元素测定，而是作为一种进行分离的有用工具。若配合电量测定，可进行控制电位库伦分析。

为了获得良好的金属析出物，不仅要考虑阴极的干扰问题，还要考虑阳极的干扰问题。在电解过程中不应产生干扰阴极过程的阳极氧化产物。例如，当溶液中含有大量氯离子时，阳极可能产生氯气。当其达到阴极时，会使析出的金属再氧化，因而金属的电沉积不能定量完成。阳极干扰主要是由于阳极电位太正。有时向溶液中加入“阳极去极化剂”，可防止阳极干扰。其作用原理是，它能够在阳极上优先被氧化，使阳极电位控制在低于发生干扰反应的数值并保持稳定不变，而且其氧化产物也不干扰金属沉积。各种干扰反应受到抑制，电解就能定量地完成。控制电位电解法不仅可用于混合物的同时电解分析，还可用于电解分离，以及在有机电化学中进行电有机合成。

5.2.2　库仑分析法

库仑分析法是通过测量待测物质定量地进行某一电极反应，或在它与某一电极反应产物定量地进行化学反应的过程中所消耗的电量（库仑数）来进行定量分析的。

根据法拉第定律，发生电极反应的物质的量与通过电解池的电量成正比，电量又由电路中电解电流 i 和电解时间 t 来确定：

$$\mathrm{d}W=\frac{M}{nF}i\,\mathrm{d}t \tag{5.21}$$

当 i 为常数时，

$$W=\frac{M}{nF}it \tag{5.22}$$

式中，W 为电解反应在电极上析出的物质质量，g；F 为法拉第常数，$F=96487\mathrm{C\cdot mol^{-1}}$；$i$ 为电解电流，A；t 为电解时间，s；M 为发生电解反应物的相对原子质量或相对分子质量；n 为电极反应中的电子转移数。

在库仑分析中，只有当电流效率为100%时，即没有其他副反应或次级反应存在，通过电解池的电量才完全用于待测物质所进行的电极反应，因而才能进行准确的定量分析。

按照电解方式的不同，库仑分析法可分为控制电位库仑分析法和恒电流库仑分析法（又称库仑滴定法）。

5.2.2.1　控制电位库仑分析法

控制电位库仑分析法与控制阴极电位电解分析法类似，工作电极的电位保持恒定，使待测组分在该电极上发生定量的电解反应，测量电流随时间变化值，当电解电流降至零时，表示电解完成，并用库仑计测定电解过程中所通过的电量，从而求得被测组分的含量。

控制电位库仑分析法的装置见图5.9。在电解池装置的电解电路中串入一个能精确测量

电量的库仑计，电解时，以恒电位装置控制阴极电位，100%的电流效率进行电解，当电流趋于零时，电解即完成。由库仑计测得电量，根据法拉第定律求出被测物质的含量。其电流随时间的变化曲线见图 5.10，图中阴影部分的面积即为电量 Q。

$$Q(t)=\int_0^t i\,\mathrm{d}t$$

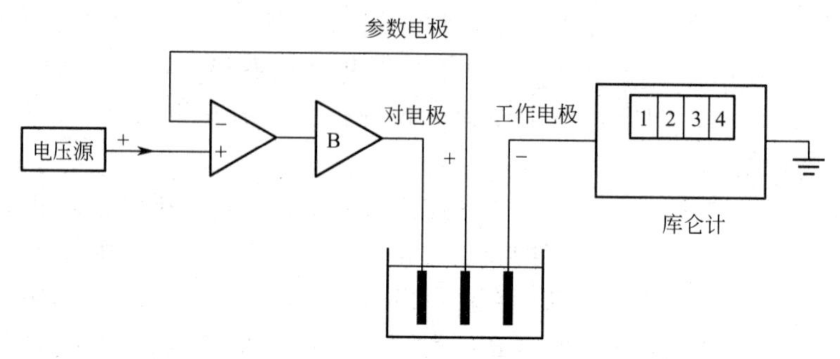

图 5.9 库仑分析恒电位仪

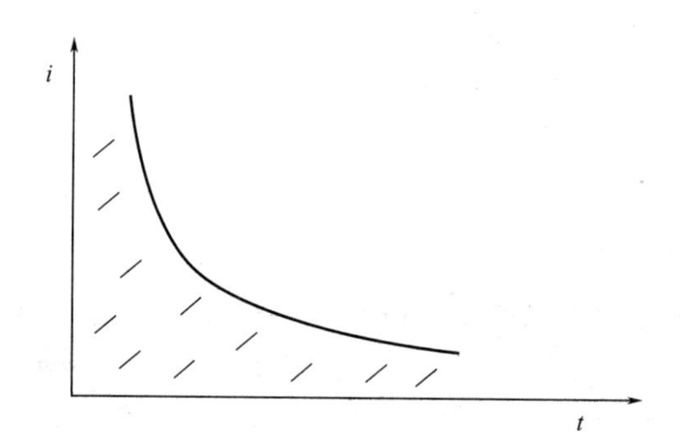

图 5.10 恒电位库仑分析电解电流随时间的变化曲线

5.2.2.2 恒电流库仑分析法

恒电流库仑法也称为库仑滴定法，可用于各种类型的容量滴定。与容量滴定的不同之处是作为化学标准的滴定剂不是由标准物质配制的，也不是由滴定管加入的，而是由恒定电流在试样内部电解产生的。因而库仑滴定是一种不需要标准物质的、以电子作滴定剂的容量分析。滴定时保持电解电流不变，选择适当的指示终点的方法，记录电解开始至终点的时间，进而可知滴定过程中所消耗的电量。由于电解产生的滴定剂与待测物质按化学计量作用，而产生的滴定剂又与所消耗的电量成正比，所以根据电解电量可计算出被测物的含量。

库仑滴定仪应具备三个基本部件：一是直流恒电流电源及电流测量装置；二是计时装置；三是库仑池。图 5.11 为一种典型库仑滴定装置的示意图，它由电解系统和指示终点系统两部分组成。直流恒电流电源可用 45V 叠层电池，也可采用直流稳压电源。通过溶液的电解电流由 R 来控制。一对电极为工作电极和辅助电极，供电解用。电解时，为防止可能产生的干扰反应，保证 100%的电流效率，可使用多孔性套筒将辅助电极和工作电极分开。另一对电极为指示电极。当达到滴定反应的终点时，指示电路发出“讯号”，指示滴定终点，用人工或自动装置切断电解电源，电解时间由计时器指示。

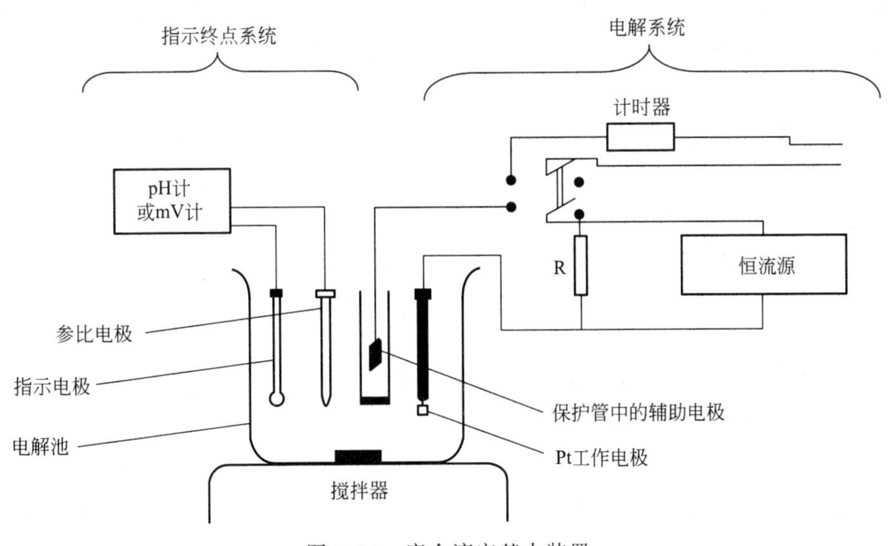

图 5.11　库仑滴定基本装置

5.2.2.3　库仑滴定指示终点的方法

指示终点的方法有化学指示剂法、电位法和永停终点法等。化学指示剂法和滴定分析用的指示剂相同。电位法如酸碱滴定，利用 pH 玻璃电极和饱和甘汞电极来指示终点 pH 值的变化。永停终点法的灵敏度较高，其装置如图 5.12 所示。将两个相同的铂电极插入试液中并加上 50～200mV 的直流电压。如果试液中同时存在氧化态和还原态的可逆电对，则电极上发生反应，电流通过电解池。如果只有可逆电对的一种状态，所加的小电压不能使电极上发生反应，电解池中就没有电流通过。例如在酸性溶液中由 Pt 工作电极上产生的 Br_2 来滴定 As(Ⅲ)，Pt 电极上的反应：

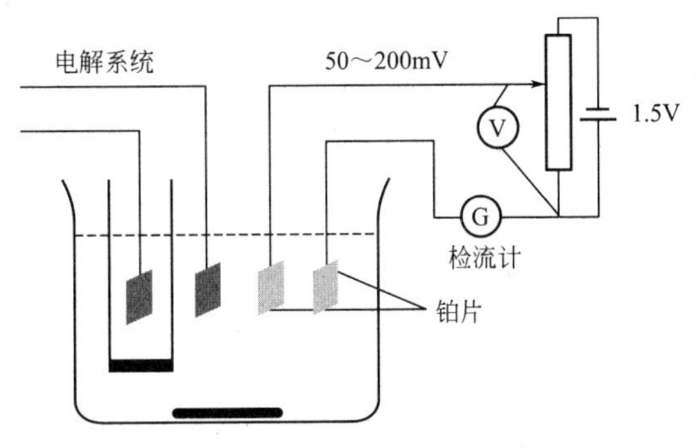

图 5.12　永停终点法装置示意图

铂电极（工作电极）：　　$2Br^- \longrightarrow Br_2 + 2e$

铂电极（辅助电极）：　　$2H_2O + 2e \longrightarrow H_2 + OH^-$

在铂阳极上产生的“滴定剂” Br_2 “滴定” As(Ⅲ)，当 As(Ⅲ) 反应完成后，试液中 Br_2 微过量，此时溶液中存在电对 $Br_2|Br^-$，回路中就有电流通过，表示终点到达。

在 As(Ⅲ) 测定中，由铂阴极反应产生的 OH^- 将会改变试液 pH 值，所以应将铂阴极隔开。隔开的方法，通常把产生干扰的电极装在一个玻璃套管中，管底部装上一微孔底板，板上放一层琼脂或硅胶。

5.2.2.4　影响库仑分析的因素

库仑分析要获得准确的分析结果，关键是要保证电极反应的电流效率是 100%，并够准确测量通过电解池的电量和准确指示电解终点。

保证电极反应的电流效率是100%，就必须设法使通过电解池的电流100%地为欲测离子所利用，不让别的干扰离子在电极上反应而消耗电量。为此，必须防止可能发生的副反应。

(1) 溶剂干扰

电解大多数在水溶液中进行，要选择适当的电压或pH值范围，使得水不致分解为H_2和O_2，使电量不致消耗在水的电解上。从这点出发，汞电极优于铂电极。若用有机溶剂或混合液作电解液，必须避免它们的分解或发生其他电极反应。为此，一般都应事先取空白液制出i-E曲线，以确定其可用的电压范围及其电解条件。

(2) 共存元素

有些元素与欲测离子同时在电极上起反应，对这样的元素必须事先进行分离，例如溶液中溶解的氧，可以在阴极上还原：

$$O_2 + 4H^+ + 4e = 2H_2O$$

它会消耗一部分电量而使电极反应电流效率小于100%，所以库仑分析电解前一般都应该除氧。

(3) 电极反应产物

电解过程中两电极上都有不同的反应产物，这些产物之间有时相互起反应，影响库仑滴定的进行，即影响电解中100%的电流效率。解决的主要办法是：将产生干扰产物的电极装入玻璃套管中，管的下端装微孔陶瓷片并放一层琼脂；或者将两电极（阴极和阳极）分插在两个容器中，两容器之间用盐桥连接，这样就可以免除电极反应产物的干扰了。

(4) 电解终点指示

恒电位库仑分析其终点的指示是借助电解电流降至最小值，即降至空白溶液的残余电流来结束电解。恒电流库仑分析终点的指示，必须借助化学指示剂或电化学方法来完成，例如工作电极电位的突变来指示终点。

5.2.3 实验技术

实验5.2.1 库仑滴定法测定维生素C的含量

【实验目的】

(1) 掌握库仑滴定法和永停法指示终点的基本原理。

(2) 学会库仑滴定的基本操作技术。

(3) 掌握库仑滴定法测定维生素C的实验方法。

【实验原理】

维生素C又称丙种维生素，用于预防和治疗坏血病，因此又称为抗坏血酸，分子式为$C_6H_8O_6$，相对分子质量为176.13。由于其分子中的烯二醇基具有还原性，能被I_2定量地氧化为二酮基，故可用直接碘量法测定其含量，反应如下：

维生素C + I_2 ⟶ L-去氢抗坏血酸 + $2I^-$ + $2H^+$

本实验采用 KI 为支持电解质，在酸性环境下恒电流电解，电解的阳极上发生氧化反应：$3I^- - 2e = I_3^-$，电解的阴极上发生还原反应：$2H_2O + 2e = H_2\uparrow + 2OH^-$。

阳极所生成的 I_2 和溶液中的 Vc 发生氧化还原反应：

$$I_2 + Vc + 2e = Vc' + 2I^-$$

滴定终点用永停终点法来指示，在指示电极的两个铂片电极上加一个较低的电压（如 50mV），在化学计量点以前，由于溶液中只存在 Vc、Vc′和 I^-，而 Vc/Vc′是一对不可逆电对，在指示电极上较小的极化电压下不发生电极反应，所以指示回路上电流几乎为零；但当溶液中 Vc 完全反应后，稍过量的 I_2 使溶液中有了可逆电对 I_2/I^-。I_2/I^- 电对在指示电极上发生反应，指示回路上电流升高，指示终点达到。记录电解过程中所消耗的电量，按法拉第定律关系，就可算出产生 I_2 的物质的量，根据 I_2 与 Vc 反应的计算关系，就可求出 Vc 的含量。

维生素 C 的还原性很强，在空气中极易被氧化，尤其是在碱性介质中更甚，因此在测定时要加入稀盐酸以减小副反应。

【仪器与试剂】

仪器：KLT-1 型通用库仑仪，库仑池，电磁搅拌器，万分之一电子天平，聚四氟乙烯搅拌子，量筒，棕色容量瓶。

试剂：盐酸（$0.1mol \cdot L^{-1}$），氯化钠（$0.1mol \cdot L^{-1}$），碘化钾（$2mol \cdot L^{-1}$），浓硝酸，维生素 C 片剂

【实验步骤】

（1）清洗电极

将铂电极浸入浓硝酸中，几分钟后取出，用二次水洗净。

（2）调节仪器，连接导线

将所有按键全部弹起，打开电源。将“量程选择”旋钮置于 10mA，“补偿极化电位”调至长针指向 4 左右，“工作/停止”开关置于“工作”状态，按下“电流”和“上升”键，再同时按下“极化电位”和“启动”键，微安表的示数应小于 $20\mu A$，如果较大，调节“补偿极化电位”旋钮，使其达到要求。预热 30min。

电解阳极导线（红色）接电解池的双铂片电极，阴极导线（黑色）接铂丝电极，将“工作/停止”开关置于“停止”状态，指示电极两个夹子分别接在指示线路的两个独立的铂片电极上。

（3）试液的配制

取维生素 C 一片，准确称量，用 5mL $0.1mol \cdot L^{-1}$ HCl 溶解，定量转移至 50mL 棕色容量瓶中，以 $0.1mol \cdot L^{-1}$ NaCl 溶液清洗烧杯，并用之稀释至刻度，摇匀，放置至澄清，备用。

（4）电解液的配制

取 5mL $2mol \cdot L^{-1}$ KI 溶液和 10mL $0.1mol \cdot L^{-1}$ HCl 溶液置于库仑池中，用二次蒸馏水稀释至约 60mL，置于电磁搅拌器上搅拌均匀。用胶头滴管吸取少量电解液注入铂丝电极的隔离管内，并使液面高于库仑池的液面。

（5）校正终点

滴入数滴 Vc 试液于库仑池内，启动电磁搅拌器，按下“启动”键，将“停止/工作”开关置于“工作”状态，按一下“电解”开关，终点指示灯灭，电解开始。电解到终点时指

示灯亮，电解自动停止，将“工作/停止”开关置于“停止”状态，弹起“启动”键，显示数码自动回零。

（6）定量测定

准确移取0.50mL澄清试液置于库仑池中，搅拌均匀，在不断搅拌下进行电解滴定，电解到终点时指示灯亮，记录库仑仪示数，单位为毫库仑。重复实验2～3次。

（7）复原仪器

将所有按键弹起，关闭电源，洗净库仑池，存放备用。

【数据记录与处理】

实验数据见表5.1。

表5.1 实验数据记录表 m_s=________ mg

平行实验	1	2	3	4
V_s/mL				
Q/mC				
w_{Vc}/%				
相对偏差				
平均 w_{Vc}/%				

计算公式：

$$w_{Vc}=\frac{M_{rVc}Q}{2Fm_s}\times\frac{50.00}{0.50}\times100\% \tag{5.23}$$

式中，w_{Vc}为维生素C药片中维生素C的百分含量，%；M_{rVc}为维生素C的分子量；Q为电解消耗的电量，mC；F为法拉第常数（$F=96485C\cdot mol^{-1}$）；m_s为维生素C药片的质量，mg。

【思考题】

（1）库仑滴定的前提条件是什么？

（2）配制维生素C试液的过程中，为什么要加入HCl？

（3）为什么要进行终点校正？

（4）该滴定反应能否在碱性介质中进行？

5.3 伏安分析法

5.3.1 基本原理

循环伏安法的加压方式是以快速线性扫描的形式施加三角波，见图5.13，从起始电位

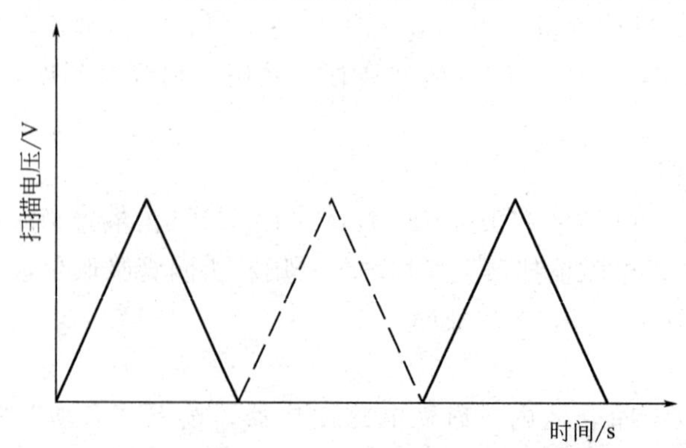

图5.13 循环伏安法的激励电压与时间关系图

负向扫描至终点电位，然后反向进行正向的线性扫描，在整个过程施加的扫描电压与时间成等腰三角形。

当电位负向扫描时，去极剂在工作电极上发生还原反应：$O+ne \rightarrow R$，即阴极过程，这时产生还原电流。当进行到后半部分时，去极剂在工作电极上发生氧化反应：$R \rightarrow O+ne$，即为阳极过程，这时产生氧化电流。整个过程所得的 i-E 曲线见图 5.14。经过一个三角波，在电极上完成了一个还原过程和一个氧化过程的循环，所以称为循环伏安法。

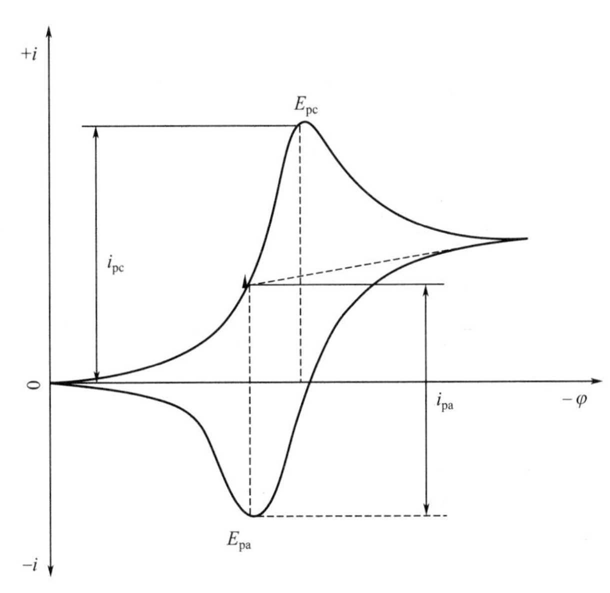

图 5.14 循环伏安法图

循环伏安法峰值电流的计算公式：$i_p = Kn^{\frac{3}{2}}AD^{\frac{1}{2}}u^{\frac{1}{2}}c$ (5.24)

式中，K 为常数；n 为电子转移数；A 为电极表面积，cm^2；D 为金属离子在溶液中的扩散系数，cm^2/s；u 为电位扫描速度，V/s；c 为待测离子的浓度，$mol \cdot L^{-1}$。从公式可以看出，其峰电流与被测物质浓度 c 和扫描速度 u 等因素有关，且与 $u^{1/2}$ 和 c 都呈线性关系。

从循环伏安法图可以确定氧化峰与还原峰的电流和电位。对于一个简单的电极反应过程，下面两式是判别电极反应是否可逆的重要依据：i_{pa} 表示氧化峰电流；i_{pc} 表示还原峰电流；E_{pa} 表示氧化峰电位 E_{pc} 表示还原峰电位。

$$\left|\frac{i_{pa}}{i_{pc}}\right| \approx 1, \qquad \Delta E = E_{pa} - E_{pc} \approx \frac{0.056}{n}(\mathrm{V}) \tag{5.25}$$

根据这些峰值还可以进行电极反应机理判断。

5.3.2 循环伏安法的测量装置及组成

循环伏安法的测量装置如图 5.15 所示。在电解池中加入含有试样和支持电解质的试样溶液，插入工作电极、参比电极和对电极（辅助电极），并为去除溶解氧插入惰性气体导入管。通过恒电位装置在工作电极及参比电极之间施加外加电压，可得随时间呈线性增加或减少的三角波形。当电位扫描到电解液中存在的被氧化还原性物质（电极活性物质）的氧化还原电位以上时，再将电位向相反方向扫描。这样就得到呈现还原过程及氧化过程的两个峰。

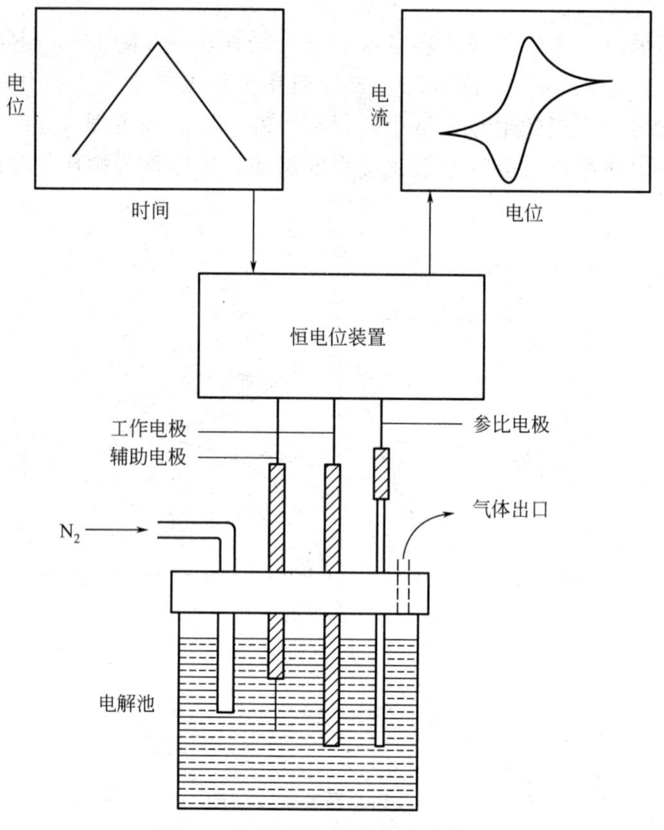

图 5.15　循环伏安法装置示意图

(1) 溶解氧的去除

电解液中的溶解氧产生氧化还原波，而且有时与试样反应，成为测量的干扰因素。故在电解液中通入惰性气体（高纯度氮气或氩气）10～15min 予以去除。

(2) 测量溶剂和支持电解质

测量溶剂除水以外还可以使用有机溶剂。要根据试样的溶解度和氧化还原电位来选择溶剂，但应考虑溶剂的精制难易程度，以及毒性和吸湿性等因素。可测量的电位范围随所用的电极及支持电解质而变，因而选择最佳搭配。对于非水溶剂，应从电位值大、配位能小、毒性小等角度加以选择。

(3) 电极的处理

微电极（如悬汞电极，汞膜电极）和固体电极（如 Pt 圆盘电极、玻碳电极、碳糊电极）是循环伏安法常常使用的工作电极，在使用前，应进行打磨和抛光处理以除去在电极表面吸附的氧化还原物质。测量过程中如发现异常的氧化还原波，表面电极表面已被污染。应小心将电极表面进行研磨处理后再使用。

参比电极常常使用银-氯电极或饱和甘汞电极。如果参比电极保存状态不佳，其电位会发生变化，所以使用后应妥善保存。例如甘汞电极用后必须仔细清洗，在 $3mol \cdot L^{-1}$ KCl 溶液中浸泡保存。对其他电极也是分别用所使用的盐溶液浸泡保存。如长期不用，则把电极前端用防水膜加以密封后保存。

当用 $KClO_4$ 做支持电极时，必须注意 KCl 型电极在电极的前端部分容易形成难溶性高氯酸盐而发生电位变化。

5.3.3 溶出伏安法

溶出伏安法是预先在恒电压下使溶液中低浓度的被测物质在固定电极上慢慢发生氧化还原反应而电解富集到体积很小的电极上或电极中去，然后在扫描电压下向反向扫描，使富集在电极上的物质重新迅速地电解溶出，记录溶出过程的电流-电压曲线（i-E 曲线），根据曲线上呈现的峰电位和峰电流来进行定性定量的电化学分析法。溶出伏安法是在极谱分析法的基础上发展起来的一种重要的痕量分析法，灵敏度高，而且精密度和准确度都较好。它分为阳极溶出伏安法和阴极溶出伏安法。

5.3.3.1 阳极溶出伏安法

5.3.3.1.1 阳极溶出伏安法的基本原理

阳极溶出伏安法是将电化学富集与测定方法有机结合在一起的一种方法，包括电解富集、平衡、电解溶出三个过程，其原理如图 5.16 所示。

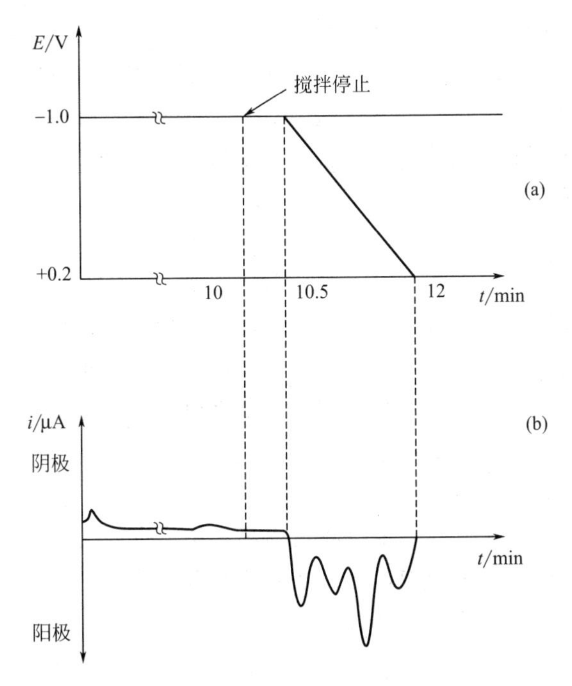

图 5.16 溶出伏安法原理图

（a）阳极溶出法的电压程序；开始溶液搅拌 10min，然后静置；

（b）获得的电流，各阳极峰相应于存在的不同的电活性物质

第一步是电解富集，在搅拌下，将欲测物质的阳离子在恒电位条件下电解一段时间，此时工作电极在极限电流电位上，使得欲测离子在电极上还原成零价的金属原子，或沉积在电极表面上，或溶解在汞中生成汞齐，其电极反应如下：

$$M^{n+} + ne + Hg \longrightarrow M(Hg)$$

第二步是平衡溶液，此时要停止搅拌，让溶液静置片刻（约 30s），使沉积在金属表面

的待测物质（金属原子）在汞齐内的分布很快达到均匀一致。

第三步是电解溶出：改变工作电极电位，从负电位逆向扫描到较正的电位，使富集在电极上的物质又重新溶解出来，此时电极上发生氧化反应，使零价的金属原子又被氧化为阳离子而溶解到溶液中，记录电流-电压曲线，即溶出曲线，其形状是倒峰状，而电极反应如下：

$$\mathrm{M(Hg)} - n\mathrm{e} \longrightarrow \mathrm{M}^{n+} + \mathrm{Hg}$$

在一定的实验条件下，根据溶出峰的电流大小进行定量分析。峰值电流与待测离子浓度的关系：$i_p = Kc$。

5.3.3.1.2 影响溶出峰电流的因素

峰电位和峰电流的数学表达式分别为：

$$i_p = \frac{(n^2F^2Alu)}{RTe} c_{Hg} \tag{5.26}$$

$$c_{Hg} = \frac{it}{nFAl} \tag{5.27}$$

$$E_p = E_{1/2} + \frac{2.303RT}{nF} \lg\left(\frac{nFlu\delta}{DRT}\right) \tag{5.28}$$

式中，A 为电极面积，cm^2；u 为电位扫描速度，V/s；l 为汞膜厚度，cm；e 为自然对数之底；c_{Hg}为汞膜中被富集金属的浓度，$mol \cdot L^{-1}$；i 为电沉积电流，A；t 为电沉积时间，s；$E_{1/2}$为金属离子的极谱半波电位，V；δ 为有效散层厚度，cm；D 为金属离子在溶液中的散系数；n、F、R、T 具有通常意义。

从公式上看，影响溶出电流的因素有很多，如电沉积时间的电位、搅拌速度、电压扫描速度、温度、溶液组成等等。

（1）电沉积电位

在阳极溶出伏安法中，电沉积电位选择在比待测离子的半波电位负 0.2～0.5V 处，这一电位就是该离子的极限扩散电流的电位。若电沉积电位离半波电位太近，则电沉积电流不稳定，影响溶出电流的重现性。若控制电位太负，则大量后放电物质的离子可能放电，特别是氢放电，这将会对所得结果产生影响。因此，电极电位的选择要视需要而定，如果要把金属富集到电极上的量多一些，则电极电位就应越负一些。

（2）电沉积时间

当试液浓度较大时，在短时间的电沉积过程离子浓度可视为不变，因此电沉积金属的量与电沉积时间成正比。在实际工作中，溶出伏安法大多采用快速电压扫描法，因此电沉积时间不需要太长，一般 1～3min 即可。

（3）电压扫描速度

从理论上讲，扫描速度越快，溶出峰电流越高。但是，如果扫描速度提高得过快，将使得电容电流随之增加，产生不利影响，因此，扫描速度快到一定程度之后，就不能再提高灵敏度了。

（4）搅拌溶液的速度

如果溶液保持静止，则在微电极上的电化学还原反应开始后，电沉积电流随着时间而迅速下降，很快就降到极低的程度。为了提高电沉积的效率，必须利用机械的方法来搅拌溶液，使离子不是依赖于缓慢的扩散作用，而是通过搅拌产生的对流作用把离子传递到电极表面，这样才能在电沉积过程中保持较大的电流，因此，在溶出伏安法中搅拌是必不可少的。

在一定速度范围内，溶出峰电流随搅拌速度的增加而增大，最后峰电流达到极限值。而溶出法结果的重现性在很大程度上取决于搅拌状态的重现性。

（5）电极的形状、表面积和体积

溶出伏安法所用的电极材料种类多，电极形状也有多种，如球形、柱形和平面圆盘等。目前最普遍的是平面圆盘电极，如玻碳电极。

虽然电沉积电流与电极面积成正比，但是，面积越大，带来的噪声也很大，所以不能单靠增大面积来提高灵敏度。

在实际工作中，由于每进行一次溶出测定后，总有很少量的被测物质残留在汞膜中，使下一次测量的峰高增加，所以每一次溶出测定后需要在 0.01～0.1V（vs. SCE）电位下继续溶出几十秒或几分钟，然后再进行下次测定，峰高以第二次测定为准。在更新汞膜时，应尽量制得再现性好的电极。

（6）表面活性物质和氧的影响

在溶出伏安法中是不希望有表面活性物质出现的。氧的存在会严重影响金属的电积。

（7）金属间化合物

在汞齐中，一些电化学性质不同的金属能够生成金属间化合物，当有某一金属与待测金属形成金属间化合物，以固相沉降出来，会使溶出峰降低甚至消失。

5.3.3.1.3　阳极溶出伏安法的实验技术

（1）样品制备

样品制备应当按照被测样品的种类、性质和分析要求而采取适当的措施。

（2）除氧

露置于空气中的溶液经常含有 $10^{-4}mol\cdot L^{-1}$的溶解氧，在测定过程中溶解氧也会在电极上发生反应，产生电流而干扰待测物质的分析。所以在测定前，一般要进行通 N_2 除 O_2。

（3）电沉积富集

在试剂测定过程中，经常是预先测得溶出峰高与富集电位的关系，再由此确定最佳电沉积电位值。

富集是溶出伏安法的先决条件。富集效率直接影响到方法的灵敏度，而富集时间主要取决于被测物质的浓度和检测方法的灵敏度。富集时间过短，准确度和重现性较差；富集时间过长，不但浪费时间，而且容易出现金属间化合物的干扰。

（4）阳极溶出

理想的阳极溶出伏安谱图需要选择适当的灵敏度和扫描速度。在灵敏度足够时，应当减小扫描速度；当灵敏度不够充足时，可以增大扫描速度，只有正确地选择工作参数才能够获得满意的谱图。

（5）定量方法

① 以峰顶与基线的垂直距离作为峰高。

② 以峰顶与前沿延长线的垂直距离作为峰高。

③ 以峰顶与后沿延长线的垂直距离作为峰高。

④ 以峰顶与后坡两切线交点的横轴平行线的垂直距离作为峰高。

5.3.3.2　阴极溶出伏安法

阴极溶出伏安法与阳极溶出法相反，待测物质在电解池中在较正的电位下，以形成难溶的盐膜状物的形式富集于工作电极上。然后向负电位方向扫描，使难溶盐膜电解溶出。

在测定时，首先将工作电极作阳极，经阳极氧化，电极材料本身溶解而产生金属离子，该金属离子与溶液中被测得微量阴离子生成难溶化合物薄膜，包在电极表面而富集。当电极电位由正向负方向连续变化时，所生成的薄膜被阴极还原溶出。

阴极溶出法适用于能与电极金属生成难溶化合物的阴离子（含有机阴离子）的测定，阴极溶出法使用的仪器、工作电极、定量分析方法与阳极溶出方法相同。

5.3.4 实验技术

实验5.3.1 循环伏安法测定 $K_3[Fe(CN)_6]$

【实验目的】

(1) 掌握循环伏安图的绘制，了解循环伏安法的工作原理。

(2) 用循环伏安法研究电极过程。

【实验原理】

循环伏安法与单扫描极谱法相似。在电极上施加线性扫描电压，当到达某设定的终止电压后，再反向回扫至某设定的起始电压，若溶液中存在氧化态O，电极上将发生还原反应：

$$O+Ze \rightleftharpoons R$$

反向回扫时，电极上生成的还原态R将发生氧化反应：

$$R \rightleftharpoons O+Ze$$

峰电流可表示为：

$$i_p=KZ^{\frac{3}{2}}D^{\frac{1}{2}}m^{\frac{2}{3}}t^{\frac{2}{3}}\mu^{\frac{1}{2}}c \qquad (5.29)$$

其峰电流与被测物质浓度 c、扫描速度 μ 等因素有关。

从循环伏安图可确定氧化峰峰电流 i_{pa} 和还原峰峰电流 i_{pc}，氧化峰峰电位 φ_{pa} 和还原峰峰电位 φ_{pc} 值。

对于可逆体系，氧化峰峰电流与还原峰峰电流之比：

$$\frac{i_{pa}}{i_{pc}}=1$$

氧化峰峰电位与还原峰峰电位差：

$$\Delta\varphi=\varphi_{pa}-\varphi_{pc}\approx\frac{0.058}{Z}(\mathrm{V})$$

条件电位 $\varphi^{\circ\prime}$：

$$\varphi^{\circ\prime}=\frac{(\varphi_{pa}-\varphi_{pc})}{2}$$

由式(5.29) 可计算 $K_4Fe(CN)_6$ 的浓度。

【仪器与试剂】

仪器：电化学工作站，x-y 函数记录仪，铂圆盘电极或玻璃碳电极，铂丝电极和饱和甘汞电极。

试剂：$1.00\times10^{-2}mol\cdot L^{-1}$ $K_4Fe(CN)_6$ 溶液，$1.0mol\cdot L^{-1}$ KNO_3 溶液。

【实验步骤】

(1) 铂圆盘电极或玻璃碳电极的预处理

用 Al_2O_3 粉（或牙膏）将电极表面抛光，然后用蒸馏水洗净，待用。也可用超声波处理。

（2）$K_3Fe(CN)_6$ 溶液的循环伏安图

在电解池中放入 $1.00\times10^{-2}mol\cdot L^{-1}$ $K_3Fe(CN)_6$ 溶液和 $0.05mol\cdot L^{-1}$ KNO_3 溶液，插入铂圆盘指示电极、铂丝辅助电极和饱和甘汞电极，通入 N_2 除去 O_2。

以扫描速率 20mV/s，从+0.80～−0.20V 扫描，记录循环伏安图。

以不同扫描速率：10、40、60、80、100 和 200（mV/s），分别记录从+0.80 至−0.20V 扫描的循环伏安图。

（3）不同浓度的 $K_3Fe(CN)_6$ 溶液的循环伏安图

以 20mV/s 扫描速率，从+0.80 至−0.20V 扫描，分别记录 1.00×10^{-5}、1.00×10^{-4}、1.00×10^{-3} 和 1.00×10^{-2}（$mol\cdot L^{-1}$）$K_3Fe(CN)_6$ 溶液+$0.05mol\cdot L^{-1}$ KNO_3 溶液的循环伏安图。

【数据记录与处理】

（1）从 $K_3Fe(CN)_6$ 溶液循环伏安图测定 i_{pa}、i_{pc}、φ_{pa}、φ_{pc} 和 c 值。

（2）分别以 i_{pa} 和 i_{pc} 对 $\mu^{1/2}$ 作图，说明峰电流与扫描速率间的关系。

（3）从实验结果说明 $K_3Fe(CN)_6$ 在 KNO_3 溶液中极谱电极过程的可逆性。

【思考题】

（1）解释 $K_3Fe(CN)_6$ 溶液的循环伏安图形状。

（2）如何用循环伏安法来测定 $K_3Fe(CN)_6$ 溶液的浓度？

5.4　电导分析法

电解质溶液能够导电，而且其导电过程是通过溶液中离子的迁移运动来进行的。当溶液中离子浓度发生变化时，其电导也随之变化。测定溶液的电导值以求得溶液中某一物质的浓度的方法称为电导分析法。电导分析法可分为直接电导法和电导滴定法两类。

电导分析法具有简单、快速、不破坏被测样品等优点，广泛应用于许多方面。但由于一种溶液的电导是其中所有离子的电导之和，因此，电导测量只能用来估算离子总量，而不能区分和测定单个离子的种类和数量。

5.4.1　直接电导法

5.4.1.1　电导法的基本原理

电解质溶液的电导是在外电场作用下，通过正离子向阴极迁移，而负离子向阳极迁移来实现的。度量其导电能力大小的物理量称作电导，用符号 G 表示，其单位是西门子，它与电阻互为倒数关系：

$$G=\frac{1}{R} \tag{5.30}$$

在温度、压力等恒定的条件下，电解质溶液的电阻公式为：

$$R=\rho\frac{1}{A} \tag{5.31}$$

式中的比例系数 ρ 为溶液的电阻率，它的倒数 $\left(\frac{1}{\rho}\right)$ 称为电导率，用 κ 表示，其单位是西·米$^{-1}$，符号为 $S\cdot m^{-1}$，那么电导可表示为：

$$G=\kappa\frac{A}{l} \tag{5.32}$$

电导池是用于测量溶液电导的专用装置，它由两个固定表面积和距离的电极构成，对于一定的电导电极，电极面积（A）与电极间距（l）固定，因此 l/A 为定值，称为电导池常数，单位是 cm^{-1}，用符号 θ 表示：$\theta=\dfrac{l}{A}$ (5.33)

所以，$G=\dfrac{\kappa}{\theta}$ (5.34)

电解质溶液的电导不仅与温度和离子的迁移速度有关，还与电解质的正、负离子所带的电荷和浓度有关。为了比较不同电解质溶液的导电能力，引入了摩尔电导率 Λ_m 的概念：

$\Lambda_m=\dfrac{\kappa}{c}$ (5.35)

摩尔电导率 Λ_m 的单位是 $S \cdot cm^2 \cdot mol^{-1}$。由于规定了溶液中电解质的物质的量，摩尔电导率随溶液浓度的降低而增大。当无限稀释时，溶液中各离子之间的相互影响可以忽略，摩尔电导率达到极大值，此值称为无限稀释摩尔电导率，用 $\Lambda_{0,m}$ 表示。因此溶液的无限稀释摩尔电导率是各离子的无限稀释摩尔电导率之总和。即

$$\Lambda_{0,m}=\Lambda_{0,m+}+\Lambda_{0,m-} \quad (5.36)$$

式中，$\Lambda_{0,m+}$、$\Lambda_{0,m-}$ 分别为正、负离子无限稀释摩尔电导率。在一定的温度和溶剂条件下，$\Lambda_{0,m}$ 是一定值，该值在一定程度上反映了各离子导电能力的大小。

电导仪的结构如图 5.17 所示：

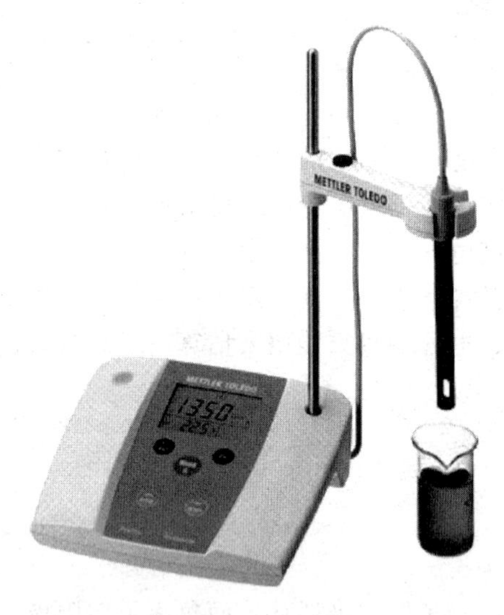

图 5.17　电导仪

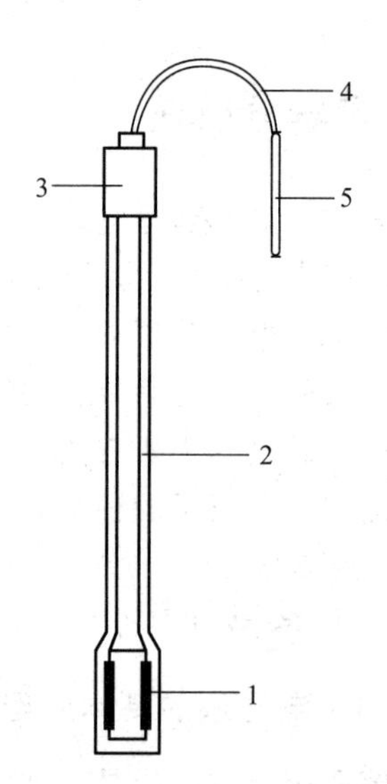

图 5.18　电导电极结构图

1—铂片；2—玻璃管；3—电极帽；4—电极引线；5—电极插头

5.4.1.2　直接电导法的测量方法

测定溶液的电导时，必须插入一对电极，即电导电极（见图 5.18），如果用直流电进行测量，电流通过溶液时，两电极上将会发生电极反应形成一个电解池，从而改变电极附近溶液的组成，产生极化，引起电导测量的误差。因此必须用较高频率的交流电测量电导，以降低极化效应。测量溶液电导的电极，一般用两片平行的铂片制成，为减小极化效应，可在铂

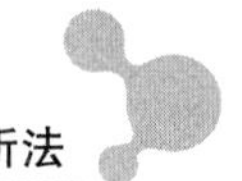

电极上覆盖颗粒很细的“铂黑”，由于铂黑电极有较大的表面积，因而降低了电流密度，减少了极化现象。

电导是电阻的倒数，因此测量溶液的电导实际上是通过测量其电阻来进行的。

由于电极的面积和距离不能精确测量，因此，电导池常数 θ 的测量通常采用测定已知精确电导率溶液的电导 G，然后根据公式 $G=\frac{\kappa}{\theta}$ 计算出电导池常数。表 5.2 列出了标准 KCl 溶液在不同温度下的电导率。

表 5.2　标准 KCl 溶液在不同温度下的电导率

$c/\text{mol}\cdot\text{L}^{-1}$	$\kappa/\text{S}\cdot\text{cm}^{-1}$		
	0℃	18℃	25℃
1.000	0.06543	0.0982	0.11173
0.100	0.007154	0.011192	0.012886
0.010	0.000775	0.001227	0.001413

测量出电导池常数 θ 后，再测定未知溶液的电导，进而可计算出未知溶液的电导率。

5.4.2　电导滴定法

电导滴定是一种容量分析方法。在电导滴定中，将一种电解质溶液作为滴定剂加于被测电解质溶液中，由于它们之间发生化学反应，所生成的反应产物与原来反应物的电导不同，从而使得整个溶液的电导随滴定的加入而变化。以测得的溶液的电导为纵坐标，加入滴定剂的量为横坐标，绘制滴定曲线，求其滴定终点。因为电解质的不同，所得滴定曲线也各异。

5.4.3　直接电导法的应用

5.4.3.1　水质监测

电导法是检验水质纯度的最佳方法之一。电导率是水质的一个重要指标，它反映了水中电解质的总量。

5.4.3.2　大气监测

测定大气污染气体如 CO_2、CO、SO_2、N_xO_y 等时，可利用气体吸收装置，通过反应前后吸收液电导率变化来间接反映所吸收的气体浓度。该法灵敏度高、操作简单，并可获得连续读数，在环境检测中广泛应用。

5.4.4　实验技术

实验 5.4.1　电导法测定水质纯度

【实验目的】

(1) 掌握电导分析法的基本原理。

(2) 学会用电导法测定水纯度的实验方法。

(3) 掌握电导池常数的测定技术。

【实验原理】

水溶液中的离子，在电场作用下具有导电能力。导电能力称为电导（G），其单位为西门子（S）。电导G与电阻R的关系如下：

$$G=\frac{1}{R}$$

而导体的电阻与其长度（l）和截面积（A）的关系可用下式表示：

$$R=\rho l/A \tag{5.37}$$

式中，ρ为电阻率，单位为$\Omega \cdot cm$。电阻率的倒数$1/\rho$称为电导率κ，由此，电导与电导率关系可表示为：

$$G=\frac{\kappa}{\theta}$$

式中，θ为电导池常数。

水质纯度的一项重要指标是其电导率的大小。电导率越小，即水中离子总量越小，水质纯度就越高；反之，电导率越大，离子总量越多，水质纯度就越低。普通蒸馏水的电导率约为$3\times10^{-6}\sim5\times10^{-6}S \cdot cm^{-1}$，去离子水的电导率可达$1\times10^{-7}S \cdot cm^{-1}$。

【仪器与试剂】

仪器：电导仪，电导电极。

试剂：水样（去离子水、蒸馏水、自来水），氯化钾标准溶液。

【实验步骤】

（1）测定电导池常数

仔细阅读电导仪的使用说明书，掌握电导仪的正确使用方法。

将电导仪接上电源，开机预热。安装电导电极，用蒸馏水冲洗几次，并用滤纸吸去水珠。

将洗干净的电导电极再用氯化钾标准溶液清洗，并用滤纸沾去水珠。随后浸入欲测的KCl标准溶液中，启动测量开关进行测量。由测量结构确定电导池常数。

（2）水质电导率的测定

取去离子水、蒸馏水和自来水分别置于3个50mL烧杯中，用蒸馏水、欲测水样依次清洗电极，逐一进行测量。

【数据记录与处理】

（1）计算出所使用的电导电极的电导池常数。

（2）计算出测定水样的电导率和电阻率。

【注意事项】

（1）使用电导仪之前，请仔细阅读电导仪的使用说明书，掌握电导仪的正确使用方法。

（2）电导电极的清洗要正确，方法要得当，否则影响测定结果。

【思考题】

（1）测定电导时，为什么要用交流电源？能不能使用直流电源？为什么？

（2）电导法测量高纯水时，随待测液在空气中的放置时间增长，电导增大，试分析可能的原因是什么。

第6章

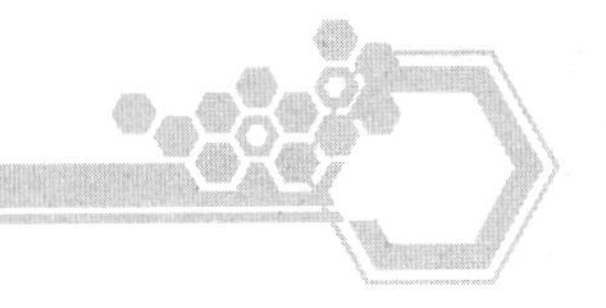

热分析法

6.1 差热分析法和差示扫描量热法

6.1.1 基本原理

材料在发生物理或化学变化的过程中，往往会伴随着吸热或放热行为的发生，了解这些热效应的变化对于认识材料性能具有非常重要的价值。差热分析（简称 DTA）和差示扫描量热法（简称 DSC）就是用于研究材料热效应极为重要的分析技术。DSC 是在 DTA 基础上发展起来的，两者的工作原理和仪器结构均非常相似，均是将待测样品与参比放入同一加热炉体的不同位置，在程序升温或降温过程中，记录测试样品与参比之间的不同热效应，其区别在于 DTA 记录的是在程序控温温度下，测试样品与参比之间的温度差随程序控温温度或时间的变化情况，而 DSC 采用动态零位平衡原理，记录的是维持测试样品与参比之间的温度差为零，所需的热流率随程序控温温度或时间的变化情况。DSC 与 DTA 相比，DSC 具有更高的分辨率和灵敏度，可进行定性与定量分析，而 DTA 受测试精度的影响往往大多只能进行定性分析。

DSC 基于加热方式的不同，又分为功率补偿型和热流型，其区别在于结构设计原理上的不同。功率补偿型 DSC 采用内加热，即在测试样品台和参比台下分别装有各自独立的功率补偿加热元件和温度感应热电偶，基于样品台与参比之间的温度差，分别对样品台和参比台进行加热功率补偿，以保证样品台与参比台的温度差为零。而热流型 DSC 采用外加热，实际上就是定量差热分析。

6.1.2 仪器结构与组成

DTA 和 DSC 在结构组成上非常相似，主要由气氛和压力控制系统、加热系统、控温系统、差热系统、信号放大及记录系统等组成。气氛和压力控制系统主要为实验提供相关气氛和压力条件以扩大仪器的测试范围，该系统目前已在 DSC 仪器中得到普遍使用。加热系统由炉体提供实验所需的温度条件，基于系统加热元件及炉芯材料的不同，炉体又分低温炉、普通炉和高温炉。控温系统用于控制实验温度条件如升温速率、降温速率、温度测试范围等，它一般由定值装置、调节放大器、可控硅调节器、脉冲移相器等组成。差热系统是 DTA 或 DSC 的核心系统，由样品室、热电偶、坩埚等组成，热电偶是其中最为关键性的元件，负责测温和信号传输，直接决定仪器的测试精度，为保障实验的精度，可根据测试要求选择不同种类或材质的热电偶。信号放大及记录系统是借助直流放大器把热电偶产生的微弱信号放大、增幅、输出，使仪器能准确的记录测试信号，并通过计算机进行自动记录和分析。

6.1.3 影响因素

影响DTA和DSC测试结果的因素是多方面且复杂的，包括仪器自身因素、样品因素以及环境因素等。仪器因素是指热电偶材料、盛放样品的坩埚材料以及坩埚台位置等带来的影响。样品因素包括样品量、颗粒大小、填装密度等；环境因素主要包括仪器台面平稳性、振动干扰等。在固定仪器时，其主要影响因素为样品量、升温速率以及实验气氛。样品量少，分辨率高，但测试灵敏度较低，通常样品用量控制在3～5mg；升温或降温速率对DTA和DSC峰位置和形状都有着显著影响，升温速率越大，其DTA或DSC峰就向高温方向迁移，而降温速率的增加，则DTA或DSC峰向低温方向移动。由图6.1可知，随降温速率的增加，非等温结晶峰向低温方向移动，峰形也随之变宽。DTA和DSC测试通常使用惰性气体，且气体流速恒定，以避免气体流速不稳带来的基线波动。

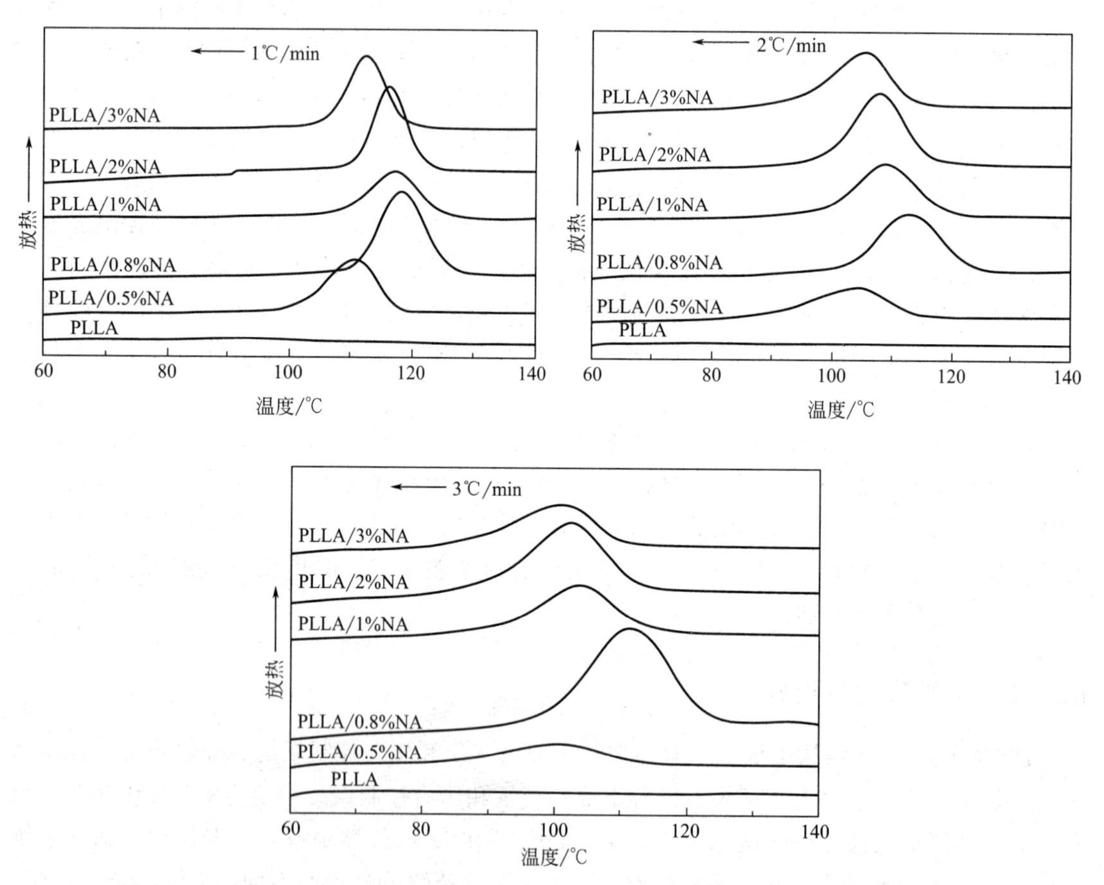

图6.1 聚乳酸（PLLA）和辛二酸二苯甲酰肼（NA）体系不同速率下的非等温结晶

6.1.4 仪器应用

DTA和DSC的应用具有许多相似之处，不同之处在于DSC具有更高分辨率和灵敏度等，因而对热力学和动力学参数可进行准确的定量分析。通常只要有热效应产生，即可使用

DTA 或 DSC 对其进行热分析。就高聚物而言，其应用主要包括玻璃化转变温度的确定，结晶行为、熔融行为和多组分聚合物研究，等。玻璃化转变温度的确定须使用分辨率和灵敏度更高的 DSC 来执行，研究结构、聚集态、相对分子质量以及交联固化等对高聚物玻璃化转变温度的影响；结晶行为则包括非等温结晶行为和等温结晶行为及其相关动力学参数的研究；熔融行为含结晶形态、晶体厚度、历史效应对高聚物熔点的影响，高聚物熔融过程中出现的多熔融峰行为，以及熔融焓的定量测试，等。

6.1.5　实验技术

实验 6.1.1　差示扫描量热仪（DSC）测试聚乳酸/二氧化硅纳米复合材料的热性能

【实验目的】

（1）掌握 DSC 的基本原理。

（2）了解 DSC 仪器基本构造，掌握 DSC 的基本操作技术。

（3）通过 DSC 获取聚合物的基本热性能参数 T_g、T_c、T_m、ΔH_c、ΔH_f 等，并计算其结晶度。

【实验原理】

聚乳酸（见图 6.2）作为典型的生物可降解高分子材料，在电子、汽车、包装材料等领域具有广阔的应用前景，并呈现出替代传统石油基聚合物的趋势。聚乳酸为半结晶型聚合物，在降温或升温过程中发生结晶、熔融、分子运动形态转变等行为而产生热效应，可根据这些热效应对其玻璃化转变温度、非等温结晶温度、熔融温度、非等温结晶焓、熔融焓等进行定性和定量分析。

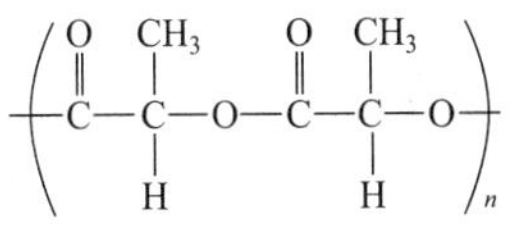

$$\left(-\mathrm{C(=O)-CH(CH_3)-O-C(=O)-CH(CH_3)-O}- \right)_n$$

图 6.2　聚乳酸结构图

【仪器及试剂】

仪器：TA 公司 Q2000 型差示扫描量热仪，压样机，电子天平，镊子，等。

试剂：聚乳酸，聚乳酸/二氧化硅纳米复合材料样品。

【实验步骤】

（1）样品制备

准确称取 3～5mg 经平板硫化机压制的板材样品放入铝坩埚中，盖上盖子，基于样品形态和相态选择不同的压制模具，经压制机冲压即得测试样品，放入 DSC 样品池备用。

（2）样品测试

在经校正好的 DSC 仪器上测试聚乳酸基复合材料的热性能参数，具体步骤如下：①打开 N_2 气，调节出口压力为 0.1MPa，开启 DSC 主机和机械制冷装置电源，开启电脑，启动 DSC 程序软件，实现与 DSC 的联机；②设定 Purge Gas 流量，通常约为 50mL · min^{-1}；③点击“Control-Event on”，启动机械制冷装置，再点击“Control-Go to Standby Temp”，对炉体进行加热，通常设定温度为 40℃，也可根据需要进行调整，待机械制冷装置开始工作，“Flange Temperature”出现降温，即表示 DSC 已准备好；④点击“Control-Lip-Open”，观察样品台上是否有未移出的坩埚，再点击“Control-Lip-Close”；⑤在“Summary”部分输入样品相关信息，并进行保存，在“Procedure”中“Editor”编辑实验测试条件，编辑完后按“Apply”；⑥点击“Start”开始进行实验。

(3) 仪器关机

实验结束，首先点击“Control-Event off”，关闭机械制冷；待“Flange Temperature”回到室温后，点击“Control-Shutdown Instrument”，执行关机程序；关掉DSC和机械制冷装置电源开关，关闭N_2气；待实验结果与分析结束后关闭计算机。

【数据记录与处理】

以DSC软件记录的DSC曲线获取样品的相关热性能参数，并计算复合材料结晶度。

【注意事项】

(1) DSC操作过程中须注意使用的N_2务必为高纯N_2，以及开机步骤的先后顺序，以保证测试的精确性。

(2) 实验仪器应放置在平稳的水平台面，实验过程中不能抖动、移动实验设备。

【思考题】

(1) 简述DSC与DTA在工作原理上的本质区别，以及该技术的最新发展。

(2) 以聚乳酸/二氧化硅纳米复合材料为例，总结分析影响DSC测试结果的因素。

(3) 基于热效应的不同，归纳DSC技术在化学、材料领域的主要用途。

6.2 热失重法

6.2.1 基本原理

材料热行为的另一重要方面即是材料的热失重行为。研究材料质量随温度的变化情况是明确材料使用范畴的重要因素。热失重法就是在程序控温和一定的气氛情况下，把材料的质量变化经天平称重系统转化为电流信号，经放大，记录下材料质量随温度或时间的变化关系曲线。基于质量检测的热天平的测量原理，可分为变位法和零位法。变位法和零位法的区别在于：变位法记录的是天平梁的倾斜度与质量变化的关系，而零位法则是调节线圈电流使天平倾斜得到恢复，记录电流随质量的变化。

6.2.2 仪器结构与组成

热失重仪（TG）的构成包括气氛和压力控制系统、程序控温制系统、天平检测系统、信号放大及记录系统等组成。天平检测系统是TG的关键系统，包括称重变换器、称重校正器、电调零、电减码等组成部分。

6.2.3 影响因素

影响TG曲线的主要因素包括样品量、升温速率、气氛以及浮力和挥发物的冷凝。TG实验样品量通常在2～5mg，这是由于TG的天平灵敏度高，样品量多，传质阻力大，炉体在加热过程中容易在样品内部形成温度梯度，导致TG曲线发生变化。升温速率越大，其失重温度越向高温方向移动，见图6.3，随着升温速率的增加，温度滞后效应越发明显，其化合物的热分解温度越高。实验气氛对TG的影响主要源于实验气氛是否与材料的分解气体相同，相同的气体则会抑制热分解过程的进行，提高其热分解温度。而分解产物挥发过程中出现的再冷凝也会导致TG曲线的偏离，加大吹扫气的流速可避免其影响。实验气体受热膨胀带来的浮力下降，会使样品出现表观增重。另外传感器传导温度误差、样品尺寸大小、周围环境的机械振动等都会影响 TG 曲线。

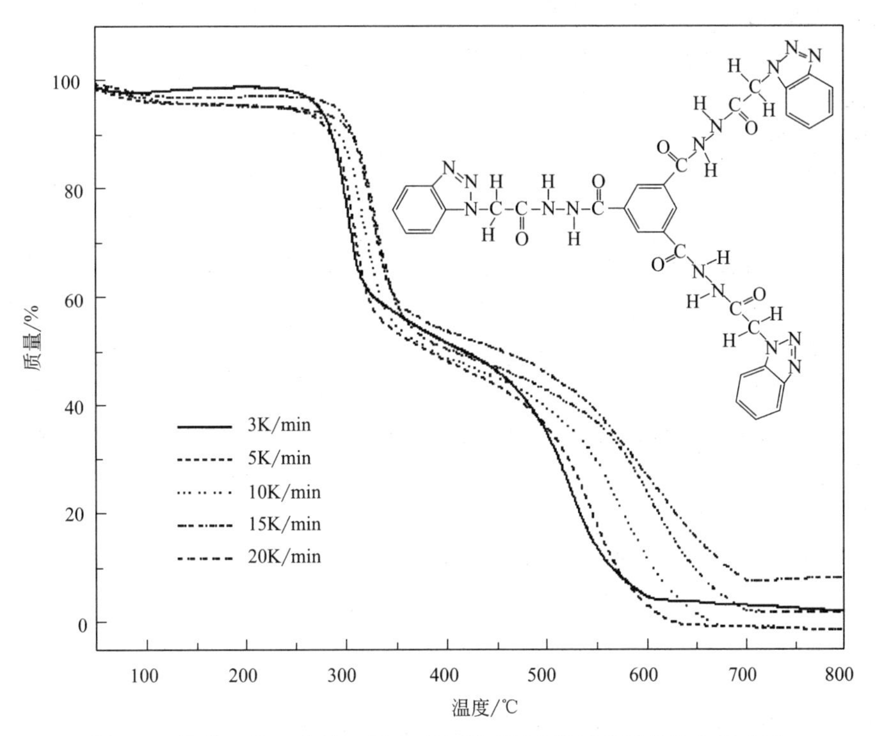

图 6.3 均苯三酸三苯并三氮唑乙酰肼不同升温速率下的热失重曲线

6.2.4 仪器应用

TG 是评价物质热稳定性最为基础的测试手段，其应用集中在热稳定性评价、组分剖析、添加剂功能以及热降解动力学研究等领域。借助 TG 对复合材料的组分剖析可定量分析复合材料中未分解添加剂的含量；通过不同升温速率下的热失重行为研究，研究其降解动力学可求出反应活化能、反应级数，并能对反应机理进行有效解释。

6.2.5 实验技术

实验 6.2.1 塑料助剂碳酸钙及聚乳酸/碳酸钙复合材料的热重分析

【实验目的】

(1) 了解 TG 的基本原理与构造，熟练掌握基本操作技术。

(2) 学会结合实验条件分析影响 TG 测试的因素。

(3) 通过 TG 测定碳酸钙的热分解过程，并借助 TG 曲线上的相关数据，估算聚乳酸/碳酸钙复合材料中各组分的组成比例。

【实验原理】

聚乳酸和碳酸钙热分解温度相差较大，而聚乳酸/碳酸钙复合材料的热分解过程将基于单一成分的热失重行为而发生相应的热分解，据此，可以通过测试聚乳酸、碳酸钙单一组分的热分解过程，对聚乳酸/碳酸钙复合材料中的组成进行定量分析。同时测试不同升温速率下的碳酸钙热分解过程，获取其不同的起始分解温度，求得碳酸钙的热分解动力学参数。

【仪器及试剂】

仪器：TA 公司 Q500 型热失重仪，电子天平，镊子，等。

试剂：聚乳酸，碳酸钙，聚乳酸/碳酸钙复合材料样品。

【实验步骤】

（1）样品制备

TG 实验的样品为固体样品或非挥发性液体样品，其样品量控制在 2～5mg 为宜。

（2）样品测试

在经校正好的 TG 仪器上测试碳酸钙及聚乳酸/碳酸钙复合材料的热失重行为，具体步骤如下：①首先打开 N_2，调节压力为 0.1MPa，开启 TG 主机电源，开启电脑，启动 TG 程序软件，实现与 DSC 的联机；②准备一个干净的铂金盘，放在样品台上，选择 Tare 功能键，自动归零此空盘，将待测试样品放入已归零的空盘内；③选取工具列中“Experiment View”，在“Summary”中输入样品信息，在“Procedure”中“Editor”编辑测试方法；编辑完后按“Apply”；④带样品重量读数稳定后，按“Start”开始实验。

（3）仪器关机

待 TG 温度低于 50℃时点击“Control-Shutdown Instrument”，待仪器触摸屏显示“Instrument Shutdown Complete”后关闭 TG 电源开关，关闭 N_2；结束实验结果分析后关闭计算机。

【数据记录与处理】

以 TG 软件记录的曲线获取碳酸钙的分解温度、失重率等热分解参数，并通过聚乳酸/碳酸钙热失重曲线估算两组分的组成比例。

【注意事项】

（1）对于热重过程发生放热效应的样品，在测试过程中须注意样品用量，不宜太多。

（2）实验结束后须对珀金盘及时进行高温处理，以保障铂金盘不受污染。

【思考题】

（1）讨论 TG 技术在高分子材料、化学学科的主要应用。

（2）评估碳酸钙和聚乳酸/碳酸钙复合材料热重实验的影响因素。

第7章

其他分析法

7.1 毛细管电泳分析法

7.1.1 基本原理

毛细管区带电泳（CZE）是瑞典科学家 Hjerten 于 1967 年首先提出的，他用涂甲基纤维素的 3mm ID（内径）石英管进行电泳分离。1970 年 Everaerts 等报道其在毛细管等速电泳（CITP）得到 CZE 结果，但效率不高。1979 年 Mikkers 等人在内径为 200μm ID 的聚四氟乙烯管中进行研究，获得了小于 10μm 板高的空前高效率，这是毛细管电泳（CE）发展的第一次飞跃。1981 年，Jorgenson 和 Lukacs 使用 75μm ID 的熔融石英毛细管对荧光标识氨基酸化合物进行 CE 测定，获得理论塔板数高达 40 万的高效率，并且深入地阐明了 CE 的一些基本性能和分离的理论依据，这是 CE 发展史上的又一个里程碑。1983 年后，Hjerten 先后提出了毛细管凝胶电泳和毛细管等电聚焦法，分离效率大大提高。1984 年，Terabe 等人提出了胶束电动毛细管色谱法（MEKC），使许多电中性化合物的分离成为可能，大大拓宽了 CE 的应用范围。1986 年，Lauer 报道其在蛋白质 CZE 中获得了 10^6 片 · m^{-1} 的高效率。自此以后，CE 的研究成为分析化学领域的热门话题，研究论文数直线上升，应用范围也迅速扩大。

毛细管电泳具有高效（理论塔板数大于 10^5）、快速（分析时间不超过 40min）、微量（进行体积一般为 nL 级）、灵敏度高、实验经济、应用面广、自动化程度等特点，目前在化学、生命科学和药学领域均有广泛的应用。

毛细管电泳分离的基本流程有进样、分离和检测三步骤。进样：毛细管电泳的基本装置是一根充满电泳缓冲液的毛细管，与毛细管两端相连的两个小瓶微量样品从毛细管的一端通过“压力”或“电迁移”进入毛细管；分离：电泳时，与高压电源连接的两个电极分别浸入毛细管两端小瓶的缓冲液中。样品朝与自身所带电荷极性相反的电极方向泳动。各组分因其分子大小、所带电荷数、等电点等性质的不同而迁移速率不同，依次移动至毛细管输出端附近的光检测器，检测、记录吸光度，并在屏幕上以迁移时间为横坐标，吸光度为纵坐标将各组分以吸收峰的形式动态直观地记录下来；检测：检测的原理基于被测组分和背景电解质的吸光度不同，当被测组分通过检测窗时，吸光度发生的变化服从朗伯-比尔定律，即在一定的实验条件下，吸光度与被测组分的浓度成正比。

与色谱分析相似，毛细管电泳采用迁移时间（或相对迁移时间）进行定性分析，用峰高或峰面积（或相对峰高、相对峰面积）做定量分析。

7.1.2 仪器结构与分离原理

7.1.2.1 仪器结构

毛细管电泳是以高压电场为驱动力，以毛细管为分离通道，依据样品中各组分之间电泳淌度或分配行为的差异而实现的液相分离分析新技术。该仪器装置由高压直流电源、进样装置、毛细管、检测器和两个供毛细管插入而又与电源电极相连的储瓶组成。仪器结构见图 7.1。

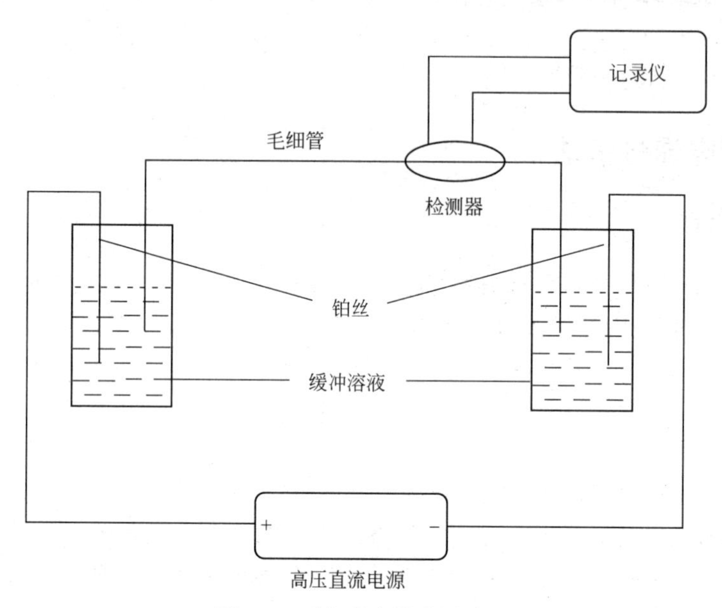

图 7.1 毛细管电泳仪示意图

7.1.2.2 毛细管电泳分离模式

(1) 毛细管区带电泳（CZE）

毛细管区带电泳（CZE）亦称毛细管自由溶液区带电泳，是毛细管电泳中最基本也是应用最广的一种操作模式，通常把它看成其他操作模式的母体。毛细管和电解液池添加相同的缓冲液。样品用电迁移或重力进样，施加电压，样品离子以不同的淌度迁移，形成区带从而得到分离。

CZE 中遇到的操作变量主要是电压、缓冲液的种类、浓度、pH 值、添加剂、进样电压。通过这些因素的有效控制，同时合理选择柱温、分离时间、柱尺寸、进样体积等均会改善分离并提高柱效。

(2) 胶束电动毛细管色谱（MECC）

胶束电动毛细管色谱（micellar electrokinetic capillarry chromatography，MECC）是以胶束为准固定相的一种电动色谱。在 MECC 中存在两相，一相是以胶束形式存在的准固定相，另一相是作为载体的液相（即流动相）。试样中的组分在 MECC 中的分离，从本质上来说，是由它们的分子和胶束相及流动相之间的相互作用的差异造成的，尽管不同的胶束相互作用的形式不同，但是它们所反映的本质是一样的。溶质在毛细管内受到两种作用力：一是胶束对它的作用力；二是流动相的溶解力，即溶质处于两个作用力场的平衡之中，作用强、

溶解力差时，溶质有较大的保留，反之，则较早流出。

MECC除了可以分析离子化合物外，对中性化合物也可以分离分析，而CZE做不到这一点。MECC将电泳技术与色谱技术结合，把电泳分离的对象从离子化合物扩展到中性化合物，是MECC的一大创举。MECC比较容易通过改变流动相和胶束相组成来改善分离的选择性，非常适合于手性化合物的分离。

一般形成胶束的表面活性剂有四类，即阴离子、阳离子、两性离子和非离子表面活性剂。

也有人将环糊精、胆汁酸等其他旋光异构体选择剂及有机溶剂作为添加剂引入MECC，从而扩大了其研究领域。MECC是目前研究较多、应用较广泛的一种毛细管电泳模式。

(3) 毛细管凝胶电泳（CGE）

毛细管凝胶电泳（capillary gel electrophoresis，CGE）是毛细管区带电泳中派生出的一种用凝胶物质作支持物进行电泳的方式，利用凝胶物质的多孔性和分子筛的作用使通过凝胶的物质按照分子的尺寸大小逐一分离，是分离度极高的一种电泳分离技术。

理论上说，凝胶是毛细管电泳的理想介质，它黏度大、抗对流，能减少溶质的扩散，同时也能阻挡毛细管壁对溶质的吸附，因此能限制谱带的肩宽，所得峰尖锐、柱效高。CGE对于大分子物质如蛋白质、多肽、寡聚核苷酸的分离分析，特别是DNA序列分析显示了速度和效率方面的优越性。它的主要缺点是制备较困难，寿命较短。

(4) 毛细管等速电泳（CITP）

CITP是基于离子淌度的差异进行带电离子的分离，属于不连续介质电泳。它采用两种不同的缓冲液系统，一种是前导电介质，充满整个毛细管柱；另一种称尾随电介质，置于一端的电泳槽中，前者的淌度高于任何样品组分，后者则低于任何样品组分。当加上电压后电位梯度的扩展使所有离子最终以同一速度泳动，样品带在给定的pH值下按其淌度和电离度大小依次连续迁移，得到互相连接而又不重叠的区带。毛细管等速电泳常用于分离离子型物质。

(5) 毛细管等电聚焦电泳（CIEF）

两性电介质在分离介质中的迁移造成pH值梯度，由此可以使蛋白质根据它们不同的等电点进行分离，具有一定等电点的蛋白质顺着这一种梯度迁移到相当于它们的等电点的那个位置，并在此停下，由此产生一种非常窄的聚集区带，并使不同等电点的蛋白质聚集在不同的位置上，这就是等电聚焦分离的基本原理。

在毛细管内实现等点聚焦过程必须解决两个问题，一是减少电渗流，可将亲水聚合物键合到毛细管壁表面而达到此目的；二是找到一种使区带迁移的途径，可加盐、改变缓冲液的pH值及利用压差等手段，与此同时也要防止蛋白质的吸附。等电聚焦分离有很高的分辨率，一般可以分离等电点差异小于0.01 pH单位的两种蛋白质。

(6) 毛细管电色谱（CEC）

CEC是将毛细管填充固定相或内壁涂上固定相，物质的运动受电渗流、电迁移及在移动相和固定相的分配影响。它具有高柱效及高选择性的特点。CEC是一种新的高效分离技术，其在仪器设备及实验技术方面有较大突破，应用范围也逐渐扩大。

(7) 亲和毛细管电泳（ACE）

亲和毛细管电泳是在CZE缓冲液或管内加入具有亲和作用试剂的一种电泳分离技术，在研究生物分子之间的特异性相互作用及提高分离选择性方面有着广泛的应用。目前，ACE的研究主要集中在两个方面：一是研究受体与配体之间的特异性相互作用；二是利用这种特异性作用提高毛细管电泳分离的选择性。

7.1.2.3 实验参数选择

(1) 电压

一般地讲，在柱长一定的情况下，随着操作电压的增加，电渗流和电泳速度的绝对值都增加，由于电渗流速度一般大于电泳速度，因此表现为粒子的总迁移速度加快。

(2) 缓冲溶液种类和浓度

缓冲溶液的选择可以考虑以下几点：在所选的 pH 值范围内有很好的缓冲容量；在检测波长的吸收低；自身的淌度低，即摩尔质量大而荷电小，以减少电流的产生。

缓冲溶液浓度是一个很重要的指标，它的作用比较复杂。增加浓度使离子强度增加，因此明显地改变缓冲液的容量，减少溶质和管壁之间、被分离粒子和粒子（如蛋白质-DNA）之间相互作用，从而改善分离。

在大多数情况下，随着缓冲溶液浓度的增加，电渗流速降低，溶质在毛细管内的迁移速度下降，因此迁移时间延长。

(3) pH 值

溶液的 pH 值对电渗流的影响是通过改变表面特性（即电动电位）而起作用。pH 值对分离度和选择性的影响很大。

(4) 添加剂

在缓冲溶液中加入添加剂，如表面活性剂、有机溶剂、两性粒子等，会引起电渗流的显著变化。表面活性剂能显著改变毛细管内壁电荷特性，有时也可以改变溶液的性质，形成胶束，从而改变毛细管电泳机理。加入有机溶剂会降低离子强度，使扩散层变厚。两性粒子可能改变表面净电荷（通过氢键或偶极作用键合到管壁）。

7.1.3 实验技术

实验 7.1.1 毛细管电泳法测定水杨酸和乙酰水杨酸的含量

【实验目的】

(1) 掌握毛细管电泳法的基本原理、结构与使用方法。

(2) 掌握紫外吸收光谱检测方法。

(3) 掌握利用毛细管电泳法测定水杨酸与乙酰水杨酸含量的实验方法。

【实验原理】

毛细管电泳又称高效毛细管电泳（high performance capillary electrophoresis，HPCE）是一种仪器分析方法。通过施加 10～40kV 的高电压于充有缓冲液的极细毛细管，对液体中离子或荷电粒子进行高效、快速的分离。现在，HPCE 已广泛应用于氨基酸、蛋白质、多肽、低聚核苷酸、DNA 等生物分子分离分析，药物分析，临床分析，无机离子分析，有机分子分析，糖和低聚糖分析及高聚物和粒子的分离分析。人类基因组工程中 DNA 的分离是用毛细管电泳仪进行的。

(1) 仪器结构

毛细管电泳较高效液相色谱有较多的优点。其中之一是仪器结构简单（见图 7.1）。它包括一个高电压源，一根毛细管，检测器及计算机处理数据装置。另有两个供毛细管两端插入而又可和电源相连的缓冲液池。

（2）分离原理

毛细管中的带电粒子在电场的作用下，一方面发生定向移动的电泳迁移；另一方面，由于电泳过程伴随电渗现象，粒子的运动速度还明显受到溶液电渗流速度的影响。粒子的实际流速 v 是泳流速度 v_{ep} 和渗流速度 v_{eo} 的矢量和。

即

$$v = v_{ep} + v_{eo} \tag{7.1}$$

电渗是一种液体相对于带电的管壁移动的现象。溶液的这一运动是由硅/水表面的 ζ 电势引起的。CE 通常采用的石英毛细管柱表面一般情况下（pH＞3）带负电。当它和溶液接触时，双电层中产生了过剩的阳离子。高电压下这些水合阳离子向阴极迁移形成一个扁平的离子流。毛细管管壁的带电状态可以进行修饰，管壁吸附阴离子表面活性剂增加电渗流，管壁吸附阳离子表面活性剂减少电渗流甚至改变电渗流的方向。

毛细管区带电泳（CZE）也称自由溶液电泳，是 HPCE 中最基本也是应用最广的一种模式，它是基于分析物表面电荷密度的差别进行分离的。实验中，在毛细管和电解池中充以相同的缓冲液，样品用电迁移或流体动力学法从毛细管一端导入，加入电压后，样品离子在电场力驱动下以不同的泳动速度迁移至检测器端，形成不连续的移动区带分离出来。图 7.2 是不同电荷密度的阳离子到达检测端的信号。操作电压、缓冲液的选择及其浓度和 pH 值、进样的电压和时间等都是 CZE 操作的重要参数，合理优化选择柱温、分离时间、柱尺寸、进样和检测体积、溶质吸附和样品浓度等也将大大提高柱效。CZE 中还可通过改变电渗流的方向来选择分析待测的离子。

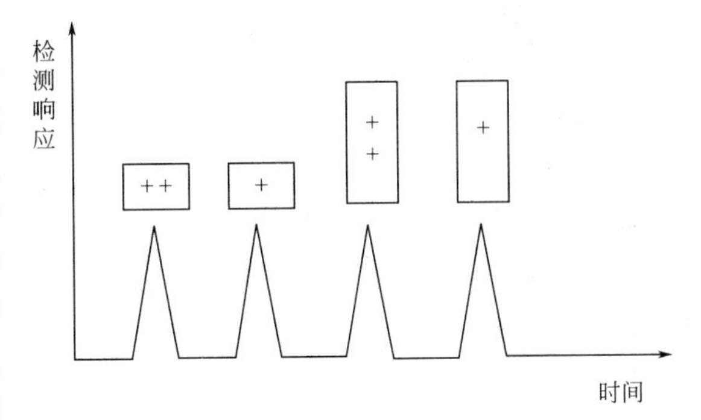

图 7.2　不同电荷密度的阳离子到达检测端的信号

（3）紫外检测

本仪器的检测器是 UV/vis。UV/vis 通用性好，是使用最广泛的一种检测器。由朗伯-比耳定律：

$$A = \lg \frac{I_0}{I} = \lg \frac{1}{T} = \varepsilon c L \tag{7.2}$$

式中，A 为吸光度；I_0 是入射光的强度；I 是透过光的强度；T 为透光率或透过率，%；c 是样品溶液的浓度，$mol \cdot L^{-1}$；L 是吸收池厚度，cm；ε 为摩尔吸收系数（表示指定波长的光透过厚度为 1cm，浓度为 $1mol \cdot L^{-1}$ 溶液的吸光度）。定量方法可用标准曲线法等。小内径毛细管限制了光吸收型检测器的灵敏度。一般检测限不低于 $10^{-6} mol \cdot L^{-1}$。

（4）阿司匹林

阿司匹林（乙酰水杨酸）为一常用解热镇痛药，自问世以来的近百年里，一直是世界上最广泛应用的药物之一。近年来，又被用于预防心血管疾病。游离水杨酸是阿司匹林在生产过程中由于乙酰化不完全而带入或在贮存期间阿司匹林水解产生的。水杨酸对人体有毒性，刺激肠胃道产生恶心、呕吐症状。

COOH　OH　　　COOH　O　CH$_3$　O

水杨酸　　　乙酰水杨酸

【仪器与试剂】

仪器：北京市新技术应用研究所生产的1229型高效毛细管电泳仪（毛细管电泳仪主要有以下五部分组成：高压电源、进样系统、毛细管柱、检测器和信号接收系统），石英毛细管柱50cm×50μm，用来处理数据的HW色谱工作站，PHS-3C数字酸度计，离心机，超声波清洗器，超纯水仪器。

试剂：水杨酸（SA）、北四硼酸钠、氢氧化钠、十二烷基硫酸钠（SDS）等试剂均为高纯试剂，阿司匹林，经过滤的水［由于HPCE用的毛细管内径多为25～100μm，要求所有样品、缓冲液及冲洗液都必须经微孔滤膜（直径=45μm）过滤］。

【实验步骤】

（1）缓冲液的配制

配制含2mmol的十水四硼酸钠和4mmol的十二烷基硫酸钠（SDS）的分离缓冲液，用0.1mol的氢氧化钠将缓冲液pH值调整到9.0。

（2）标准品的配制

配制浓度分别为0.05、0.01、0.8、1.2、1.6、2和5（mmol）的水杨酸标准溶液。

（3）样品处理

将五片阿司匹林药片研碎成粉末，准确称量其质量，倒入烧杯中，加二次蒸馏水30mL，搅拌后，在振荡器中振荡10min。然后放入离心机中，在3500r/min转速下离心分离10min，将上层清液转入100mL容量瓶中，定容。

（4）电泳条件

毛细管柱在使用前分别用0.1mol的NaOH溶液和二次蒸馏水及缓冲液冲洗3min后，在运行电压下平衡10min。以后每次进样前均用缓冲液冲柱，在运行电压下平衡5min。

本实验采用电迁移进样（10kV、5s）。高压端进样，低压端检测，20kV的工作电压。检测波长为214nm。

（5）水杨酸标准样品的测定

分别测定0.05、0.01、0.8、1.2、1.6、2.0和5.0（mmol）的水杨酸标准溶液。每个浓度平行测三次。

（6）阿司匹林药片中水杨酸含量的测定

① 取阿司匹林药品溶液，在上述的电泳条件下对样品溶液进行测定，平行测三次。

② 把一定浓度的水杨酸加入样品溶液中，进行测定。

（7）数据采集

打开色谱工作站软件。把电压上升到20kV，立即点击主界面的绿色图标“谱图采集”，开始谱图采集。在进样之前把屏幕调到色谱工作站的主界面。点击主界面的红色图标“手动停止”，可以停止谱图采集。然后将文件起名并保存在指定的文件夹。

【数据记录与处理】

（1）阿司匹林中水杨酸的定性分析

打开水杨酸标准样品、阿司匹林样品、水杨酸加阿司匹林样品这三个谱图。点击窗口中的水平平铺。通过比较水杨酸样品与阿司匹林样品这两个谱图，能够确定阿司匹林样品中存在水杨酸。通过比较阿司匹林样品与水杨酸加阿司匹林样品这两个谱图，能够确定哪一个峰是水杨酸的峰。

(2) 阿司匹林中水杨酸的定量分析

① 水杨酸标准曲线的绘制

从色谱工作站打开保存的文件，通过调节参数表里的满屏量程和满屏时间，把谱图调到最佳。当需要改动起始峰宽水平时，还要按“再处理”这个图标。把谱图调到最佳后，点击定量组分，出现一张表格。选中套峰时间下的一个空格，再用鼠标右键点击需要研究的峰的内部，弹出一个菜单，点击自动填写“定量组分”表中套峰时间。然后输进样品的浓度，点击定量方法，点击计算校正因子，点击屏幕上的定量计算图标，点击定量结果表，出现校正因子和峰面积，记录校正因子和峰面积。点击定量结果，在定量结果表格里输入组分名称、浓度、平均校正因子、平均峰面积。点击当前表存档，重复上述操作，存入七档数据。然后点击定量方法，点击工作曲线中的计算，再点击显示。显示出峰面积-浓度的线性关系图和峰面积-浓度的方程。然后把标准曲线复制到 word 文档里。

② 将样品中水杨酸峰面积的平均值代入峰面积-浓度方程，求得水杨酸的浓度。

【注意事项】

(1) 标准溶液浓度配制要精确，以免影响分析结果。

(2) 严格按照毛细管电泳仪操作规程进行实验。

【思考题】

(1) 毛细管电泳仪的分离原理是什么?

(2) 说明毛细管电泳法的特点及应用。

7.2 有机元素分析法

7.2.1 基本原理

元素分析法一般有化学法、光谱法、能谱法等，其中化学法是最经典的分析方法。但传统的化学元素分析法具有分析时间长、工作量大等不足。随着科学技术的不断发展，元素分析自动化应运而生。有机元素分析仪最早出现在20世纪60年代，后经不断改进，逐渐成为了元素分析的主要方法手段。目前，有机元素分析仪的监测方法主要有：示差热导法、反应气相色谱法、电量法和电导法等几种。其中，示差热导法应用较为广泛。有机元素分析仪一般可同时对有机的固体、高挥发性和敏感性物质中C、H、N、S、元素的含量进行定量分析测定，也可广泛应用于化学和药物学产品，碳、氢、氧、氮元素含量的分析，从而揭示化合物性质变化，得到有用信息。

Vario EL Ⅲ型元素分析仪的测定原理：待测样品在950～1150℃的高温条件下，经氧气的氧化与复合催化剂的共同作用，使待测样品发生氧化燃烧［$R(CHNS)+O_2 \longrightarrow N_2+NO_x+O_2+CO+CO_2+CH_4+X^-+SO_x+H_2O$，$CO+CH_4 \xrightarrow{CuO} CO_2+H_2O$］与还原反应（$NO_x+O_2 \xrightarrow{Cu} N_2$，$SO_x \xrightarrow{Cu} SO_2$），被测样品组分转化为气态物质（$CO_2$，$H_2O$，$N_2$ 与 SO_2），并在载气的推动下，被测样品的混合组分 CO_2，H_2O，SO_2 与 N_2 载入到色谱柱中。由于这些组分在色谱柱中流出的时间不同（即不同的保留时间），从而使混合组分按照N，C，H，S的顺序被分离，被分离出的单组分气体，通过热导检测器分析测量，不同组分的气体在热导检测器中的导热系数不同，从而使仪器针对不同组分产生出不同的读取数值，并通过与标准样品比对分析达到定量分析的目的。

7.2.2 有机元素分析仪的构成及使用

有机元素分析仪主要由进样器、样品氧化燃烧和还原室、气体分离系统和监测系统等部分组成。图 7.3 所示为 Vario EL Ⅲ型元素分析仪的工艺流程图。

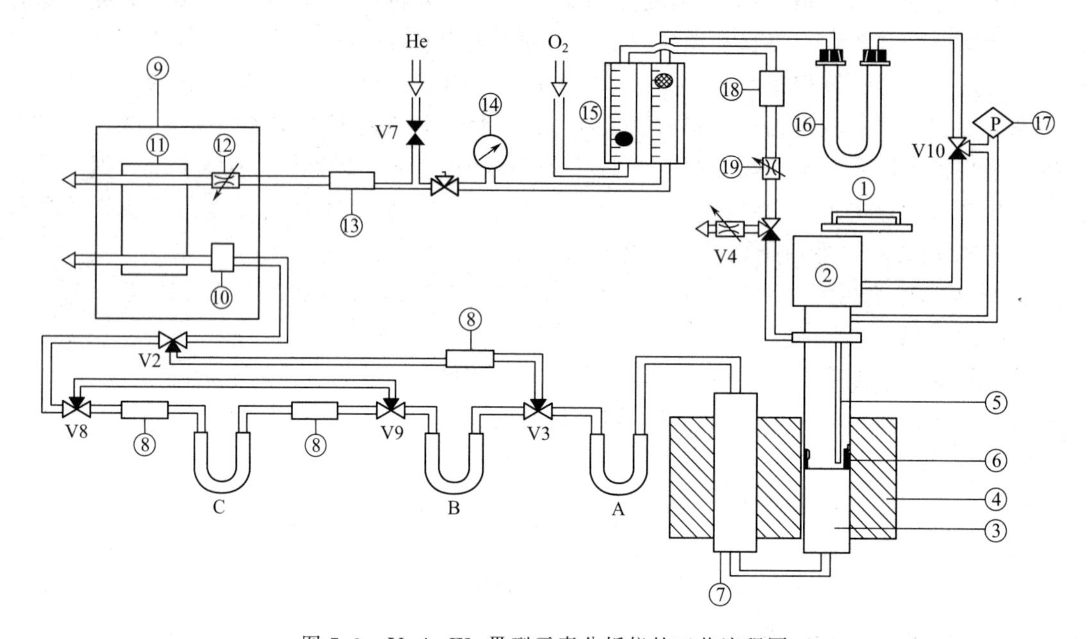

图 7.3　Vario EL Ⅲ型元素分析仪的工艺流程图

①进样盘；②球阀；③燃烧管；④加热炉；⑤O_2 输入口；⑥灰分管；⑦还原管；⑧干燥管；⑨气体输入控制；⑩气体输入控制；⑪热导检测器；⑫节流阀；⑬干燥管；⑭气体入口压力；⑮用于 O_2 和 He 的流量表；⑯气体清洁试管；⑰压力传感器；⑱干燥管；⑲用于 O_2 加入的针形阀；A—SO_2 吸附柱；B—H_2O 吸附柱；C—CO_2 吸附柱

7.2.3 实验技术

实验 7.2.1 有机元素分析测定土壤沉积物中 N、C、H、S

【实验目的】

（1）了解元素分析仪的基本原理和仪器的 CHNS 模式。

（2）熟悉元素分析仪的微量称重处理、自动进样、方法。

【实验原理】

Vario EL Ⅲ元素分析仪分为 CHNS 模式和 O 模式两种，CHNS 模式是将样品在高温下的氧气环境中经催化氧化使其燃烧分解，而 O 模式要将样品在高温的还原气氛中通过裂解管分解，含氧分子与裂解管中活性炭接触转换成一氧化碳。生成气体中的非检测气体被去除，被检测的不同组分气体通过特殊吸附柱分离，再使用热导检测器对相应的气体进行分别检测，氦气作为载气和吹扫气。

【仪器与试剂】

仪器：Vario EL Ⅲ元素分析仪 1 台，预装有 Vario EL Ⅲ程序计算机 1 台，METTLER TOLEDO 高精度天平 1 台，打印机 1 台。

试剂：氨基苯磺酸标准样品，土壤沉积物。

【实验步骤】

(1) 开机步骤

开机前应打开操作程序菜单，检查 Options>Maintenance 中提示的各更换件测试次数的剩余是否还能满足此次测试，通常最应该注意的是还原管、干燥管（可通过观察其颜色变化判断）以及灰分管。检漏前请在未开主机前将操作程序中 Options>Parameters 中 Furnace 1、Furnace 2 的温度都设置为 0，退出操作程序，再按照以下步骤进行正常的开机。

① 开启计算机，进入 Windows 状态。

② 移开仪器进样盘。

③ 开启仪器的主开关（电源），待仪器运行球阀和进样盘底座的初始化后（此运行只在进样盘拿走的时候才能正确地执行）。

④ 将仪器进样盘放回原处。

⑤ 开启氦气和氧气：

He 气体钢瓶减压阀出口压力：2.0bar（0.2MPa），此时仪器系统压力：1.25bar（0.125MPa）。

O_2气体钢瓶减压阀出口压力：2.5bar（0.25MPa）。

⑥ 启动 Vario EL 软件，在菜单 Mode 中选择操作模式：（CHNS，CNS，CHN，CN，N，O 或 S）。

警告：CHNS，CNS，S 和 CHN，CN，N 模式的燃烧管内的氧化剂的设定温度不同，不能互换，否则，由于过热会引起 CHN 燃烧管内线状氧化铜熔融，熔融物质流入加热炉并损坏加热炉。

⑦ 仪器泄漏测试：

Options>Miscellaneous>Rough leak check 将出现检漏自动测试的对话框，其中 1）将主机背面的两个出气口堵住；2）将 He 减压阀的压力降低到与程序对话框中一致，请按照其中的两点提示执行，激活这两个功能后点击对话框中 OK 检漏开始，检漏测试后会文字提示有没有通过检漏测试。

⑧ 检漏通过后，拔掉主机后面尾气的堵头，将气体钢瓶上减压阀输出压力调至 He：0.22MPa，O_2：0.25MPa。

⑨ 进入 Options>Parameters 中 Furnace 1、Furnace 2 的温度分别设置为 Furnace 1：1150℃；Furnace 2：850℃，开始升温。

(2) 操作程序

① 选择标样（检查操作模式是否正确）

进入操作程序 Standards 窗口，在出现的对话框中确认要使用标样的名称，如没有须使用的标样请在此对话框中定义，如

CHNS 模式：Sulfanilic Acid（可缩写为 sul）氨基苯磺酸，输入 CHNS%的理论值。

选择 FACTOR SAMPLE 用于校正因子计算。

选择 CALIBRATION SAMPLE 用于校正曲线计算。

② 炉温设定

进入操作程序 Options>Parameters，输入和/或确认加热炉设定温度，

其中，CHNS模式：

Furnace 1（右）：1150℃；Furnace 2（中）：850℃；Furnace 3（左）：0℃。

③ 样品名称、重量和通氧方法的输入：

1）进入操作程序 Edit>Input 功能的对话框；或在要输入样品信息的相关行双击鼠标左键，同样可出现 Input 功能的对话框。

2）在其中的 Name、Weight 栏输入样品名称和重量，在 Method 栏中选择合适的通氧方法。

④ 建议样品测定顺序：

1）测试空白值，在 Name 输入 blk，在 Weight 栏输入假设样品重，在 Method 栏选 Index 2。测试次数根据各元素的积分面积稳定值到：N（Area），C（Area），S（Area）都小于 100；H（Area）<1000；O（Area）<500。

2）做 2～3 个条件化测试，样品名输入 run，使用标样，约 2 毫克，通氧方法选择 Index 1。

3）做 3～4 个标样氨基苯磺酸测试，样品名输入 Sulfanilic Acid（或输入在 Standards 中已缩写的 sulf），精确称重约 2 毫克，通氧方法选择 Index 1。

4）以下可进行 20～30 个次样品测试，实验中采用不同土壤沉积物样品（根据样品性质决定样品量和通氧参数）。

5）再做 3～4 个 Sulfanilic Acid 氨基苯磺酸标样测试，与 3）相同。

6）以下又可进行 20～30 个次样品测试（根据样品性质决定样品量和通氧参数），以下可从步骤 3）循环执行。

⑤ 数据计算（用标样测试值做日校正因子修正）

1）进入 Math.>Factor Setup，在对话框中选用 Compute Factors Sequentially 功能。

2）检查标样测试几次的数据是否平行，若平行，点击 Math.>Factor，完成校正因子计算。

3）若标样几次测试数据存在不平行，可在选择平行的标样数据行上做标记（在选定数据行点击鼠标右键，对所做标记的去除可在相应行上点鼠标右键），再进入 Math.>Factor Setup，激活 Compute Factor From Tagged Standards only，之后点 Math.>Factor 完成校正因子计算。

（3）设定分析结束后自动启动睡眠

① 进入 Options>Sleep/Wake Up 功能对话框。

② 使用 Activate reduced Gas flow 功能，在 Gas flow reduction to 中输入需要的值（建议 10%）。

③ 使用 Activate sleep Temperature，并在以下各 Reduce Furnace** to 中输入需要降低到的温度。

④ 使用 Sleeping at end of Samples 功能。

⑤ 点击 OK，就可在样品分析结束后（样品重量为 0），仪器自动进入睡眠状态。

⑥ 启动 Auto 进行样品分析，若启动 Single 执行测试，则以上功能无效。

（4）关机步骤

① 样品自动分析结束后，如设定睡眠功能，则仪器自动降温，或在 Sleep/Wake Up 功能对话框中手动启动睡眠（点 Sleep Now），待 2 个加热炉都降温至 100℃以下。

② 关闭 He 气和 O_2 气。

③ 退出 Vario EL 操作软件（执行 File 中的 Exit）。

④ 关闭主机电源，开启主机加热炉室的门，让其长时间散去余热。

⑤ 将主机后面的尾气出口堵住。

⑥ 关闭计算机、打印机和天平等外围设备。

【数据记录与处理】

（1）填表处理实验数据。

（2）根据实验结果分析不同炼焦煤中 CHNS 含量差别。

【注意事项】

（1）Vario EL Ⅲ分析仪只适用于对尺寸大小可控制、可燃烧样品中的元素含量进行分析。禁止对腐蚀性化学品、酸碱溶液、爆炸物或可产生爆炸性气体的物质进行测试。避免对含氟、磷酸盐或重金属样品进行测试，以免影响仪器使用寿命。

（2）氧气的不足会降低催化氧化剂和还原剂的性能，从而也减少了它们的有效性和使用寿命。没有燃烧的样品物质仍然留在灰分管内，并将影响到下一个样品的测试分析结果。

（3）如果电源电压中断超过 15min，必须对 Vario EL Ⅲ仪器进行检漏。这是由于通风中断，不能散热，有可能造成炉室中的 O 形圈的损坏，必要时应更换。

【思考题】

（1）有机元素分析仪分析物质的原理是什么？

（2）列举几点元素分析仪的应用。

7.3 X射线衍射分析法

7.3.1 基本原理

X 射线衍射分析是利用晶体形成的 X 射线衍射，对物质进行内部原子在空间分布状况的结构分析方法。

晶体是由空间排列得很有规律的微粒（离子、原子或分子）组成的。这些微粒在晶体内形成有规则的三维排列，称为晶格（或点阵）。晶格中质点占据的位置，称为结点，晶格中最小的重复单位为晶胞。晶胞的大小和形状由晶胞在三维空间的三个向量 a、b、c（晶胞三个棱的长度）及它们之间的夹角 α、β、γ 六个参数来表示。

当 X 射线作用于晶体时，与晶体中的电子发生作用后，再向各个方向发射 X 射线的现象称为散射。由于晶体中大量原子散射的电磁波互相干涉和互相叠加而在某一方面得到加强或抵消的现象，称为 X 射线衍射。其相应的方向称为衍射方向。晶体衍射 X 射线的方向与构成晶体的晶胞的大小、形状及入射 X 射线的波长有关，衍射光的强度则与晶体内原子的类型及晶胞内原子的位置有关，因此从衍射光束的方向和强度来看，每种类型晶体都有自己的衍射图，可作晶体定性分析和结构分析的依据，X 射线衍射原理如图 7.4 所示。

当 X 射线以某入射角度射向待测试样的晶面时，将在每个点阵（原子）处发生一系列球面散射，即相干散射，从而发生散射干涉现象，如图 7.5 所示。设有三个平行晶面，中间晶面的入射 X 射线及衍射 X 射线的光程与上一晶面相比，其光程差为 $AB+BC$，由于

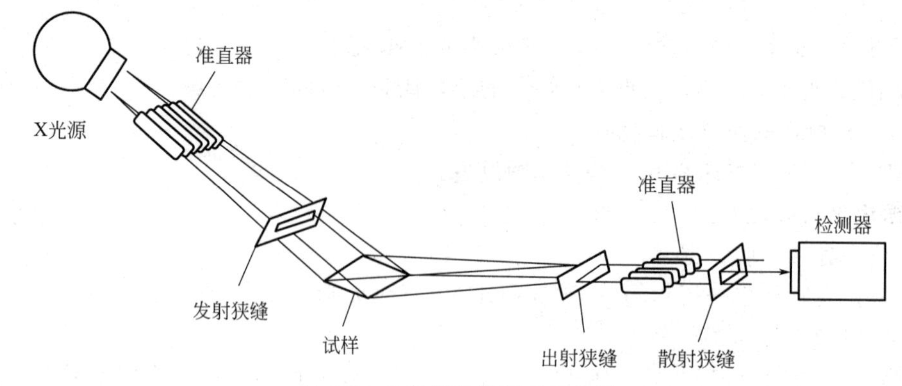

图 7.4　X 射线衍射原理示意图

$AC=BC=d\sin\theta$（d 为晶面的距离，θ 为衍射角），光波 11′和 22′的总光程差为

$$AB+BC=2d\sin\theta \tag{7.3}$$

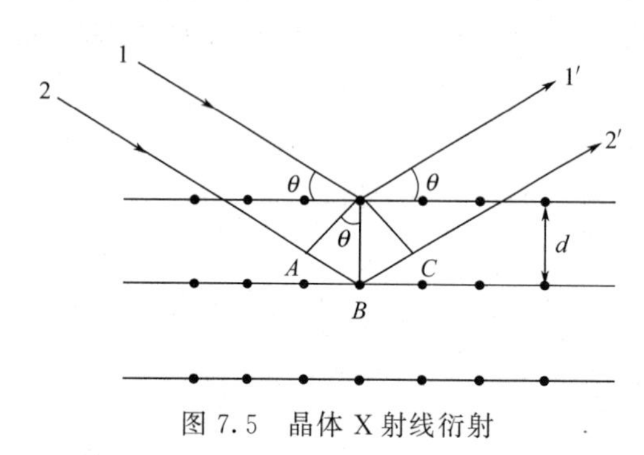

图 7.5　晶体 X 射线衍射

只有当光程差等于波长的整数倍时，相干的散射波长才能相互加强，即 $n\lambda=2d\sin\theta$，这就是布拉格衍射方程式，式中 $n=0$，1，2，3，…为整数，即衍射级数。由布拉格方程可知：

（1）$|d\sin\theta|\leqslant 1$，当 $n=1$ 时，$\lambda/2d=|d\sin\theta|\leqslant 1$，即 $\lambda\leqslant 2d$，这表明，只有当入射 X 射线波长≤2 倍晶面间距时，才能产生衍射。

（2）用已知波长 λ 的 X 射线照射晶体试样，通过测定 θ 角，即可计算出晶面间距 d，这就是 X 射线衍射结构分析。

（3）用已知 d 的晶体，通过测量 θ 角，计算出特征 X 射线的波长 λ，由此查出样品中所含元素，这是 X 射线衍射定性分析（见图 7.5）。

7.3.2　X 射线衍射分析仪的构成及使用

7.3.2.1　单色 X 射线源——循环冷却系统

高速运动的电子突然受阻，由于与物质的能量交换作用，从而产生了 X 射线。阴极由钨灯丝构成，灯丝被 3～4A 电流加热后，发出大量的热电子，电子经聚焦和 5000～8000V 的电压加速后撞击阳极金属靶（由 Cu、Mo、Ni 等熔点高而导热性好的金属组成），电子突然减速或停止运动，大部分能量以热辐射（约 99.5%以上）的形式耗散掉，少部分能量以 X 射线的形式向外辐射，产生 X 射线谱，为避免靶材长期受热熔解，加循环冷却水可使靶面迅速冷却。X 射线与靶面约成 6°角处的强度最大，所以，在此角度上开一窗口（窗口材料由对 X 射线吸收很小的铍片组成），让 X 射线透过。大功率的衍射射仪采用专靶 X 射线管（靶面每分钟做几千次旋转，增强冷却效果）。

X 射线管发出的 X 射线有两部分：一部分是连续波长的 X 射线；另一部分是由阳极靶材决定的特征 X 射线，称为特征谱，也称单色谱。特征谱是由靶材中原子内层电子跃迁产生的。高速运动的电子撞击靶材料时，具有高能量的电子深入到靶材料的原子中，激发出内

层电子，原子处于不稳定的激发态，邻近层的电子立即自发地填入空穴，同时伴随多余能量地释放，产生波长确定的X射线。比如Cu K_α，由L层电子迁到K层产生X射线，L层有多个电子，分为不同能级，又产生$K_{\alpha1}$、$K_{\alpha2}$，K_β由M层电子跃迁到K层。

K_α产生的概率最大，因而强度最大，比K_β大4～5倍，比附近连续波长强度大90%，当选择K_α为光源时，其他的辐射因强度小易被去除。单色器的选择，它的K吸收波长介于X射线发出的K_α与K_β之间，大量吸收K_β线及大部分连续的X射线，而对K_α吸收很小，只让K_α通过。

7.3.2.2　样品及样品位置取向的调整机构系统

粉末样品应有足够的晶粒参与衍射（晶粒的杂乱无章，使得每个晶面都参与了衍射，相当于X射线对晶面的扫描），需粒径足够小，脆性物质制备宜用玛瑙研钵研细，粉末粒度要求1～5μm，定量分析约在0.1～2μm，手搓无粒感，用量1～2g。

7.3.2.3　检测系统和记录系统

检测系统和记录系统包括发射狭缝、检测器、放大器、脉冲高度分析器等组成部分。检测器在不同的2θ角度上，对荧光X射线进行扫描和检测，将X射线光子转换为电脉冲输出，脉冲信号经放大电路放大后，由脉冲高度分析器滤除λ的高次线、噪声、背景，由计数器、记录仪等读出和显示。

试样本身为衍射晶体，试样平面旋转2θ，光源以θ角对试样进行扫描，工作前须把2θ转过一个角度（约3°～4°），防止射线源直接进入计数器。

发射狭缝的作用在于控制入射X射线束的水平发射角，发射角越大，衍射线强度越大，入射线照到样品的宽度越大，平板样品的衍射聚焦程度越差，产生衍射峰宽化越明显，一般小于4°。

7.3.3　X射线衍射分析的应用

7.3.3.1　物相分析

晶体的X射线衍射图像实质上是晶体微观结构的一种精细复杂的变换，每种晶体的结构与其X射线衍射图之间都有着一一对应的关系，其特征X射线衍射图谱不会因为其他物质混聚在一起而产生变化，这就是X射线衍射物相分析方法的依据。制备各种标准单相物质的衍射花样并使之规范化，将待分析物质的衍射花样与之对照，从而确定物质的组成相，就成为物相定性分析的基本方法。鉴定出各个相后，根据各相花样的强度正比于该组分存在的量（需要做吸收校正者除外），就可对各种组分进行定量分析。目前常用衍射仪法得到衍射图谱，用“粉末衍射标准联合会（JCPDS）”负责编辑出版的“粉末衍射卡片（PDF卡片）”进行物相分析。

7.3.3.2　点阵常数的精确测定

点阵常数是晶体物质的基本结构参数，测定点阵常数在研究固态相变、确定固溶体类型、测定固溶体溶解度曲线、测定热膨胀系数等方面都得到了应用。点阵常数的测定是通过X射线衍射线的位置（θ）的测定而获得的，通过测定衍射花样中每一条衍射线的位置均可

得出一个点阵常数值。

点阵常数测定中的精确度涉及两个独立的问题，即波长的精度和布拉格角的测量精度。波长的问题主要是X射线谱学家的责任，衍射工作者的任务是要在波长分布与衍射线分布之间建立一一对应的关系。知道每根反射线的米勒指数后就可以根据不同的晶系用相应的公式计算点阵常数。晶面间距测量的精度随θ角的增加而增加，θ越大得到的点阵常数值越精确，因而点阵常数测定时应选用高角度衍射线。误差一般采用图解外推法和最小二乘法来消除，点阵常数测定的精确度极限处在1×10^{-5}附近。

7.3.3.3 应力的测定

X射线测定应力以衍射花样特征的变化作为应变的量度。宏观应力均匀分布在物体中较大范围内，产生的均匀应变表现为该范围内方向相同的各晶粒中同名晶面间距变化相同，导致衍射线向某方向位移，这就是X射线测量宏观应力的基础；微观应力在各晶粒间甚至一个晶粒内各部分间彼此不同，产生的不均匀应变表现为某些区域晶面间距增加、某些区域晶面间距减少，结果使衍射线向不同方向位移，使其衍射线衍射变化，这是X射线测量微观应力的基础。超微观应力在应变区内使原子偏离平衡位置，导致衍射线强度减弱，故可以通过X射线强度的变化测定超微观应力。测定应力一般用衍射仪法。

X射线测定应力具有非破坏性，可测小范围局部应力，也可测表层应力，可区别应力类型，测量时无须使材料处于无应力状态，但其测量精确度受组织结构的影响较大，X射线也难以测定动态瞬时应力。

7.3.3.4 晶粒尺寸和点阵畸变的测定

若多晶材料的晶粒无畸变、足够大，理论上其粉末衍射花样的谱线应特别锋利，但在实际实验中，这种谱线无法看到。这是因为仪器因素和物理因素等的综合影响，使纯衍射谱线增宽了。纯谱线的形状和宽度由试样的平均晶粒尺寸、尺寸分布以及晶体点阵中的主要缺陷决定，故对线形做适当分析，原则上可以得到上述影响因素的性质和尺度等方面的信息。

在晶粒尺寸和点阵畸变测定过程中，需要做两方面工作。①从实验线形中得出纯衍射线形，最普遍的方法是傅里叶变换法和重复连续卷积法。②从衍射花样适当的谱线中得出晶粒尺寸和缺陷的信息。这个步骤主要是找出各种使谱线变宽的因素，并且分析这些因素对宽度的影响，从而计算出所需要的结果。主要方法有傅里叶法、线形方差法和积分宽度法。

7.3.3.5 单晶取向和多晶织构测定

单晶取向的测定就是找出晶体样品中晶体学取向与样品外坐标系的位向关系。虽然可以用光学方法等物理方法确定单晶取向，但X衍射法不仅可以精确地测定单晶取向，同时还能得到晶体内部微观结构的信息。一般用劳埃法单晶取向，其根据是底片上劳埃斑点转换的极射赤面投影与样品外坐标轴的极射赤面投影之间的位置关系。透射劳埃法只适用于厚度小且吸收系数小的样品；背射劳埃法就无须特别制备样品，样品厚度大小等也不受限制，因而多用此方法。

多晶材料中晶粒取向沿一定方位偏聚的现象称为织构，常见的织构有丝织构和板织构两种类型。为反映织构的概貌和确定织构指数，有三种方法描述织构：极图、反极图和三维取向函数，这三种方法适用于不同的情况。对于丝织构，要知道其极图形式，只须求出其丝轴指数即可，照相法和衍射仪法是可用的方法。板织构的极点分布比较复杂，需要两个指数来表示，且多用衍射仪进行测定。

7.3.4 实验技术

实验 7.3.1 X 射线粉末衍射分析

【实验目的】

(1) 掌握 X 粉末衍射法的原理和实验方法。

(2) 学习利用衍射图谱进行物质的物相分析，并初步掌握索引和卡片的使用。

【实验原理】

单色 X 射线照射到粉末晶体或多晶样品上，所得的衍射图称为粉末图，应用粉末图解决有关晶体结构问题的分析方法称为粉末衍射分析法。

与单晶不同，粉末样品因其含有各个方向的晶体颗粒，故对其衍射图像的分析比较困难。但通过衍射图谱的规律性，能够认识晶格的基本性质。衍射线条出现的方向，决定于布拉格方程式。

当 X 射线与晶面所呈的入射角为 θ 时，则与该晶面平行的晶体内的原子排列面的反射会受到干涉，因此，只有符合 $2d\sin\theta=\lambda$ 所规定的入射角 θ 的方向，才能看到 X 射线衍射。

晶体内原子的排列，随着物质种类不同，可以具有各种不同的特征。一张衍射图谱上衍射线的位置仅和原子排列周期性有关，而强度则取决于原子种类、数量、相对位置等性质。即衍射线的位置和强度就完整地反映了晶体结构的两个特征，从而成为辨别物相的依据。

物相鉴定的依据是衍射线方向和衍射强度。在衍射图谱上即为衍射峰的位置及峰高，利用 X 衍射仪，可以直接测定和记录晶体所产生衍射线的方向 θ 和强度 I。

实验中，算出待测样品的衍射图谱上的各衍射峰的 d 值和 I 值，通过查对粉末衍射标准卡片，即可得知待鉴定物质的化学式及有关各种晶体学数据。

【仪器与试剂】

仪器：XRD-6000 射线衍射仪，玛瑙研钵，平板玻璃 20cm×30cm，样品板。

试剂：未知样品。

【实验步骤】

(1) 样品的准备

将样品在玛瑙研钵中研细，即用手指压研无颗粒感即可。将样品板擦净放在玻璃板上，有孔一面向上，将粉末加入到样品孔中，略高于样品板，另用一玻片将样品压平、压实，除去多余的试样。将样品板插入衍射仪的样品台上，并对准中线。

(2) X 衍射仪操作

实验条件为 Cu：K_α 为辐射源；管电压：35V；管电流：20mA；限制狭峰：1°；发射狭峰：1°；接受狭峰：0.3°；扫描速度：4°·min^{-1}；时间常数：0.1×20；记录纸速度：40mm·min^{-1}；分析范围：5°～35°。

按上述条件，启动 X 射线衍射仪，得到 X 粉末衍射图。

【数据记录与处理】

(1) 对每个衍射峰的 2θ 值，求出对应的面距离 d 值，并按其相对强度 I/I_0 的大小列表。

(2) 根据上表列出的实验结果，查索引和标准卡片对照进行物相分析并确定未知样品。

【注意事项】

(1) X射线是具有强大能量的光，有很强的穿透性，对人体有害，它又是肉眼看不见，没有任何感觉的光，所以操作时必须十分小心。

(2) 认真阅读“仪器使用注意事项”部分，仔细操作。

【思考题】

(1) 用衍射图鉴定物相的理论依据是什么?

(2) 实验中，如何得到一张良好的衍射图?

实验7.3.2 二氧化钛的X射线粉末衍射分析

【实验目的】

(1) 了解X射线粉末衍射分析仪的工作原理。

(2) 熟悉X射线衍射仪的使用方法。

(3) 学习利用X射线粉末衍射进行物相分析。

【实验原理】

X射线波长介于γ射线与紫外线之间，波长范围约为0.10～100Å，1896年由伦琴在研究阴极射线时发现，故又被称为“伦琴射线”。X射线的特征是波长非常短，频率很高，因而具有很高的穿透本领，能透过许多对可见光不透明的物质，本实验中通过铅玻璃阻挡仪器发出的X射线，减少对人体的危害。

X射线衍射是一种重要的无损分析方法。用于衍射分析的X射线波长为0.5～2.5Å。物质结构中，原子和分子的距离正好落在X射线的波长范围内，当X射线入射到晶体时，基于晶体结构的周期性，晶体中各个电子的散射波可相互叠加，称之为相干散射，这些相干散射波相互叠加就产生了X衍射现象。散射波周期一直相互加强的方向称为衍射方向，衍射方向取决于晶体的周期或晶胞的大小，晶体中各个原子及其位置则决定衍射强度。

由Bragg公式：$2d\sin\theta=n\lambda$ 就可根据对应的角度求出相应的d值，因此物质对X射线的衍射能够传递极为丰富的微观结构信息。

物质的每种晶体结构都有自己独特的X射线衍射图，即指纹特征，而且不会因为与其他物质混合而改变。据此，可以通过查询JCPDS卡片，通过对比X衍射图的峰位、峰形还有强度进行物相分析。

X射线衍射仪的形式多种多样，用途各异，但其基本构成很相似，图7.6为X射线衍

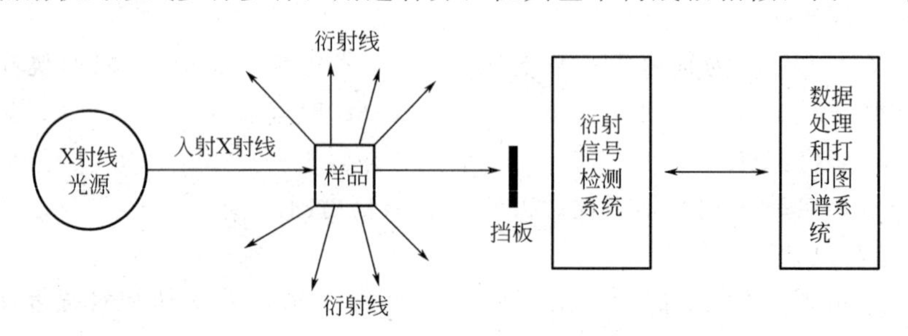

图7.6 X射线衍射仪基本构造示意图

射仪的基本构造示意图。

(1) 高稳定度X射线源：高压下，高速运动的电子轰击金属靶时，靶就放出X射线，提供测量所需的X射线，改变X射线管阳极靶材质可改变X射线的波长（本实验采用Cu靶为辐射线源，$\lambda=1.5406\text{Å}$），调节阳极电压可控制X射线源的强度。由于金属靶电子轰击金属靶时放出大量的热，故X射线衍射仪必须装备水冷系统。

(2) 样品及样品位置取向的调整机构系统：样品须是结晶性固体粉末，比如单晶、粉末、多晶或微晶的固体块。XRD主要用于对固体粉末进行分析。

(3) 射线检测器：检测衍射强度或同时检测衍射方向，通过仪器测量记录系统或计算机处理系统可以得到多晶衍射图谱数据。

(4) 衍射图的处理分析系统：现代X射线衍射仪都附带安装有专用衍射图处理分析软件的计算机系统，它们的特点是自动化和智能化。

【仪器与药品】

仪器：XRD-6000粉末晶体衍射仪。

试剂：二氧化钛。

【实验步骤】

(1) 开启冷却水。

(2) 开启XRD电源（POWER指示灯亮）。

(3) 启动计算机，XRD稳定2min左右后，进入桌面Pmgr系统，将被测样品放置在测试架上。

(4) 点击画面上Display & Setup（显示与设置），点击Close（关闭）出现对话框后，再点击“确认”。

(5) 点击画面上Right Gonio condition（测试条件设置窗口），双击空白处，出现Standard Condition Edit（标准条件编辑）对话框，进行实验条件设定及对样品取名，同时点击画面上Right Conio Analysis。

(6) 在实验条件设定后，点击Append（新增）、Start（开始）。进入Right Conio Analysis画面，点击Start。XRD开始测试。

(7) 点击画面上Basic Process（基本过程），进行数据处理（得到2θ、d值、半峰宽、强度数据等）。

(8) 操作完成后，退出Pmgr系统。

(9) 关闭XRD电源。

(10) 冷却水应继续工作20min后方可关闭。

(11) 关闭所有电源。

(12) 做好运行记录。

【数据记录与处理】

查阅JCPDS卡或计算机检索JCPDS卡数据库分析。

【注意事项】

(1) 取供试品用玛瑙研钵研细，粉末粒度要求$<15\mu m$，用量1～2g。

(2) 取放样品时，要轻开轻关玻璃门，仪器运行过程中，一定不能打开玻璃门。

【思考题】

(1) 利用X射线进行物相分析时，对试样有什么要求？

（2）简要说明X射线衍射仪的主要功能有哪些？

7.4 核磁共振波谱分析法

7.4.1 基本原理

（1）核磁共振的概念

“共振”是自然界存在的一种普遍现象，比如在敲鼓时，正是由于在敲击时鼓的两个侧面发生了共振现象，从而产生节奏性的动感鼓声。虽然这一现象不能与科学理论相类比，但可以促进我们思考问题。

原子核本身带有电荷，核的旋转使核在键轴方向产生磁偶极，通常用核磁矩 μ 表示其大小。自旋电荷的角动量用自旋量子数 I 表示，其值有 0、1/2、1、3/2 等。自旋量子数为 1/2 的核（如^{1}H、^{13}C、^{15}N、^{19}F、^{31}P 等）呈现均匀的球形电荷分布。

半数以上的原子核具有自旋，旋转时产生一小磁场。当外加一磁场，这些原子核的能级将分裂，即塞曼效应。在外磁场 B_0 中塞曼分裂图见图 7.7。

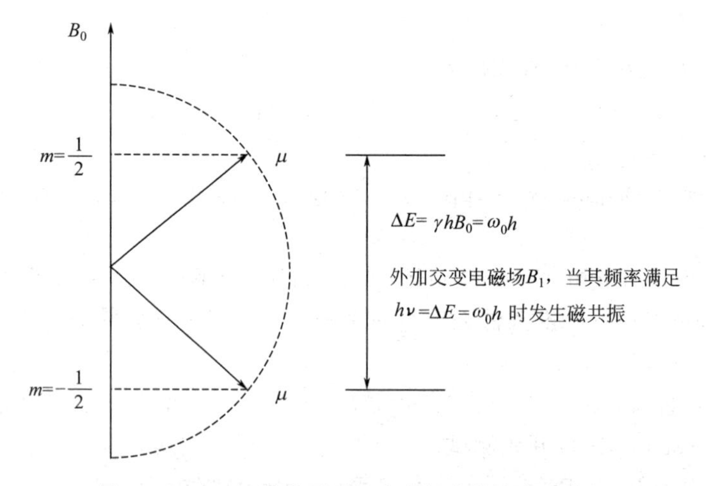

图 7.7 $I=1/2$ 的粒子磁矩在磁场中的取向及能级

具有磁性的原子核，处在某个外加静磁场中，受到特定频率的电磁波的作用，在它的磁能级之间发生的共振跃迁现象，叫核磁共振现象。

（2）核磁共振现象产生的共振条件

① 具有磁性的原子核。（γ：某种核的磁旋比）

② 外加静磁场（H_0）中。

③ 一定频率（ν）的射频脉冲。

④ 公式：$\nu=\dfrac{\gamma}{2\pi}H_0$。 (7.4)

（3）化学位移的概念及产生

由核磁共振的概念可知：同一种类型的原子核的共振频率是相同的，这里是指裸露的原子核，没有考虑原子核所处的化学环境，实际上当原子核处在不同的基团中时（即不同化学环境），其所感受到的磁场是不相同的。

核磁共振的条件为：

$$H\nu=\frac{h}{2\pi\gamma}H_0 \tag{7.5}$$

由于不同基团的核外电子云的存在，对原子核产生了不同的屏蔽作用。

核外电子云在外加静磁场中产生的感应磁场为：

$$H'=-\sigma H_0 \tag{7.6}$$

σ 称为磁屏蔽常数。

原子核实际感受到的磁场是外加静磁场和电子云产生的磁场的叠加：

$$H=H_0-H'=H_0-\sigma H_0=(1-\sigma)H_0 \tag{7.7}$$

所以，原子核的实际共振频率为：

$$\nu=\frac{\gamma}{2\pi}(1-\sigma)H_0 \tag{7.8}$$

对于同一种元素的原子核，如果处于不同的基团中（即化学环境不同），原子核周围的电子云密度是不相同的，因而共振频率 ν 不同，因此产生了化学位移。

化学位移（δ）定义为：

$$\delta=\frac{\nu_{样品}-\nu_{参考物}}{\nu_{参考物}}\times10^5 \tag{7.9}$$

（4）核磁共振谱仪的工作方式

① 连续波工作方式　分为两种工作方式：固定磁场、改变频率的变频操作和固定频率、改变磁场的扫场方式。

② 脉冲波的工作方式　根据电子学知识可知：一个脉冲波展开在频率域内是覆盖一定频率范围的一个频带，也就是说，一个脉冲相当于在一个极短的时间内发出所有的频率，让这个频率范围内的所有核同时共振。然后同时检测各个化学环境不同的原子核从高能态返回到低能态是放出的能量。

7.4.2　核磁共振波谱分析仪

自从核磁共振技术诞生以来，人们便展开了其分析仪的研究，其发展也经历了漫长的过程，种类也异常繁多，但如果按工作方式进行分类，高分辨率核磁振仪分为连续波核磁共振谱仪和脉冲傅里叶核磁共振谱仪。

连续波核磁共振谱仪主要由下列主要部件组成（见图 7.8）：①磁铁，②探头，③射频和音频发射单元，④频率和磁场扫描单元，⑤信号放大、接收和显示单元。具体的组成部分的详细内容此处不做介绍，可参考相关的核磁共振技术的相关著作。

连续波核磁共振谱仪采用的是单频发射和接收方式，在某一时刻内，只能记录谱图中相对很窄部分信号，即单位时间内获得的信息相对很少。在该情况下，核磁共振信号很弱的核，如^{13}C、^{15}N 等，即使采用累加技术，也难以获得良好的效果。为了提高单位时间的信息量，可以采用多道发射机同时发射多种频率来得以实现，使处于不同化学环境的核同时共振，使用多道接收装置同时接收所有的共振信息。例如，在 400MHz 共振仪中，质子共振信号化学位移范围为 10 时，相当于 4000Hz；若扫描速度为 $2Hz\cdot s^{-1}$，则连续波核磁共振

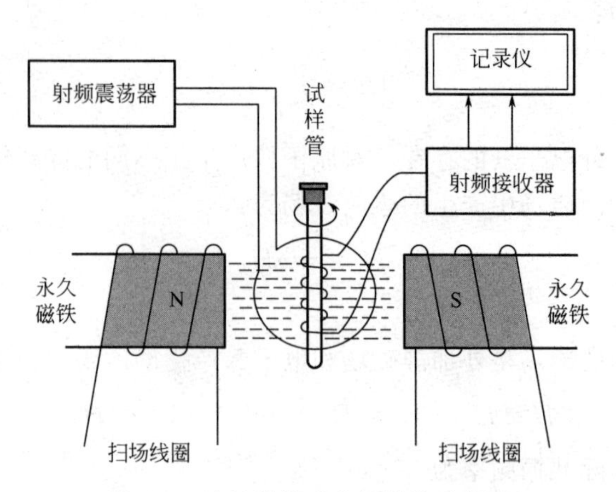

图 7.8 连续波核磁共振谱仪示意图

仪需 2000s 才能扫完全谱。而在具有 1000 个频率间隔 1Hz 的发射机和接收机同时工作时，只要 4s 即可扫完全谱。显然，后者可大大提高分析速度和灵敏度。脉冲傅里叶变换 NMR 谱仪正是以适当宽度的射频脉冲作为“多道发射机”，使所选的核同时激发，得到核的多条谱线混合的自由感应衰减（free induction decay，FID）信号的叠加信息，即时间域函数，然后以快速傅里叶变换作为“多道接收机”变换出各条谱线在频率中的位置及其强度。傅里叶变换核磁共振仪测定速度快，除可进行核的动态过程、瞬变过程、反应动力学等方面的研究外，还易于实现累加技术。因此，从共振信号强的^{1}H、^{19}F 到共振信号弱的^{13}C、^{15}N 核，均能测定。

脉冲傅里叶变换 NMR 谱仪一般包括 5 个主要组成部分（见图 7.9）：射频发射系统、探头、磁场系统、信号接收系统和信号控制、处理与显示系统。具体各个组成的内容参考其他相关专著。

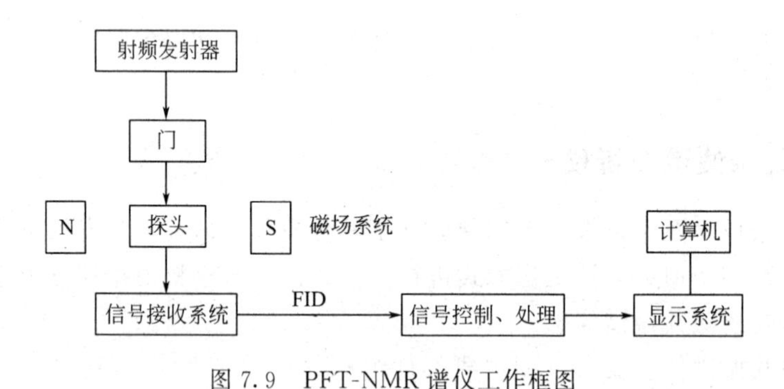

图 7.9 PFT-NMR 谱仪工作框图

7.4.3 实验技术

（1）样品制备

要想获取分子内部结构信息的分辨程度很高的谱图，一般测试多采用液态样品。待测固体样品须先在合适的溶剂中溶解，溶液浓度较高，以便减少测量时间，但不宜过于黏稠，凡液态样品，为减少分子间的相互作用而导致谱线加宽，须加入惰性溶剂进行稀释，使其有较好的流动性。合适的溶剂应黏度小，溶解性能好，不与样品发生化学反应或缔合作用，且其

谱峰不与样品峰发生重叠。常用的氘代溶剂有 $CDCl_3$、CD_3OD、CD_3CN 等。

样品溶液中不应含有未溶的固体微粒、灰尘或顺磁性杂质，否则会导致谱线变宽甚至失去应有的精细结构。为此样品应在测试前预过滤，除去杂质。必要时应通过氮气逐出溶解在试样中的具有顺磁性的氧气。

（2）标准参考样品

试样的化学位移必须选用标准物质作参考，按照标准参考物加入的方式可分外标（准）法和内（标）准法。外标法是将标准参考物装于毛细管中，再插入含被测试样的样品管内，同轴进行测量。其优点是标准参考物谱峰位置不会由于标准物与样品或溶剂间的分子相互发生作用而发生偏移。当标准参考物与溶剂互不相溶，又对化学位移精确度要求不高时采用此法。缺点是参考物与样品的磁化率不同，有必要对化学位移进行校正。内标法是将标准参考物直接加入样品中进行测量，作为内标准物的物质，通常具有较高的化学惰性，易于挥发而便于回收样品，当然还有易于识别的谱峰。对氢谱而言，通常用四甲基硅 $(CH_3)_4Si$（简称 TMS）作内标。该物质含有 12 个等价氢质子，具有一个尖锐单峰，出现在高场，一般化合物的谱峰都在它的左边，故规定它的化学位移 δ 为 0。标准参考物的用量应视试样量而定，控制在使其峰高于噪声峰值的几倍，但不应超过被测物中最高峰为宜。

（3）图谱解析

① 对 NMR 谱图进行解析时，首先判断图中的参考标准物峰、溶剂峰、旋转边带及杂质峰。利用峰面积比是否存在简单的整数比判断杂质峰的存在与否。

② 根据谱峰的化学位移，粗略判断峰所属基团或可能的基团。

③ 对于复杂谱峰的氢谱应做仔细分析。在多重峰、复杂峰中寻找等间距的关系以寻找基团之间的偶合关系。先考虑一级谱中简单偶合关系的基团，然后分析复杂的偶合体系。

④ 已知化学分子式，应计算其不饱和度，了解分子中可能存在的环以及双键数目。

⑤ 对复杂谱或者利用常规分析不能确定其分子结构，有必要进行进一步实验，比如改变磁场强度和变温测试等。

经过以上初步的分析，综合每个峰组的化学位移和偶合常数、积分值，合理地对峰组的氢原子、碳原子数目进行分配，确定各基团，由核之间的偶合关系等推断出相应的结构单元，从而组合成完整的分子结构。

实验 7.4.1 乙基苯 ^1H NMR 的测定

【实验目的】

（1）初步掌握脉冲傅里叶变换 NMR 谱仪的原理和构造。

（2）掌握获取氢谱的一般操作步骤与技术，能够根据理论知识给出待测物的氢谱图。

（3）通过对待测物的分子结构的判断，加深对化学位移、偶合常数、峰面积及其影响因素等概念的理解，基本掌握分析谱图和判定分子结构的过程。

【实验原理】

通过 NMR 氢谱可以直接获得的信息是化学位移。待测有机物结构中 H 原子所处的化学环境的不同是由于氢核所受到的屏蔽作用的差异性所引起的。影响化学位移的因素繁多，比如成键电子的杂化轨道类型、价态、配位数和几何构型等。以最为常见的诱导效应为例，一些电负性基团如卤素、硝基、氰基等，具有强烈的吸电子能力，它们通过诱导作用使与之邻近的核的外围电子云密度降低，从而减少电子云对该核的屏蔽，使核的共振频率向低场移动。一般说来，在不存在其他影响因素时，屏蔽作用将随相邻基团的电负性的增加而减小，而化学位移（δ）随之增加。例如 F 的电负性（4.0）远大于 Si 的电负性（1.8），在 CH_3F 中质子化学位移为 4.26，而在 $(CH_3)_4Si$ 中质子化学位移为 0。

由于受邻近核的核自旋磁场的影响，特定核的峰会发生裂分，其大小与峰形是 NMR 中的重要信息。由此可以判断分子中的各基团的空间位置与连接方式相关的信息。对于^1H 而言，丰度高，弛豫较快，峰面积正比于^1H 原子的个数。根据谱图中化学位移值、偶合常数值、谱峰的裂分数目以及谱峰面积等信息，可以进行简单的谱图解析，根据已知条件推断待测样品的分子结构式。

【仪器与试剂】

仪器：脉冲傅里叶变换 NMR 谱仪，5mm 核磁共振样品管。

试剂：乙基苯试样、四甲基硅烷（TMS）及氘代溶剂。

【实验步骤】

（1）样品管的要求

核磁共振的样品管是专用样品管，由质量好的耐温玻璃做成或采用石英或聚四氟乙烯（PTFE）材料制成。要求样品管无磁性，管壁平直、厚度均匀。样品管形状是圆筒形的，直径取决于谱仪探头的类型，外径可小到 1mm，大到 25mm。常见的样品管直径有 5mm，10mm，2.5mm 三种。长度要求大于 150mm。本实验选用 5mm 规格的样品管。

（2）样品准备及要求

核磁共振是一种定性分析的方法，所以样品的取样量没有严格的要求，基本原则是：在能达到分析要求的情况下，样品量少一些为好，样品浓度太大，谱图的旋转边带或卫星峰太大，从而导致谱图分辨率变差，不利于谱图的结构分析。

一般固体样品取 5mg 左右，液体样品取 0.05mL 左右。

将样品小心地转移到样品管内，注射器吸取 0.5mL $CDCl_3$（氘代氯仿）注入样品管，使样品充分溶解。要求样品与试剂充分混合，溶液澄清、透明、无悬浮物或其他杂质。

（3）开机

① 打开计算机电源，输入登录密码。

② 运行 CCU 监控程序。

③ 开机柜电源，总电源→BSMS/2 电源→BLAX300/1 电源→BLAX300/2 电源→AQS 电源。

④ 双击进入 NMR 程序：桌面 TOPSPIN3.1。

⑤ 初始化：键入 CF ↙，仪器进行自检和初始状态设置。

（4）标准样品放入磁场

① 将标准样品放入磁铁中［参考步骤（3）中①、②、③、④步］。

② 调入以前做过的谱图，键入 ii ↙。初始化采样参数。

（5）仪器状态调整

① 打开采样向导：点击菜单 Spectrometer/DATA Acquisition Guide（光谱仪/数据获得向导），出现图 7.10。

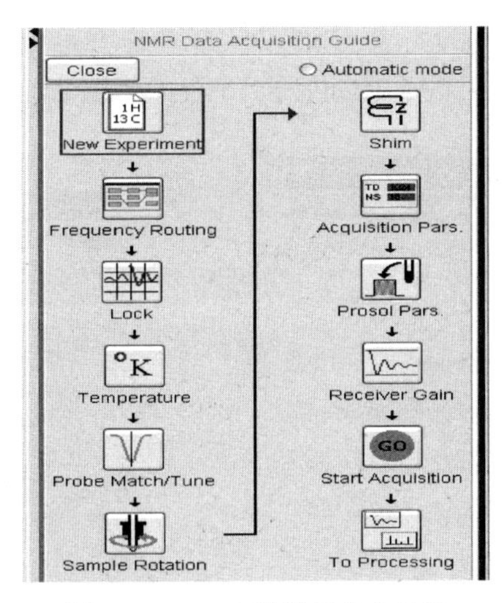

图 7.10　NMR 数据采集向导图

② 新实验设置

点击 New Experiment（新实验）（或键入指令 NEW↙）设计新实验，出现图 7.11。

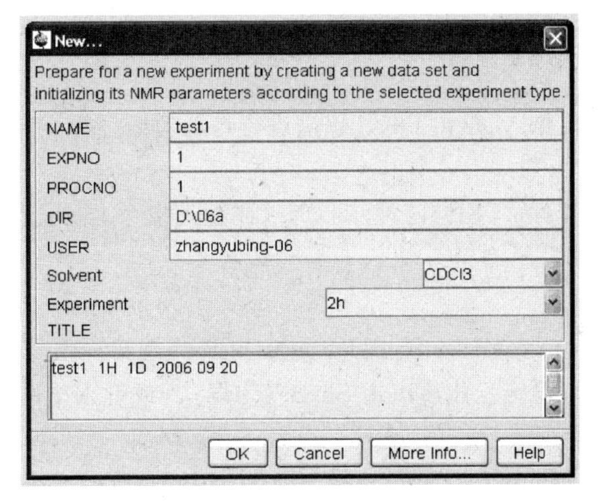

图 7.11　新实验设置对话框

③ 通道设置

点击 Frequency Routing（频率路由）（或键入指令↙）观察采样通道和氘锁通道，出现图 7.12。

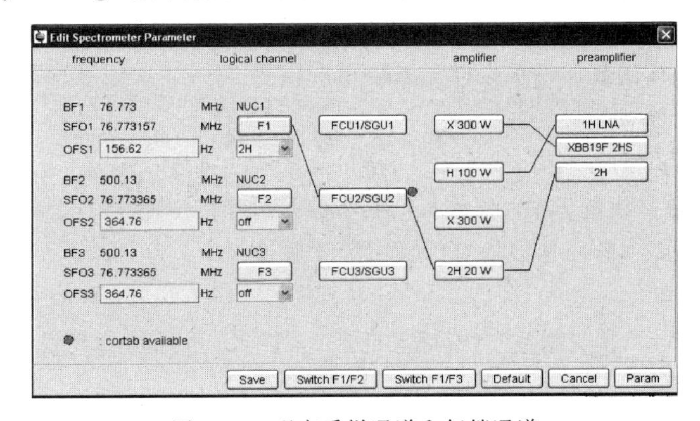

图 7.12　观察采样通道和氘锁通道

④ 锁场

点击 Lock（锁场）（或键入指令 LOCK↙）锁定磁场，出现图 7.13。

Solvents table

△ Solvent	Description
Acetic	acetic acid-d4
Acetone	acetone-d6
C6D6	benzene-d6
CD2Cl2	methylenechloride-d2
CD3CN	acetonitrile-d3
CD3CN_SPE	LC-SPE Solvent (Acetonitrile)
CDCl3	chloroform-d
CH3CN+D2O	HPLC Solvent (Acetonitril/D2O)
CH3OH+D2O	HPLC Solvent (Methanol/D2O)
D2O	deuteriumoxide
DEE	diethylether-d10
Dioxane	dioxane-d8
DME	dimethylether-d6
DMF	dimethylformamide-d7
DMSO	dimethylsulfoxide-d6
EtOD	ethanol-d6
H2O+D2O	90%H2O and 10%D2O
MeOD	methanol-d4
Pyr	pyridine-d5
THF	tetrahydrofurane-d8
Tol	toluene-d8

OK　Cancel

图 7.13　溶剂选取对话框

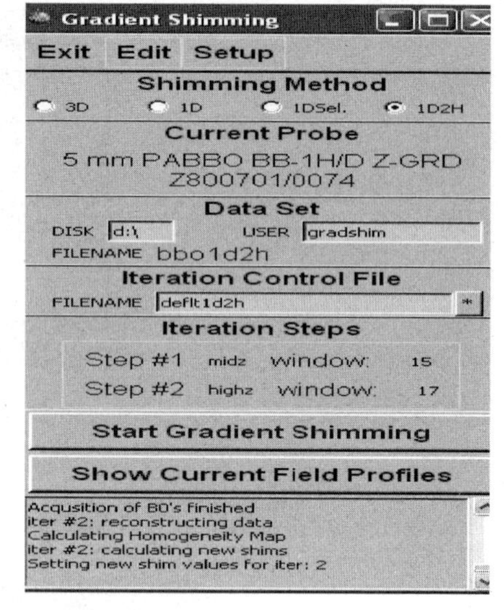

图 7.14　梯度匀场对话框

选取 $CDCl_3$（氘代氯仿），点击 OK。仪谱进行自动匀场。

⑤ 探头调谐

点击 Probe Match/Tune（探针匹配/调节）（或键入指令 atma↙），在当前样品状态下对探头进行调谐。

⑥ 梯度匀场

按小键盘上的 SPIN ON/OFF（自旋开/关），让样品旋转，此时 SPIN ON/OFF 上指示灯闪烁，等待直到指示灯稳定。然后点击 Shim（匀场）（或键入指令 shim↙）进入梯度匀场对话框，出现图 7.14。

点击 Start Gradient Shimming（开设梯度匀场），仪器进行自动梯度匀场，大约需要 3min，可看到锁信号线上下跳动。匀场完毕，锁信号线重新锁上。并出现匀场结果（result）对话框，点击 OK，完成梯度匀场。此时观察锁信号线，应比梯度匀场前细。

⑦ 采样参数设置

点击 Acquisition Pars.（获取参数），调入采样参数表，见图 7.15，可根据要求进行参数修改，如 NS 为采样次数，可根据样品浓度情况设置 NS=4 次或 8 次或 32 次等。

其他主要参数介绍如下：

TD：采样数据点；DS：空扫描次数；SWH：氢谱的宽度；AQ：一次采样所花的时间；RG：信号的接受增益（相当于放大倍数）；D1：谱图累加时，两次采样之间的时间间隔。

点击 Prosol Pars.（脉冲参数），自动设置 90°脉冲。

⑧ 接受增益调整

点击 Receiver Gain（接受增益）（或键入指令 rga↙），可手动/自动设置采样的接受增益。

⑨ 标准样品采样

点击 Start Acquisition（开始获取）（或键入指令 GO↙），开始标准样品的采样。

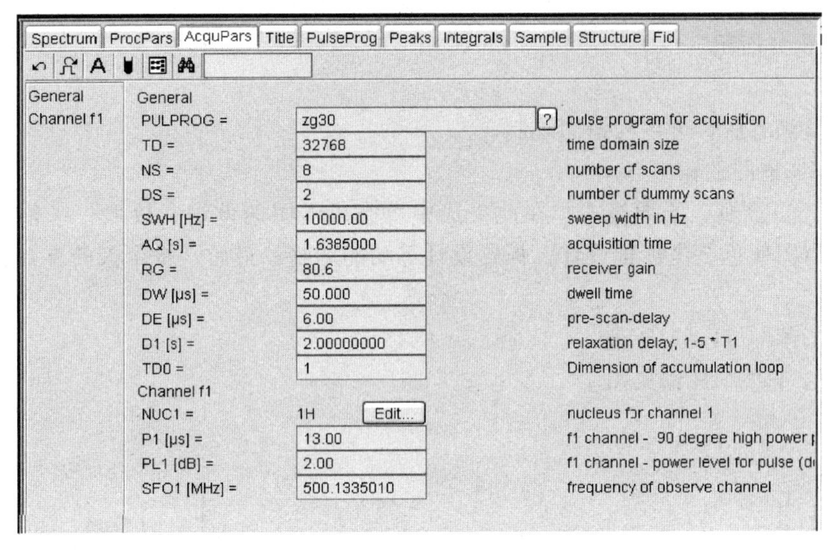

图 7.15　采样参数表

⑩ 评价采样结果，如认为达到分析要求，说明仪器一切正常，可进行下一步未知样品的实验。

【数据记录与处理】

(1) 乙基苯样品的采集

① 将样品放入样品管，用注射器加入 0.5mL 氘代氯仿 ($CDCl_3$)，使样品充分溶解。

② 将样品管套上旋转器。用量规量取高度，高度在 120mm 左右。

③ 按小键盘上 LEFT 键，弹出磁铁中原来的标准样品。将本样品放入磁铁中。再按 LEFT 键，使样品进入磁铁中。

④ 观察小键盘上 DOWN 指示灯 (绿灯)，直到灯亮。

⑤ 开始新实验：

步骤参考 (5) 中②新实验设置→③通道设置→④锁场→⑤探头调谐→⑥梯度匀场→⑦采样参数设置→⑧接受增益调整→⑨采样。

采样开始后，在右下角工具条中可看到采样基本信息，包括当前扫描次数/实验设定次数 (Scan)，剩余时间 (residual time)，实验数 (experiments)。

采样结束后，左下角显示：(acquisition finished)。

(2) 数据处理

① 设置窗函数

键入 LB=0.3。

② 傅里叶变换

键入 EFP 或 FP ↙。

③ 相位自动校正

键入 APK ↙。

④ 基线自动校正

键入 ABS ↙。

⑤ 标记峰的化学位移

键入 PP↙。

⑥ 标记积分面积

键入 INT↙。

谱图调整满意后，可进行谱图绘制。

（3）NMR 谱图的输出

键入 PLOT↙进入绘图模式，在此模式中可完成谱图的伸缩、放大、线条的粗细、数字的大小、谱图颜色、坐标轴设计、标题设计等功能调整，最后，按个人的喜好、要求画出满意的谱图。

（4）乙基苯的^{1}H NMR 谱：

乙基苯的^{1}H NMR 谱见图 7.16。

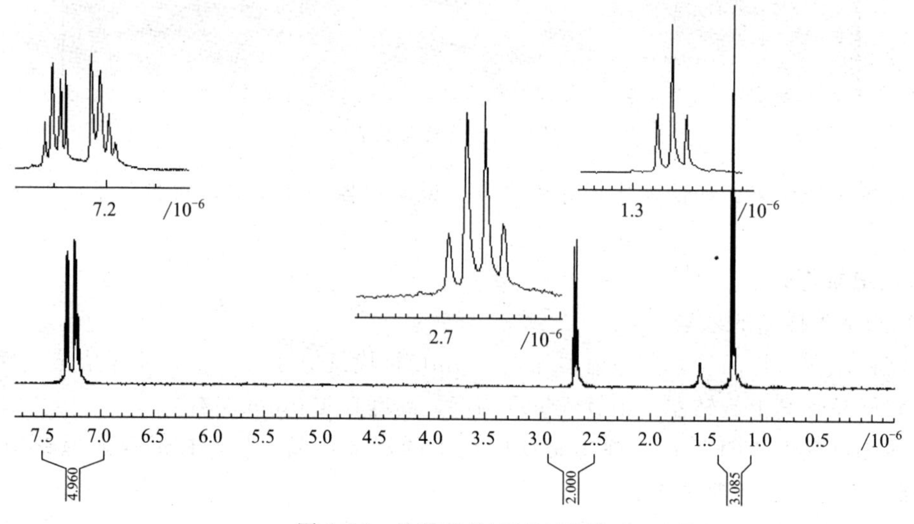

图 7.16　乙基苯的^{1}H NMR 谱

【注意事项】

（1）严格按照操作程序进行规范操作，因仪器贵重，试验中未使用旋钮不得随意乱动。

（2）严禁携带磁性物体如钥匙等进入探头区。

（3）样品管的使用应小心谨慎。

【思考题】

（1）NMR 谱仪的主要部件及其功能？

（2）NMR 波谱与 IR 光谱，UV 光谱的不同之处在哪儿？

（3）什么是化学位移？如何表示？

（4）操作 NMR 谱仪的注意事项？

实验 7.4.2　正丙醇的^{13}C NMR 测定

【实验目的】

（1）了解核磁共振碳谱常规实验的实验方法，熟悉核磁共振碳谱的主要参数及设置原则。

（2）了解碳谱实验的实验技术，熟悉碳谱各种去耦技术的谱图特征。

（3）学会较简单化合物核磁共振碳谱的分析方法。

【实验原理】

(1) ^{13}C NMR 信噪比（灵敏度）的提高

由于碳谱的灵敏度比氢谱的灵敏度低得多（约为氢谱的 1/1640），故碳谱测量时要设法提高其灵敏度，用信噪比表示的灵敏度为 $S/N \propto \frac{NH_0{}^2\gamma^3 I(I+1)}{T}n^{1/2}$，$H_0$（磁场强度）、$\gamma$（旋磁比）、$I$（自旋量子数）和 T（测量温度）均为常数，所以要提高灵敏度，就要增大 N 和 n 值，即加大样品浓度（N）和采样次数（n）。

(2) 自旋耦合与碳谱的去耦技术

自旋耦合：自旋核在外加磁场存在的情况下，相互作用有两种形式，一种是核与核之间直接相互作用；另一种是通过成键电子传递的间接相互作用，称为自旋耦合。

自旋耦合分为同核自旋耦合和异核自旋耦合。自旋耦合的结果是使同一个基团中的原子核的 NMR 谱线发生裂分，如—CH_3 基团，在^{13}C NMR 中裂分成 4 重峰，其面积比为 1∶3∶3∶1。

去耦技术：为了简化核磁共振的谱图，把核与核之间直接、间接相互作用去掉所采取的技术。^{13}C NMR 谱多采用宽带去耦（BB 去耦），也叫质子噪声全去耦。^{13}C NMR BB 去耦可以使谱图简化，使交叠的耦合的多重峰合并为单峰。每个峰代表一种类型的碳。同时，去耦可增强信噪比，多重峰的合并使信号增强，一般信号增强 1～2 倍。

(3) 核的欧沃豪斯（NOE）效应

该现象由 Overhauser 于 1953 年在电子自旋和核自旋的样品中首先发现的。去耦可使信号增强的效应叫欧沃豪斯（NOE）效应。使信号增强的倍数叫 NOE 因子。

在一个样品体系的不同的基团中，各个核的 NOE 效应是不同的，即 NOE 因子不同，故各个峰增强的倍数并不相等，因此，在 BB 碳谱实验中，碳数相同的峰的高度并不相同。亦即，碳谱 NMR 实验中峰的强度并没有严格的定量关系的存在。

【仪器与试剂】

仪器：AV-500，(AVANCE)，厂商：BRUKER 公司。

试剂：$CDCl_3$，CIL 公司（进口），正丙醇，国产。

样品管：核磁共振的样品管是专用样品管，直径 5mm，长度大于 150mm。

【实验步骤】

(1) 样品管的要求

核磁共振的样品管是专用样品管，由质量好的耐温玻璃做成或采用石英或聚四氟乙烯（PTFE）材料制成。要求样品管无磁性，管壁平直、厚度均匀。样品管形状是圆筒形的，直径取决于谱仪探头的类型，外径可小到 1mm，大到 25mm。常见的样品管直径有 5mm，10mm，2.5mm 三种。长度要求大于 150mm。本实验选用 5mm 规格的样品管。

(2) 样品准备及要求

由于^{13}C NMR 谱信噪比较氢谱低，提高信噪比的方法之一就是加大样品的量，取液态样品 2mL 左右，加入样品管，加入 0.5mL 氘代试剂，充分溶解。要求样品与试剂充分混合，溶液澄清、透明、无悬浮物或其他杂质。

(3) 开机

参（同）实验 7.4.1。

(4) 锁场

参（同）实验 7.4.1。

（5）匀场

参（同）实验 7.4.1。

（6）调入碳谱采样参数，见图 7.17。

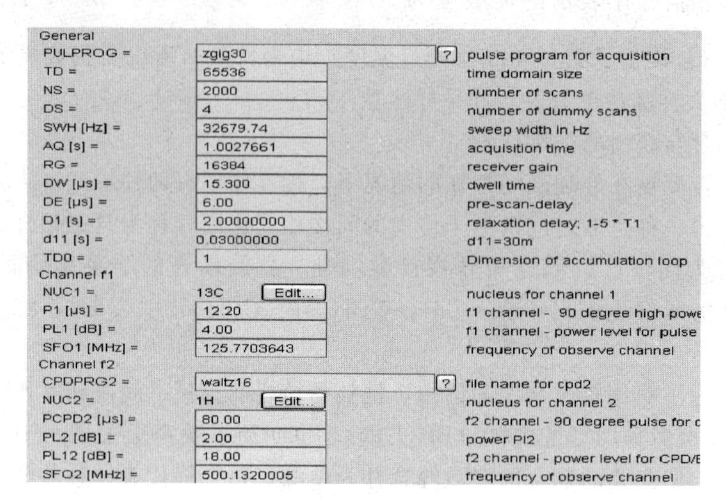

图 7.17　碳谱采样参数对话框

（7）调节采样通道

参（同）实验 7.4.1。

（8）调谐探头

此时可看到仪器分别调整碳和氢的共振频率，碳核调在 125MHz，氢核调在 500.135MHz。

（9）匀场或梯度匀场

参（同）实验 7.4.1。

【数据记录与处理】

（1）采样

参（同）实验 7.4.1。

（2）数据处理

参（同）实验 7.4.1。

正丙醇质子全去耦^{13}C NMR 谱见图 7.18。

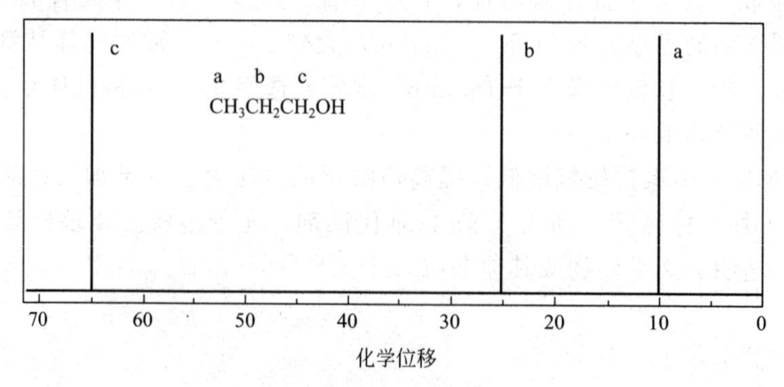

图 7.18　正丙醇质子全去耦^{13}C NMR 谱

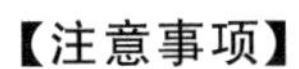

【注意事项】

（1）严格按照操作程序进行规范操作，因仪器贵重，试验中未使用旋钮不得随意乱动。

（2）严禁携带磁性物体如钥匙等进入探头区。

（3）样品管的使用应小心谨慎。

【思考题】

（1）为什么在^{13}C NMR谱图中，碳数相同，碳峰的高度却不相同？

（2）讨论采取哪些措施可以加速^{13}C定量NMR谱的测量。

参考文献

[1] 白玲，郭会时，刘文杰．仪器分析．北京：化学工业出版社，2013.

[2] 黄一石，吴朝华，杨小林．仪器分析．北京：化学工业出版社，2013.

[3] 陈浩．仪器分析．北京：科学出版社，2015.

[4] 朱明华，胡坪．仪器分析．北京：高等教育出版社，2015.

[5] 刘约权．现代仪器分析．北京：高等教育出版社，2006.

[6] 高晓松．仪器分析．北京：科学出版社，2009.

[7] 孙毓庆．仪器分析选论．北京：科学出版社，2005.

[8] 张凤秀．有机化学．北京：科学出版社，2013.

[9] 宋航．制药工程专业实验．北京：化学工业出版社，2010.

[10] 孟江平，张进，徐强．制药工程专业实验．北京：化学工业出版社，2015.

[11] 陈培榕，李景虹，邓勃．现代仪器分析实验与技术．北京：清华大学出版社，2006.

[12] 李志富，干宁，颜军．仪器分析实验．武汉：华中科技大学出版社，2012.

[13] 宁永成．有机化合物结构鉴定与有机波谱学．北京：科学出版社，2014.

[14] 武汉大学化学与分子科学学院实验中心．仪器分析实验．武汉：武汉大学出版社，2005.

[15] 潘兴复．电感耦合等离子体炬发射光谱分析原理及应用．北京：科学出版社，1981.

[16] 张宗培．仪器分析实验．郑州：郑州大学出版社，2009.

[17] 盖轲，齐慧丽，马东平．仪器分析实验．兰州：甘肃民族出版社，2008.

[18] 吴性良，朱万森，马林．分析化学原理．北京：化学工业出版社，2004.

[19] 柳仁民．仪器分析实验．青岛：中国海洋大学出版社，2009.

[20] 张扬祖．原子吸收光谱分析应用基础．上海：华东理工大学，2007.

[21] 邓勃．应用原子吸收与原子荧光光谱分析．北京：化学工业出版社，2003.

[22] 吕尚景，蒋敬侃．原子荧光光谱学．北京：冶金工业出版社，1979.

[23] 王亦军．仪器分析实验．北京：化学工业出版社，2013.

[24] 万其进，喻德忠，冉国芳．仪器分析实验．北京：化学工业出版社，2012.

[25] 赵文宽，张悟，王长发，等．仪器分析实验．北京：高等教育出版社，2004.

[26] 华中师范大学．分析化学实验．北京：高等教育出版社，2001.

[27] 成都科技大学．分析化学实验．北京：高等教育出版社，1989.

[28] 孟江平，胡承波，徐强．重庆地区柚皮中黄酮类化合物的提取工艺研究．化学研究与应用，2015，27(10)：1510-1513.

[29] 陈文杰．离子色谱法测定蔬菜中硝酸盐和亚硝酸盐．实验研究，2007，12(3)：11-13.

[30] 杨绍美，陆建平，曹家兴，等．离子色谱同时测定中草药中磷硫含量．分析试验室，2011，30(7)：119-122.

[31] 楚士晋．炸药热分析．北京：科学出版社，1994.

[32] 杨万泰．聚合物材料表征与测试．北京：中国轻工业出版社，2013.

[33] Cai Y H，Yan S F，Yin J B，Fan Y Q，Chen X S. Crystallization Behavior of Biodegradable Poly(L-lactic acid) Filled with a Powerful Nucleating Agent-*N*，*N*′-Bis(benzoyl)Suberic Acid Dihydrazide. Journal of Applied Polymer Science，2011，121(3)：1408-1416.

[34] 左演声，陈文哲，梁伟．材料现代分析方法，北京：北京工业大学出版社，2003.

[35] Cai Y H，Tang Y，Zhao L S. Poly(L-lactic acid)with Organic Nucleating Agent *N*，*N*，*N*′-Tris(1*H*-benzotriazole) Trimesinic Acid Acethydrazide：Crystallization and Melting Behavior [J]. Journal of Applied Polymer Science，2015，132(32)：42402. 1-42402. 7

[36] 陆立明．热分析应用基础．上海：东华大学出版社，2011.